確率モデルによる画像処理技術入門

田中和之 | 著

森北出版株式会社

●本書のサポート情報をホームページに掲載する場合があります．下記のアドレスにアクセスし，ご確認ください．

http://www.morikita.co.jp/support/

●本書の内容に関するご質問は，森北出版 出版部「(書名を明記)」係宛に書面にて，もしくは下記のe-mailアドレスまでお願いします．なお，電話でのご質問には応じかねますので，あらかじめご了承ください．

editor@morikita.co.jp

●本書により得られた情報の使用から生じるいかなる損害についても，当社および本書の著者は責任を負わないものとします．

■本書に記載している製品名，商標および登録商標は，各権利者に帰属します．

■本書を無断で複写複製（電子化を含む）することは，著作権法上での例外を除き，禁じられています．複写される場合は，そのつど事前に(社)出版者著作権管理機構（電話 03-3513-6969，FAX 03-3513-6979，e-mail：info@jcopy.or.jp）の許諾を得てください．また本書を代行業者等の第三者に依頼してスキャンやデジタル化することは，たとえ個人や家庭内での利用であっても一切認められておりません．

まえがき

　1990 年代の情報産業は，より高速の演算処理とより大容量の記憶媒体の開発にしのぎを削った．これにより，コンピュータ，携帯電話，ディジタルカメラが身近なところにあふれ，情報産業の発展の恩恵を多くの人が受けるにいたる．そして 21 世紀を迎え，人々の視点は量と速さから質に移るようになる．すなわち，個人個人の家庭にこれらの最先端のディジタル機器が家電製品として入り込み，インターネットを通して膨大なデータが個人から個人へとやりとりされる中で，より質の高い情報処理が求められるようになるわけである．そこでこの求められる質とは何かを考えるときに避けて通れないのが，使用される場面の多様性に応じて適応する柔軟性であり，これをいかに低価格で実現するかが，激化する国際競争に勝ち抜く鍵となると考えられる．

　システムにこのような多様な要請に対する柔軟性を持たせようとする際，最も重要となるのが，データの不確定性の取り扱いである．すなわち膨大なデータの中から効率よくしかも論理的に必要な情報を引き出すことができるかが問題となる．このデータから効率的に情報を引き出す手段として昔から研究されてきた学問体系の 1 つが確率・統計である．

　確率にもとづく情報処理，すなわち確率的情報処理 (probabilistic information processing) という言葉自体は従来からあるものではなく，ここ最近になって情報学における 1 つのキーワードである．確率を情報処理に使うという考え方自体は何も今に始まったことではなく，ベイズ (Bayes) の公式を基礎とするベイズ統計という統計科学の推論戦略が昔から知られており，経済動向予測・地震予知をはじめとする時間的変動のデータ処理については統計科学の多くの研究者による長い歴史がある．また，画像・信号処理，音声処理においてもウィーナー (Wiener) フィルターをはじめとして確率・統計を出発点とする多くのシステムが提案されている．しかしながら，これらはいずれも取り扱う確率変数の個数が少ないものであったり，かなりの部分の解析的な処理が可能なものであったりする場合に限られている．実際，扱うデータ構造の本質的な部分に踏み込んでベイズの公式などを用いて情報処理システムを構成しようとすると，とたんに膨大な個数の確率変数を持つ大規模確率モデ

ルを扱わなければならなくなり，具体的にコンピュータに実装することがきわめて困難な状況に陥ってしまうことがよく知られていた．このため，ベイズ統計を用いた情報処理は一部の線形システムを除いて，多くの場合は無視されてきたといっても過言ではない状況がつい最近まで続いていた．

1980年代半ばごろからベイジアンネットワークと呼ばれる確率推論の1つの理論的体系が出現する．そしてこれを活用する問題意識と具体的にアルゴリズムを実現する新しい計算理論が情報工学以外の分野からも持ち込まれるようになり，複数の異なる分野の複合領域として新しい研究課題が次々と生み出されてゆく．その流れの中で確率・統計という古くから知られる伝統的数理体系を駆使した新しい計算パラダイムが開拓されつつある．なかでもベイジアンネットワークを実現する新しい計算理論として提案された確率伝搬法 (信念伝搬法) が，実は統計力学において20世紀初頭から発展してきた平均場理論の一部と同じ数理構造をもっていたことは多くの研究者の驚きであった．確率伝搬法は平均場理論からの新しい概念を導入し，さらなる進化をつづける．確率的情報処理のアルゴリズムの性能を統計力学における新しい概念を導入することで従来には考えられない形で評価する試みも進められている．そして統計力学と確率的情報処理を融合した情報統計力学という新しい学問体系も生まれつつある．

2002年4月から4年間の研究期間で文部科学省の研究プロジェクトの1つとして科学研究費補助金特定領域研究「確率的情報処理への統計力学的アプローチ」[*1] (領域代表：田中和之，領域番号765) が発足した．この研究プロジェクトは情報から物理への問題の提供による新分野開拓と，物理から情報への大規模計算理論の提供による新しいアルゴリズムの理論的基盤整備を学術的立場から目指すものであり，2006年3月までに目的を達成し，成功のうちに終了した [1]．本書の内容にもこの研究プロジェクトで得られた成果の一部が含まれている．そして2006年4月から4年間の研究期間での文部科学省の研究プロジェクトである科学研究費補助金特定領域研究「情報統計力学の深化と展望」[*2] (領域代表：樺島祥介，領域番号772) の発足という形で次のステージへと進みつつある．

本書は，確率的情報処理の中でも画像処理技術に焦点をあてて，その啓蒙を目的として執筆されたものである．全体の流れとして，前半部分では画像処理と統計科学についてのごく基本的な項目および本書で必要となる統計力学の計算技法について

[*1] Statistical-Mechanical Approach to Probabilistic Information Processing．通常 **SMAPIP** と略している．
[*2] Deepening and Expansion of Statistical Mechanical Information，通常 **DEX-SMI** と略している．

まとめる．中盤では，確率を用いた従来の画像処理技術とそれを出発点としたベイジアンネットワークによる画像処理への発展について画像修復に焦点を絞って説明する．後半は，領域分割とエッジ検出という画像処理の要素技術への発展について述べる．本書では，学部レベルでの線形代数学，解析学，確率・統計およびフーリエ解析，変分法の習得を終えた者を読者として念頭にしているが，必要となる確率・統計，フーリエ変換 (具体的には離散フーリエ変換) と変分法の基本的項目は前半部分および付録で要約している．

確率的情報処理は研究レベルでは着実に成果が報告されつつあるが，初心者として新たに参入しようと考えている大学院生，若手研究者のよりどころとなる教科書，解説書は現時点ではほとんど出版されていないのが現状である．本書はそのよりどころの 1 つとなり得ることを念頭に執筆した．そのため，読者が具体的に試してみることができるように付録に具体的なプログラムも入れている．また，確率的情報処理に従事する研究者の人口はまだまだ既存の学問分野に比べて少ないのが現状である．しかし，逆にまだ全く手のつけられていない研究テーマが山積しているということでもある．今，参入すれば「世界の第一人者」になれるチャンスでもある．本書を読んで確率的情報処理の研究・開発に挑戦してみようという読者が一人でも現れることを願っている．

本書を執筆するにあたり，東京工業大学の西森秀稔先生，樺島祥介先生，東京大学の岡田真人先生，福島孝治先生，京都大学の田中利幸先生，東北大学の堀口剛先生 (現在，東北大学名誉教授)，北海道大学の井上純一先生に多くの助言・激励をいただいた[*3]．また，東北大学において私の研究室に学生として所属した安田宗樹君，大久保潤君，倉沢光君，皆川まりかさん，河田諭志君にも様々な助力をしていただいた．研究室秘書の畑中直子さん，大浦さとみさんには事務的な面で多大なる助力をお願いした．また，森北出版の田中節男さん，森崎満さんには最後まで著者を見放さずに本書の執筆に根気強くお付き合いいただいた．これらすべての方々に深く感謝したい．

最後に，本書の執筆を陰でささえてくれた妻と娘にこの場をかりてありがとうと言わせていただきます．

2006 年 6 月 20 日

東北大学大学院情報科学研究科　田中和之

[*3] 第 1 版第 1 刷出版後において首都大学東京の岡部豊先生，東北大学で私の研究室に学生として在籍した井上佳君には多くの修正点の指摘をいただいた．

目 次

第 1 章 はじめに　　1
　1.1　確率を用いた画像処理 1
　1.2　確率的画像処理の最近の動向 3
　1.3　本書の構成 3

第 2 章 基本的な画像処理　　5
　2.1　画素と画像 5
　2.2　画像の表現と基本的なフィルター 8
　2.3　FIR フィルターと IIR フィルター 13
　2.4　本章のまとめ 14

第 3 章 確率モデルとベイズ統計　　16
　3.1　確率と確率変数 16
　3.2　ベイズの公式 20
　3.3　連続確率変数と確率密度関数 22
　3.4　期待値, 分散, 共分散 25
　3.5　一様乱数と正規乱数 29
　3.6　確率分布間の近さとしてのカルバック・ライブラー情報量 30
　3.7　確率モデルのグラフ表現 32
　3.8　本章のまとめ 35

第 4 章 統計的推定　　36
　4.1　最尤推定とデータの統計解析 36
　4.2　統計的推定と EM アルゴリズム 41
　4.3　本章のまとめ 46

第 5 章 確率モデルと統計力学　　47
　5.1　統計力学としてのギブス分布 47

	5.1.1	エントロピー	47
	5.1.2	ギブス分布と自由エネルギー最小原理	50
	5.1.3	熱力学的極限	51
5.2	統計科学と統計力学の接点		52
	5.2.1	自由エネルギーとカルバック・ライブラー情報量	52
	5.2.2	エントロピー最大化と最尤推定	53
5.3	イジングモデル		53
5.4	平均場理論		58
	5.4.1	平均場近似とベーテ近似	59
	5.4.2	平均場理論の自由エネルギー最小原理による解釈	62
	5.4.3	平均場理論の摂動論的解釈	64
5.5	本章のまとめ		66

第6章 ガウスノイズとノイズ除去フィルター　　67

6.1	加法的白色ガウスノイズ	67
6.2	平滑化フィルターとメジアンフィルターによるノイズ除去	70
6.3	ウィーナーフィルター (最小二乗フィルター)	73
6.4	拘束条件付き最小二乗フィルター	77
6.5	本章のまとめ	83

第7章 線形フィルターと確率的画像処理　　84

7.1	ベイズ統計による線形フィルター設計のシナリオ . . .	84
7.2	最尤推定とハイパパラメータ	86
7.3	ガウシアングラフィカルモデルに対する確率的画像処理アルゴリズム .	90
7.4	本章のまとめ	94

第8章 グラフィカルモデルと確率伝搬法　　95

8.1	確率伝搬法と情報処理	95
8.2	木構造を持つグラフィカルモデルの確率伝搬法	95
8.3	閉路のあるグラフィカルモデルの確率伝搬法	100
8.4	確率伝搬法の情報論的解釈	105
8.5	ガウシアングラフィカルモデル	109
8.6	反復条件付き最大化法	115
8.7	本章のまとめ	118

第 9 章 基本的確率モデルとノイズ除去　　119
9.1 画像と確率モデル 119
9.2 対称通信路 123
9.3 確率伝搬法による確率的ノイズ除去アルゴリズム 125
9.4 本章のまとめ 131

第 10 章 確率的領域分割　　132
10.1 画像と領域分割 132
10.2 混合ガウスモデルを用いたクラスタリングによる領域分割 133
10.3 領域分割への確率伝搬法の導入 138
10.4 本章のまとめ 139

第 11 章 確率的エッジ検出　　140
11.1 画像とエッジ検出 140
11.2 確率モデルとエッジ 141
11.3 本章のまとめ 144

第 12 章 おわりに　　146

付 録 A 多次元ガウス積分と多次元ガウス分布　　148

付 録 B 固定点方程式と反復法　　151

付 録 C 離散フーリエ変換　　153

付 録 D 変分法　　158

付 録 E 加法的白色ガウス雑音により画像を劣化させるプログラム　　163

付 録 F ガウシアングラフィカルモデルに対する厳密解のプログラム　　165

付 録 G ガウシアングラフィカルモデルに対する確率伝搬法のプログラム　　169

参考文献　　176

索　引　　178

第1章

はじめに

　本章では，確率モデルを用いた画像処理について要約し，確率的画像処理としての情報処理における位置付けを与える．また，最近の確率的画像処理における確率伝搬法と呼ばれる近似計算法の果たす役割と現状についても要約する．最後に，本書の全体の構成についても説明する．

1.1　確率を用いた画像処理

　画像処理という学問体系自身は大変古い歴史を持っている．特に問題となるのは与えられたデータに含まれていない情報の推定を伴う操作である．そのような基本技術の代表的なものとして

ノイズ除去: ノイズにより劣化された画像から原画像を推定
領域分割: 与えられた画像のある方針に基づくいくつかの領域への分割
輪郭線抽出: 与えられた画像における物体・対象の輪郭線・エッジの検出

などがある．これらの基本技術をもとに

高解像度画像生成: もともと小さいサイズとして与えられた画像のより大きなサイズの画像への変換．
動画における移動体の検出: 動画像における背景と移動体の分離による移動体の検出
画像圧縮: 与えられた画像データのより小さいサイズへのデータ圧縮．
パターン認識: 文字，物体，人物などの単なる画像としてではなく意味のある対象としての分類，抽出．

などの要素技術が構成される．そして，この要素技術に用途に応じて他の技術と組み合わせることでパターンの自動検索によるセキュリティシステム，ロボットビジョ

ン，道路状況の自動判定から医療分野における特定の病症の自動判定にいたる様々の応用技術へと展開されてゆく．

画像処理の基本技術では，フィルターと呼ばれる操作がこの目的に合わせて準備される [2]．問題はこのフィルターの構造である．たとえばデータの生成されるプロセスの詳細がほぼわかっている場合には，その生成過程を順過程とみなし，その逆過程を通してデータを生成する元となる情報を推定するフィルターを設計するという戦略が効果的である．[*1] つまりデータであるベクトル g が「元となる情報」としてのベクトル f から $g = \Phi(f)$ という写像により生成され，写像 Φ が完全にわかっており，その逆写像 Φ^{-1} が存在すれば，$f = \Phi^{-1}(g)$ という形でデータから元の情報を再現することができる．この逆写像 Φ^{-1} は逆フィルターと呼ばれる．

データの生成プロセスの詳細がかなりの精度で解析できるという状況は，一部の専門的な画像を扱う研究分野で可能な場合もあるが，ほとんどの場合は Φ を完全に確定することは困難である．また，仮に写像 Φ を確定することができたとしても，データ g の方に例えば一部の成分が欠落するなどの不完全データである場合も容易に想定される．さらに，Φ をある特定の画像の観測された状況を忠実に再現する写像として確定できるとしたら，今度はその特定の画像に対しては忠実な動作をしてくれるが，それ以外の画像への使い回しが難しいものとなってしまう．

基本的には現在，市販のアプリケーションソフトに常駐しているノイズ除去，輪郭線強調などの画像処理の基本操作は，この Φ^{-1} を画像上の各点とその周りの点のデータからの簡単な操作に基づいて設計されたり，空間的周波数変換をもとに所望の画像に期待される特徴を強調する操作を実現する形に設計されたりなどして実現されている．この場合，不特定多数の人間が満足するようにその基本操作に対応するフィルターとしてはまずできるだけ単純なものが採用されることが多い．しかし，高性能のディジタルカメラの急速な普及により，画像処理がより多くのユーザーに身近なものになるにつれ，ユーザーの要請も厳しくなり，単純なフィルターによる基本操作だけではその要請に応えきれなくなる場合が徐々に増えてくるのは自然なことである．

このようなユーザーの多様な要請に応える要素技術として，確率的情報処理が注目されつつある [1]．確率的情報処理はいうまでもなく確率という伝統的数理科学の手法を用いて情報処理を行うものである．従来，確率を用いた情報処理は時間がかかり，一部の特殊な場合を除いて常に計算困難の問題がつきまとうため，悪い印象が

[*1] 具体的に，ノイズ除去でいえば「元となる情報」とは原画像を意味し，「生成されるデータ」とは劣化画像をさす．

強く残るせいか，画像処理の発展においてそれほど重要な地位を占めるとはいい難い状況にあった．しかし，確率・統計を基盤に提案された歴史的背景を考えると，その後の拡張も確率モデルによる定式化に基づいて行われ，現実的計算時間で動作可能なアルゴリズムを構成することができれば，画像処理の理論体系のより自然な発展へとつながるものと期待される．確率的情報処理は，その複合領域としての成長に伴う情報工学以外の分野からの新しい計算技法の導入と，パーソナルコンピュータの処理能力の飛躍的発展により，情報通信技術を中心に徐々に脚光を浴びつつある．そして画像処理もまたそのような時期にさしかかりつつある．

1.2　確率的画像処理の最近の動向

　確率的画像処理は，問題の確率モデル化とその確率モデルの統計量の計算という2つの柱から構成される．確率モデル化は，統計科学においてデータをどのように取り扱うかについての戦略に従って行われる．これにより画像処理は確率モデルの平均値，分散，共分散などの統計量の計算に帰着される．構成された確率モデルは多数の確率変数を持つ大規模確率モデルとなり，取り扱いが困難となる．この計算が困難な問題に対する接近法を古くから発達させてきた学問体系の1つが物理学の1分野である統計力学である．最近提案された確率的情報処理の具体的アルゴリズムの多くには，この統計力学において発展したアルゴリズムが用いられている [3–7]．

　人工知能において，確率を用いた推論機構の具体的アルゴリズムを構成する計算技法として確率伝搬法が1980年代半ばに提案されている [8]．実は統計力学の伝統的な計算技法の1つと全く同じ数理構造を持っていることがその後の研究で明らかとなり，このことが確率伝搬法のさらなるバージョンアップへとつながってゆく [9,10]．1990年代半ばから，この確率伝搬法が徐々に人工知能以外の様々の情報通信技術へと波及してゆく．画像処理もその1つであり，大規模確率モデルの統計量の計算技法として確率伝搬法が徐々に用いられるようになる．

1.3　本書の構成

　本書では，第2章で画像処理の基本操作について簡単に解説する．第3章では本書で必要とされる確率と統計およびデータからの統計的学習の基礎知識について紹介する．

第4章と第5章は，データの統計的取り扱いと大規模確率モデルの統計量の近似計算技法の基礎としての統計科学と統計力学について本書を読むための基礎知識を与える．第4章はデータからの確率モデルにおける統計的モデル選択について，最尤推定を基礎にして説明する．ここで与えられる理論的体系は，画像処理に限らず大量のデータの取り扱いを要請される様々な情報処理への応用が期待されている，統計的学習理論の基礎の1つである．第5章は統計力学と平均場理論の基礎の要約である．本書で用いる近似アルゴリズムである確率伝搬法は，平均場理論と共通の数理構造を持つのみならず，平均場理論の転用により確率伝搬法の拡張が行われている．第5章は本書での確率伝搬法の理論的バックグラウンドの一部となっている．

　第6章ではノイズと空間フィルターによる画像のノイズ除去の基本操作について説明する．第6章までは，本書の主題である確率的画像処理を学ぶための準備と思っていただきたい．確率的情報処理のバックグラウンドとなる学問体系はいうまでもなくディジタル信号処理と統計科学である．これらについての知識を事前に有していなければ本書の内容を理解できないということのないように，第6章までに必要となる基礎知識についてできるだけ詳細にしかも必要最小限の項目にとどめて書いたつもりである．そして，第7章が確率的画像処理の基礎についての最も重要な章となる．第7章は統計科学を基礎とする線形フィルターの設計の基本戦略について学ぶ．第8章は確率的画像処理につきまとう計算困難の問題の打破の切り札としての，確率伝搬法の理論的枠組みの概略を説明する．第9章は，画像の空間的性質のなかでも特に重要な性質を反映する基本的な確率モデルを取り上げ，確率的画像処理の数理的性質を論じる．第10章と第11章は領域分割とエッジ検出についての確率的画像処理の立場からのアプローチについて紹介する．これらの流れのなかで用いられる数理的基礎として

1. 多次元ガウス (Gauss) 積分と多次元ガウス分布 [11]．
2. 離散フーリエ (Fourier) 変換 [12]．
3. 固定点方程式と反復法 [13]．
4. 変分法 [14]．

などがある．その詳細を本書の本文の筋書きにあわせて付録 A-D に与えている．さらに付録 E-G には本書の理解に助けにしていただくべく，いくつかの基本プログラムを与えている．

第2章

基本的な画像処理

本章では，画像処理の入門として画像がコンピュータの中でどのように扱われているかについて予備知識を持たない読者を対象に説明する．前半は画像のデータとしての表現，後半は典型的な画像処理フィルターの基本的な定義についてふれる．

2.1　画素と画像

本節では，ディジタル画像の仕様を PGM 形式の画像データについて冒頭で簡単に説明する．

画像データの最小単位は**画素** (ピクセル, pixel) である．コンピュータディスプレイ上ではこの画素が正方格子上に並んでいる．各画素からは光が発せられ，この光の強さが明度 (intensity) を表し，光が全く発せられていなければ黒，光がそのディスプレイにおいて可能な最も強い強度で発せられていれば白に対応することになる．この光の強さはメモリーまたはハードディスクに格納されるときには，階調値と呼ばれる 0 または自然数に変換される．この際，0 が光のまったくない状態でそこから階調値が大きくなるごとに光の強さが大きくなり，階調値が取りうる最大値を取るとき (すなわち 2 値画像なら 1, 256 階調の画像なら 255 であるとき) 光の強さが最も強い状態，すなわち真っ白の状態を表すこととなる．

コンピュータのデータの形式には大きく分けて **ASCII** 形式[*1]と **Binary** 形式がある．市販のパーソナルコンピュータでは 0 から $2^{16}-1$ までの整数値は 0000 から FFFF までの 4 桁の 16 進数にそれぞれ変換され，各桁をさらに 2 進数に変換した上でメモリーまたはハードディスクに格納される．これが Binary 形式である．これに対して整数値を各桁ごとに文字データと見なして各文字データに対してある規則で割り当てられた 16 進数に変換して，これをさらに 2 進数に変換した上で格納するやり方がある．これを ASCII 形式という．ASCII 形式では，16 進数で 00 か

[*1] ASCII は American Standard Code for Information Interchange の略である．

ら 7F までの 128 個の整数値に対して割り当てられる．例えば，1 という文字コードは 31 という 16 進数に割り当てられている．また A という大文字は 41, a という小文字は 61 という 16 進数に割り当てられている．Binary 形式で画像をデータとして格納した場合，画素数に比例してデータの大きさが大きくなる．ASCII 形式では必ずしも比例するわけではなく，通常，ASCII 形式の方が Binary 形式よりもデータとしてのサイズが大きくなることが多い．しかし，ASCII 形式は画像データを市販のワープロソフト等でもみることができるという利点がある．

　さて，単に整数値を格納するだけならこれで良いのであるが，画像の場合，データの格納する順番と実際の画像の中での画像の位置を対応させておく必要がある．このため，画像としてデータをどのような順番で並べて格納するかに対する一定のルールとしての「画像のデータ形式」を決めておく必要がある．画像のデータ形式には様々な形式があるが，ここでは **PGM 形式** と呼ばれる形式について説明する．

　以下の PGM 形式についての説明は図 2.1 と図 2.2 を見ながら読み進めてほしい．PGM 形式においてその行の先頭が「#」記号で始まる行はすべてコメント行である．「#」で始まる行を除いて，一番最初の行が画像データの形式を表すものであり，「P2」，「P5」，「P6」などの記号が書かれている．このうち「P2」は画像が白黒であり，その階調値はすべて ASCII 形式として格納されていることを表す．もしここが「P5」であれば白黒画像でかつそのデータは Binary 形式として格納されていることを表す．

　「#」で始まる行を除いて，2 行目には 2 個の自然数が書かれ，これは画像の縦横のサイズを表している．「#」で始まる行を除いて，3 行目には 1 個の自然数が書かれ，これは画像データの階調値の中の最大値を表している．2 値画像の場合には 0 と 1 の 2 種類の値しか取り得ないのでここには 1 という数字が入ることとなる．256 階調の画像の場合には 0 から 255 までの整数値が階調値として用いられるので 255 という数字が入ることとなる．そして「#」で始まる行を除いて，4 行目以降が画像データである．この PGM 形式は例えば UNIX 上では XV, Windows 上では Paint Shop Pro などを用いてディスプレイ上に表示することができる．

　通常，学術研究において，画像処理の評価をする際に同じデータを共有して行われることが多い．この同じデータが標準画像と呼ばれる．標準画像を集めたデータベースの 1 つに SIDBA (Standard Image DataBAse) がある．そこにある標準画像のいくつかを図 2.3 に示す．図 2.3 の 3 つの画像はサイズが 256 × 256 で 256 階調のモノクロ画像である．

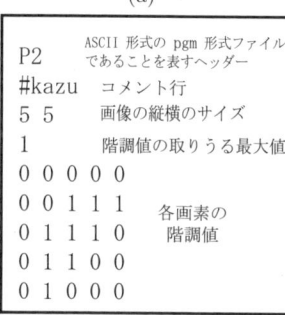
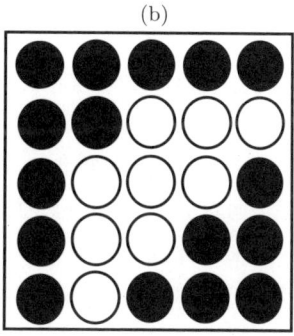

図 2.1　2 値画像における PGM 形式.
(a) PGM 形式の仕様. (b) (a) の PGM 形式データの画像

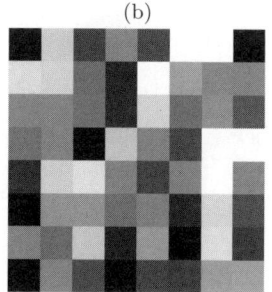

図 2.2　256 階調の画像における PGM 形式.
(a) PGM 形式の仕様. (b) (a) の PGM 形式データの画像

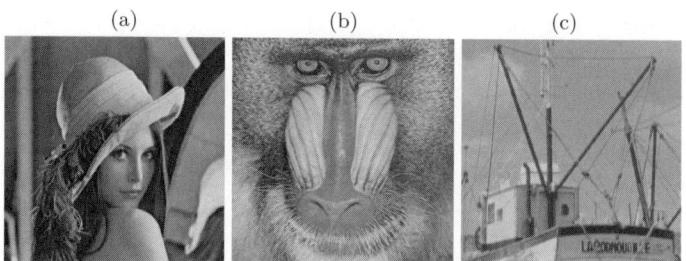

図 2.3　画像処理の数値実験によく用いられる標準画像の例.
(サイズは 256×256, 階調数は 256).

2.2 画像の表現と基本的なフィルター

画像に対する処理は画素を単位にして行われる．アルゴリズムを数式として表現するために，画素の位置を表すラベル付けを行わなければならない．すでに述べたとおり，通常，ディジタル画像は画素が正方格子上に配列されることで構成される．

$M \times N$ 個の画素が正方格子上に並んでいる状況を考える．各画素の場所は (x,y) $(x=0,1,\cdots,M-1, y=0,1,\cdots,N-1)$ というラベルを用いて表すこととする（図 2.4）．また，本書では処理の際には**周期境界条件**(periodic boundary condition)を仮定し，$x=M-1$ の場合には $x+1=0$, $x=0$ の場合には $x-1=M-1$, $y=N-1$ の場合には $y+1=0$, $y=0$ の場合には $y-1=N-1$ と規約する．各画素の階調値はこの位置座標を用いて，ディスプレイ上の各画素ごとの光の強度を数値化する形で与えられる．(x,y) における階調値を $g_{x,y}$ と表すことにする．この階調値

$$\{g_{x,y}|x=0,1,\cdots,M-1,\ y=0,1,\cdots,N-1\} \tag{2.1}$$

により与えられる画像は縦ベクトル

$$\begin{aligned}\boldsymbol{g} = (&g_{0,0}, g_{1,0}, \cdots, g_{M-1,0}, g_{0,1}, g_{1,1}, \cdots, g_{M-1,1},\\ &\cdots, g_{0,N-1}, g_{1,N-1}, \cdots, g_{M-1,N-1})^{\mathrm{T}}\end{aligned} \tag{2.2}$$

により表現することができる．[*2]

この画像に MN 行 MN 列の行列 $\boldsymbol{C}$ を

$$\boldsymbol{f} = \boldsymbol{C}\boldsymbol{g} \tag{2.3}$$

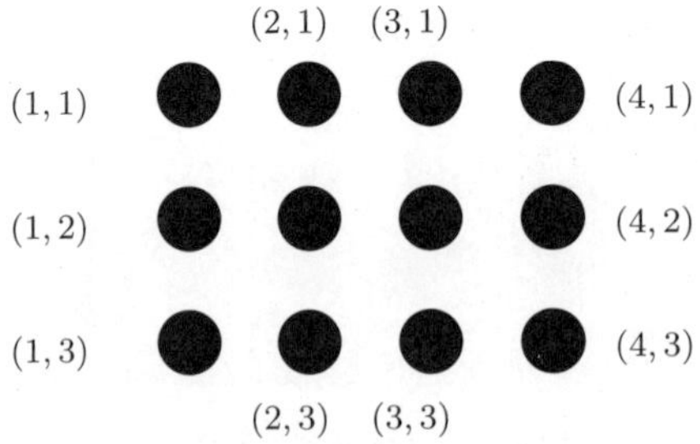

図 2.4 正方格子上に配置された各画素（黒丸）に対するラベル付け (x,y)．

[*2] 一般に，ベクトル $\boldsymbol{a}$ に対して $\boldsymbol{a}^{\mathrm{T}}$ は $\boldsymbol{a}$ の転置 (transpose) を表す．例えば $\boldsymbol{a} = \begin{pmatrix} a_1 \\ a_2 \end{pmatrix}$ の転置 $\boldsymbol{a}^{\mathrm{T}}$ は $\boldsymbol{a} = (a_1, a_2)$ となる．

という形にかけ，線形変換により新しい画像 f を生成させる操作を考えることができる．これが**線形フィルター**(linear filter) である．

行列 C は行方向と列方向が両方とも 2 次元的表現でラベル付けされているため，その成分を通常の下付き表現で表したのでは細かくなり見づらい．本書では画像に作用させる行列の場合，その $((x,y),(x',y'))$-成分を $\langle x,y|C|x',y'\rangle$ により表すことにする．式 (2.3) は具体的に書くと

$$f_{x,y} = \sum_{x'=0}^{M-1}\sum_{y'=0}^{N-1}\langle x,y|C|x',y'\rangle g_{x',y'} \qquad (2.4)$$

という形になる．この形は $(MN)^2$ 個の係数 $\langle x,y|C|x',y'\rangle$ の値をすべて指定しなければならず，実用的とはいい難い．実際には (x,y) と (x',y') がある近傍関係にある場合のみ $\langle x,y|C|x',y'\rangle$ が非零の値を持つような線形フィルターが用いられる．

もっとも基本的な線形フィルターは $f_{x,y}$ として g の (x,y) およびその 8 近傍の階調値の平均を与えるというものである．

$$f_{x,y} = \frac{1}{9}\sum_{x'=x-1}^{x+1}\sum_{y'=y-1}^{y+1} g_{x',y'} \qquad (2.5)$$

このとき，行列 C は $\delta_{a,b} \equiv 1\ (a=b),\ \delta_{a,b} \equiv 0\ (a\neq b)$ で定義されるクロネッカー (Kronecker) のデルタ $\delta_{a,b}$ を用いて

$$\begin{aligned}\langle x,y|C|x',y'\rangle = \frac{1}{9}(&\delta_{x',x-1}\delta_{y',y-1} + \delta_{x',x}\delta_{y',y-1} + \delta_{x',x+1}\delta_{y',y-1} \\ &+ \delta_{x',x-1}\delta_{y',y} + \delta_{x',x}\delta_{y',y} + \delta_{x',x+1}\delta_{y',y} \\ &+ \delta_{x',x-1}\delta_{y',y+1} + \delta_{x',x}\delta_{y',y+1} + \delta_{x',x+1}\delta_{y',y+1})\end{aligned} \qquad (2.6)$$

と表される．この線形フィルターは，着目している画素 (x,y) およびその 8 近傍の画素からなる 3×3 の「窓」のようなものの中の画素の階調値を入力として，着目画素の階調値を線形変換していることになる．

窓の大きさは用途に応じて自由に変えることができる．例えば $(2n+1)\times(2n+1)$ の窓を選んだとすれば f および C は

$$f_{x,y} = \frac{1}{(2n+1)^2}\sum_{x'=x-n}^{x+n}\sum_{y'=y-n}^{y+n} g_{x',y'} \qquad (2.7)$$

$$\langle x,y|C|x',y'\rangle = \frac{1}{(2n+1)^2}\sum_{k=-n}^{n}\sum_{l=-n}^{n}\delta_{x',x-k}\delta_{y',y-l} \qquad (2.8)$$

により与えられる．これは $(2n+1)\times(2n+1)$ の**平滑化フィルター**(smoothing filter)

と呼ばれるものの 1 つである.

一般に $(2n+1) \times (2n+1)$ の窓に対して

$$f_{x,y} = \frac{1}{(2n+1)^2} \sum_{x'=x-n}^{x+n} \sum_{y'=y-n}^{y+n} \mathcal{A}(|x-x'|,|y-y'|) g_{x',y'} \qquad (2.9)$$

$$\langle x,y|\boldsymbol{C}|x',y'\rangle = \frac{1}{(2n+1)^2} \sum_{k=-n}^{n} \sum_{l=-n}^{n} \mathcal{A}(|k|,|l|) \delta_{x',x-k} \delta_{y',y-l} \qquad (2.10)$$

という形でより一般的に線形フィルターを表現することができ,係数 $\mathcal{A}(|k|,|l|)$ を用途に応じてデザインしてゆくというシナリオになる.

画像処理では 3×3 の窓に対する $\mathcal{A}(|k|,|l|)$ の値を

$$\begin{bmatrix} \mathcal{A}(1,1) & \mathcal{A}(0,1) & \mathcal{A}(1,1) \\ \mathcal{A}(1,0) & \mathcal{A}(0,0) & \mathcal{A}(1,0) \\ \mathcal{A}(1,1) & \mathcal{A}(0,1) & \mathcal{A}(1,1) \end{bmatrix} \qquad (2.11)$$

というマスクと呼ばれる表現によって表すことがある.さらに 5×5 の窓に対するマスクは

$$\begin{bmatrix} \mathcal{A}(2,2) & \mathcal{A}(1,2) & \mathcal{A}(0,2) & \mathcal{A}(1,2) & \mathcal{A}(2,2) \\ \mathcal{A}(2,1) & \mathcal{A}(1,1) & \mathcal{A}(0,1) & \mathcal{A}(1,1) & \mathcal{A}(2,1) \\ \mathcal{A}(2,0) & \mathcal{A}(1,0) & \mathcal{A}(0,0) & \mathcal{A}(1,0) & \mathcal{A}(2,0) \\ \mathcal{A}(2,1) & \mathcal{A}(1,1) & \mathcal{A}(0,1) & \mathcal{A}(1,1) & \mathcal{A}(2,1) \\ \mathcal{A}(2,2) & \mathcal{A}(1,2) & \mathcal{A}(0,2) & \mathcal{A}(1,2) & \mathcal{A}(2,2) \end{bmatrix} \qquad (2.12)$$

により与えられる.$(2n+1) \times (2n+1)$ の窓に対するマスクも同様である.この表現 $[\cdots]$ における演算規則は行列とは異なるので注意されたい.

3×3 および 5×5 の窓に対する平滑化フィルターの場合のマスクは

$$\begin{bmatrix} \frac{1}{9} & \frac{1}{9} & \frac{1}{9} \\ \frac{1}{9} & \frac{1}{9} & \frac{1}{9} \\ \frac{1}{9} & \frac{1}{9} & \frac{1}{9} \end{bmatrix} \qquad (2.13)$$

および

$$\begin{bmatrix} \frac{1}{25} & \frac{1}{25} & \frac{1}{25} & \frac{1}{25} & \frac{1}{25} \\ \frac{1}{25} & \frac{1}{25} & \frac{1}{25} & \frac{1}{25} & \frac{1}{25} \\ \frac{1}{25} & \frac{1}{25} & \frac{1}{25} & \frac{1}{25} & \frac{1}{25} \\ \frac{1}{25} & \frac{1}{25} & \frac{1}{25} & \frac{1}{25} & \frac{1}{25} \\ \frac{1}{25} & \frac{1}{25} & \frac{1}{25} & \frac{1}{25} & \frac{1}{25} \end{bmatrix} \qquad (2.14)$$

によりそれぞれ与えられる.この線形フィルターを図 2.3 の標準画像に適用した結

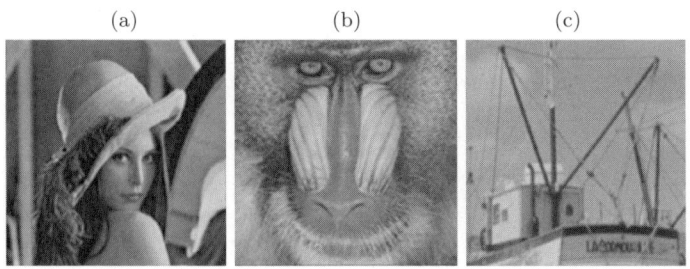

図 2.5 3×3 の窓における平滑化フィルターを図 2.3 の標準画像に適用して得られた出力結果.

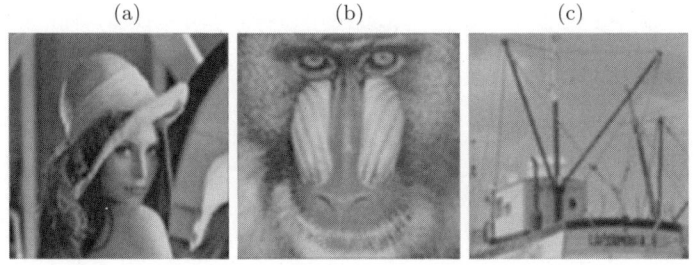

図 2.6 5×5 の窓における平滑化フィルターを図 2.3 の標準画像に適用して得られた出力結果.

果は図 2.5 および図 2.6 の通りである.

また，与えられた画像の画素ごとの**ラプラシアン**(Laplacian) $(\frac{\partial^2}{\partial x^2} + \frac{\partial^2}{\partial y^2})g_{x,y}$ は

$$\frac{\partial^2}{\partial x^2}g_{x,y} \simeq \frac{1}{2}\big((g_{x+1,y} - g_{x,y}) - (g_{x,y} - g_{x-1,y})\big)$$
$$= g_{x-1,y} - 2g_{x,y} + g_{x+1,y} \tag{2.15}$$

$$\frac{\partial^2}{\partial y^2}g_{x,y} \simeq \frac{1}{2}\big((g_{x,y+1} - g_{x,y}) - (g_{x,y} - g_{x,y-1})\big)$$
$$= g_{x,y-1} - 2g_{x,y} + g_{x,y+1} \tag{2.16}$$

すなわち

$$\frac{\partial^2}{\partial x^2}g_{x,y} + \frac{\partial^2}{\partial y^2}g_{x,y} \simeq g_{x-1,y} + g_{x+1,y} + g_{x,y-1} + g_{x,y+1} - 4g_{x,y} \tag{2.17}$$

と差分により近似的に与えられる．すなわち行列 C は

$$\langle x,y|C|x',y'\rangle = -4\delta_{x',x}\delta_{y',y} + \delta_{x',x}\delta_{y',y-1} + \delta_{x',x-1}\delta_{y',y}$$
$$+ \delta_{x',x+1}\delta_{y',y} + \delta_{x',x}\delta_{y',y+1} \tag{2.18}$$

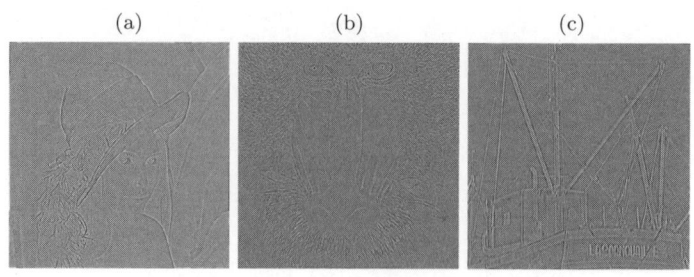

図 2.7　ラプラシアンフィルターを図 2.3 の標準画像に適用して得られた出力結果.

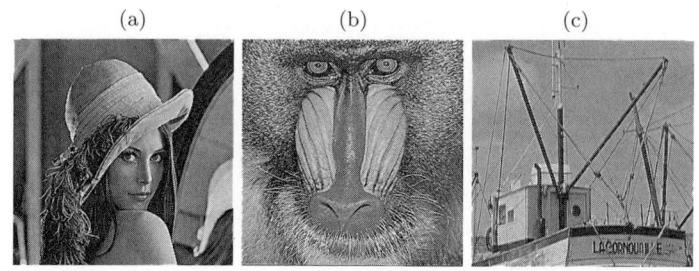

図 2.8　エッジ強調フィルターを図 2.3 の標準画像に適用して得られた出力結果.

となり，マスクは $\begin{bmatrix} 0 & 1 & 0 \\ 1 & -4 & 1 \\ 0 & 1 & 0 \end{bmatrix}$ により与えられる．この線形フィルターは**ラプラシアンフィルター**(Laplasian filter) と呼ばれ，図 2.3 の標準画像に適用した結果は図 2.7 の通りである．

ラプラシアンフィルターで得られた値をもとの画像から差し引く，すなわち I を MN 行 MN 列の単位行列として $(I - C)g$ により構成される線形フィルターはエッジ強調の効果を持つことも知られている．すなわち，このエッジ強調に対する線形フィルターのマスクは

$$\langle x, y | I - C | x', y' \rangle = 5\delta_{x',x}\delta_{y',y} - \delta_{x',x}\delta_{y',y-1} - \delta_{x',x-1}\delta_{y',y}$$
$$-\delta_{x',x+1}\delta_{y',y} - \delta_{x',x}\delta_{y',y+1} \tag{2.19}$$

となり，マスクは $\begin{bmatrix} 0 & -1 & 0 \\ -1 & 5 & -1 \\ 0 & -1 & 0 \end{bmatrix}$ により与えられる．

また，このような線形フィルターの表現を一部修正することで非線形フィルターへと発展させることが可能である．特に代表的なのが**メジアン (中央値) フィル**

ター(median filter) である．K 個の実数値の集合 $\{a_1, a_2, \cdots, a_K\}$ に対してそのメジアン(median; 中央値) を Median$\{a_1, a_2, \cdots, a_K\}$ と表すことにする．つまり Median$\{1, 4, 3, 6, 7, 2, 2\} = 3$ である．このとき $(2n+1) \times (2n+1)$ の窓に対するメジアンフィルターは次の式で与えられる．

$$f_{x,y} = \text{Median}\{g_{x',y'} | x - n \leq x' \leq x + n,\ y - n \leq y' \leq y + n\} \quad (2.20)$$

このメジアンフィルターを図 2.3 の標準画像に適用した結果は図 2.9 および図 2.10 の通りである．

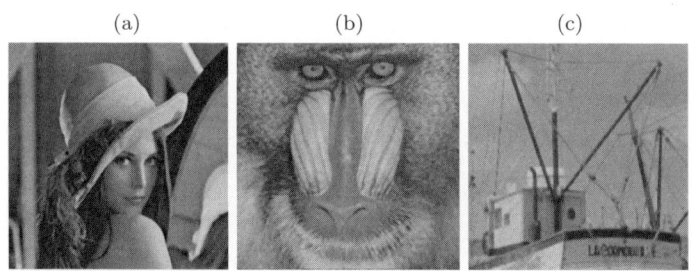

図 2.9 3×3 の窓におけるメジアン (中央値) フィルターを図 2.3 の標準画像に適用して得られた出力結果．

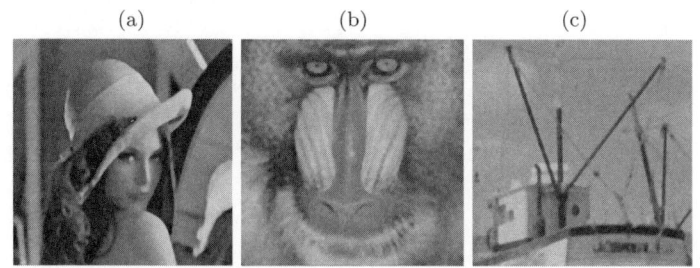

図 2.10 5×5 の窓におけるメジアン (中央値) フィルターを図 2.3 の標準画像に適用して得られた出力結果．

2.3 FIR フィルターと IIR フィルター

前節までで紹介した線形フィルター (2.9) の構造についてもう少し深く考えてみよう．ある画素 (ξ, η) に着目して $g_{x,y} = \delta_{x,\xi}\delta_{y,\eta}$ というインパルス関数として定義された g を入力として加える．このときの出力 f:

$$f_{x,y} = \frac{1}{(2n+1)^2} \sum_{x'=x-n}^{x+n} \sum_{y'=y-n}^{y+n} \mathcal{A}(|x'-x|,|y'-y|)\delta_{x',\xi}\delta_{y',\eta} \quad (2.21)$$

は線形フィルター (2.9) におけるインパルス応答と呼ばれ

$$\begin{aligned} f_{x,y} &= \mathcal{A}(|\xi-x|,|\eta-y|) \quad (\xi-n \leq x \leq \xi+n, \; \eta-n \leq y \leq \eta+n) \\ &= 0 \quad \quad \quad \quad \quad \quad \text{(otherwise)} \end{aligned} \quad (2.22)$$

により与えられる．すなわち，(ξ,η) にかけられたインパルスに対して出力 $\boldsymbol{f}$ は $\xi-n \leq x \leq \xi+n, \; \eta-n \leq y \leq \eta+n$ の範囲でのみ値を持ち，その外側の画素では 0 となっていることがわかる．一般に，インパルス応答がそのインパルスを加えられた画素の位置からある有限範囲より外側ではゼロとなる場合，そのフィルターは **FIR**(Finite Impulse Response) フィルターと呼ばれる．式 (2.9) は FIR フィルターを実現する線形フィルターの一例であるということができる．

FIR フィルターと並んでディジタル信号処理において重要なもう 1 つのフィルターに **IIR**(Infinite Impulse Response) フィルターがある．一般に，インパルス応答がそのインパルスを加えられた画素の位置から無限に遠くの画素まで 0 とならない場合，そのフィルターは IIR フィルターと呼ばれる．IIR フィルターを実現する 1 つの基本的な例として次のものが考えられる．

$$\begin{aligned} f_{x,y} = {}& \mathcal{B}(0,0)g_{x,y} - \mathcal{B}(1,0)f_{x+1,y} - \mathcal{B}(1,0)f_{x-1,y} \\ & - \mathcal{B}(0,1)f_{x,y+1} - \mathcal{B}(0,1)f_{x,y-1} \end{aligned} \quad (2.23)$$

MN 行 MN 列の行列 $\boldsymbol{R}$ を

$$\begin{aligned} \langle x,y|\boldsymbol{R}|x',y' \rangle = {}& \mathcal{B}(0,0)\delta_{x,x'}\delta_{y,y'} \\ & + \mathcal{B}(1,0)\delta_{x+1,x'}\delta_{y,y'} + \mathcal{B}(1,0)\delta_{x-1,x'}\delta_{y,y'} \\ & + \mathcal{B}(0,1)\delta_{x,x'}\delta_{y+1,y'} + \mathcal{B}(0,1)\delta_{x,x'}\delta_{y-1,y'} \end{aligned} \quad (2.24)$$

により導入すると，式 (2.23) は

$$\boldsymbol{g} = \boldsymbol{R}\boldsymbol{f} \quad (2.25)$$

すなわち

$$\boldsymbol{f} = \boldsymbol{R}^{-1}\boldsymbol{g} \quad (2.26)$$

という形に入力 $\boldsymbol{g}$ と出力 $\boldsymbol{f}$ の関係がまとめられる．この式である画素 (ξ,η) に着目して $g_{x,y} = \delta_{x,\xi}\delta_{y,\eta}$ というインパルス関数として定義された $\boldsymbol{g}$ を入力として加えた場合，インパルス応答としての $\boldsymbol{f}$ がそのインパルスを加えられた画素の位置から無限に遠くの画素まで 0 とならないため，IIR フィルターを実現する線形フィルターとなっていることが確かめられる．

2.4 本章のまとめ

本章ではコンピュータで画像を扱う上での基本的な知識について説明した．前半はコンピュータのなかでの画像の表示とデータとしての格納形式についてふれている．後半は画像処理工学で学ぶ基本的なフィルターの数理的構造について述べた．ここでは基本的なフィルターとして平滑化フィルターの説明から出発し，ラプラシアン演算子のフィルターとしての表現からエッジ強調フィルターについて述べ，さらに非線形フィルターの代表例としてメジアンフィルターについてもふれている．

情報工学以外の研究者がこの分野に参入しようとする際，まず最初に障害となるのがコンピュータにおける画像の表示である．これは画像処理・ディジタル信号処理を主戦場とする学生・研究者にとっては自明なこととは思うが，異分野のものにとっては画像を表示し，印刷するにはどのようなアプリケーションソフトがあるのかさえわからない場合があるのである．かくいう著者もその一人であった．本書ではコンピュータ上での画像に一度もふれたことのない読者を対象にした記述を心がけたつもりである．[*3]

[*3] ディジタル信号処理を駆使した画像処理のより発展的内容に興味のある読者は文献 [2] を参照していただきたい．

第3章

確率モデルとベイズ統計

本章では，確率・統計の基本的知識と予測・推論問題として画像処理を理解する上で必要となる項目について要約する．[*1]

3.1 確率と確率変数

ある操作を行って得られる可能性のある結果の全体はわかっているが，そのうちのいずれが得られるかは予知できないとき，この操作は**試行**(trial) と呼ばれる．試行の結果得られる可能性のある個々の結果を**標本点**(sample point)，標本点の全体の集合を**標本空間**(sample space) という．標本空間の部分集合 A を (その標本空間に属する) **事象**(event) という．例をあげて説明しよう．「さいころを 1 回振る」という試行を考えると「n の目がでる」($n=1,2,3,4,5,6$) という 6 種類の文章で表現された標本点がある．この標本点に対して「2 または 3 の目がでる」というのは標本空間の部分集合となっており，これは事象の 1 つとなる (図 3.1 参照)．

ある事象を考え，その事象として起こりうるすべての場合が合計で M 個として，それに $1,2,\cdots,M$ などの番号を付けたとする．この番号の中のどれかをとる変数 A を導入し，「例えば a 番という番号の付けられた事象が起こったことを "$A=a$" という数学的記号を用いて表す」とする．このとき，A を**確率変数**(random variable) といい，"$A=a\,(a=1,2,\ldots,M)$" で表現された事象の起こる**確率**(probability) を $\Pr\{A=a\}$ という記号を用いて表すことにする．a をその確率変数の**実現値**または**状態**(state) と呼ぶ．(図 3.2 参照)．

M 個の番号を付けられた事象 $1,2,\cdots,M$ の和集合が標本空間と一致し，かつ事象 $1,2,\cdots,M$ が互いに排反である (標本空間のすべての標本点はいずれも事象 $1,2,\cdots,M$ のどれか 1 つの事象にだけ属している) としよう．このとき，確率

[*1] 本来は標本空間，事象を導入し，確率の定義について注意深く説明した上で上述の内容に進むべきであるが，ここではこれらの詳細には深く立ち入らないこととする．確率・統計の数学的体系に興味のある読者は文献 [11] および文献 [11] にあげられた参考文献を参照していただきたい．

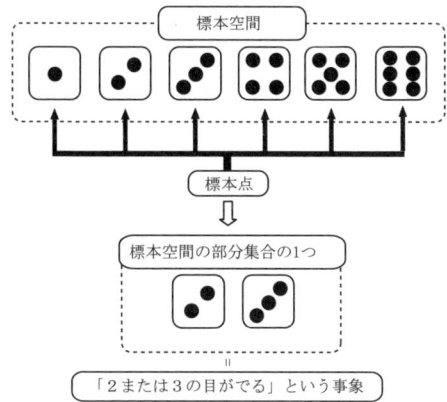

図 3.1 標本空間と事象.

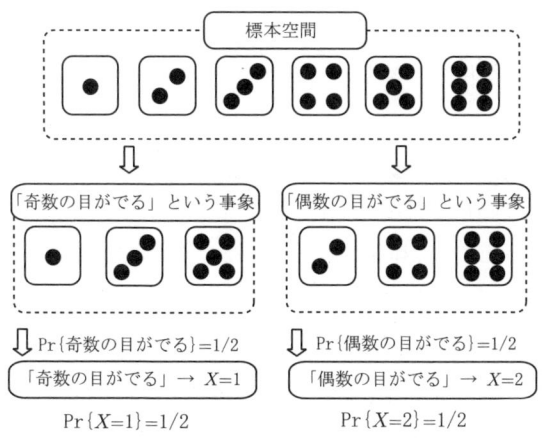

図 3.2 事象と確率変数.

$\Pr\{A = a\}$ は

$$\Pr\{A = a\} \geq 0 \ (a = 1, 2, \cdots, M), \quad \sum_{z=1}^{M} \Pr\{A = z\} = 1 \tag{3.1}$$

という条件を満たさなければならない. 確率変数 A の確率が

$$\Pr\{A = a\} = P(a) \tag{3.2}$$

という形で実現値 a の関数 $P(a)$ により与えられたとき, この $P(a)$ を確率変数 A の**確率分布**(probability distribution) という. 式 (3.1) から確率分布は

$$P(a) \geq 0 \ (a = 1, 2, \cdots, M), \quad \sum_{z=1}^{M} P(z) = 1 \tag{3.3}$$

を満たさなければならない. $\sum_{z=1}^{M} P(z) = 1$ は**規格化条件**(normalization condition)と呼ばれる. 例えば確率分布 $P(a)$ が a のある関数 $W(a)$ を用いて

$$P(a) = 定数 \times W(a) \quad (a = 1, 2, \cdots, M) \tag{3.4}$$

という形に与えられたとしよう.「定数」と書かれた部分は a によらない定数という意味である. このとき規格化条件を満足しなければならないという条件のもとでこの定数を決めると $P(a)$ は

$$P(a) = \frac{W(a)}{\sum_{a=1}^{M} W(a)} \quad (a = 1, 2, \cdots, M) \tag{3.5}$$

と与えられることになる. 分母 $\sum_{a=1}^{M} W(a)$ はすでに a について和をとっていることになり, もはや a の関数ではない. この $\sum_{a=1}^{M} W(a)$ は確率分布 $P(a)$ の**規格化定数**(normalization constant) と呼ばれる.

次に, 2つの確率変数 A_1, A_2 を考え, それぞれの確率変数の表す事象として起こりうる場合の総数が M_1 個および M_2 個であるとする. このとき「$A_1 = a_1$」, 「$A_2 = a_2$」により与えられた事象が両方起こる, すなわち「$(A_1 = a_1) \cap (A_2 = a_2)$」である確率

$$\Pr\{A_1 = a_1, A_2 = a_2\} \quad (a_1 = 1, 2, \cdots, M_1; \ a_2 = 1, 2, \cdots, M_2) \tag{3.6}$$

を確率変数 A_1 と A_2 に対する 2 次元の**結合確率**(joint probability) と呼ぶ. また, 確率変数 A_1 と A_2 をひとまとめにして縦ベクトルを用いて $\boldsymbol{A} = \begin{pmatrix} A_1 \\ A_2 \end{pmatrix}$ と 2 次元の確率変数と見なすことができる. これを 2 次元の**確率ベクトル変数**と呼ぶ.

結合確率 $\Pr\{A_1 = a_1, A_2 = a_2\}$ を最初に定義した上で, A_2 としてどの事象が起こるかということとは無関係に A_1 が起こる確率を考えた場合, これは

$$\begin{aligned}
\Pr\{A_1 = a_1\} &= \sum_{z_1=1}^{M_1} \sum_{z_2=1}^{M_2} \delta_{a_1, z_1} \Pr\{A_1 = z_1, A_2 = z_2\} \\
&= \sum_{z_2=1}^{M_2} \Pr\{A_1 = a_1, A_2 = z_2\}
\end{aligned} \tag{3.7}$$

$$\Pr\{A_2 = a_2\} = \sum_{z_1=1}^{M_1} \sum_{z_2=1}^{M_2} \delta_{a_2, z_2} \Pr\{A_1 = z_1, A_2 = z_2\}$$

$$= \sum_{z_1=1}^{M_1} \Pr\{A_1 = z_1, A_2 = a_2\} \tag{3.8}$$

と与えられる．$\delta_{a,b} \equiv 1 \ (a = b)$，$\delta_{a,b} \equiv 0 \ (a \neq b)$ はクロネッカーのデルタである．このとき，$\Pr\{A_i = a_i\} \ (i = 1, 2)$ を $\Pr\{A_1 = a_1, A_2 = a_2\}$ の確率変数 A_i についての**周辺確率**(marginal probability) と呼ぶ．

話を一気に一般化してみよう．いま L 個の $A_1, A_2, \cdots, A_L$ を考え，それぞれの事象として起こりうる場合の総数が M_1個$, M_2$個$, \cdots, M_L$個 であるとする．事象「$(A_1 = a_1) \cap (A_2 = a_2) \cap \cdots \cap (A_L = a_L)$」が起こる結合確率は次のように与えられる．

$$\Pr\{A_1 = a_1, A_2 = a_2, \cdots, A_L = a_L\}$$
$$(a_i = 1, 2, \cdots, M_i; \ i = 1, 2, \cdots, L) \tag{3.9}$$

以後, 確率変数の集合 $\{A_i | i = 1, 2, \cdots, L\}$ およびその実現値 $\{a_i | i = 1, 2, \cdots, L\}$ をそれぞれ $\boldsymbol{A} \equiv (A_1, A_2, \cdots, A_L)^{\mathrm{T}}$, $\boldsymbol{a} \equiv (a_1, a_2, \cdots, a_L)^{\mathrm{T}}$ という縦ベクトル記号で表すことにすると, L 次元の結合確率は $\Pr\{\boldsymbol{A} = \boldsymbol{a}\}$ と表される. $\boldsymbol{A}$ は L 次元の確率ベクトル変数である. 結合確率 $\Pr\{\boldsymbol{A} = \boldsymbol{a}\}$ は

$$\Pr\{\boldsymbol{A} = \boldsymbol{a}\} \geq 0 \ (a_i = 1, 2, \cdots, M_i, \ i = 1, 2, \cdots, L) \tag{3.10}$$

$$\sum_{\boldsymbol{z}} \Pr\{\boldsymbol{A} = \boldsymbol{z}\} = 1 \tag{3.11}$$

という条件を満たさなければならない．ここで，$\sum_{\boldsymbol{z}}$ は $\boldsymbol{z} \equiv (z_1, z_2, \cdots, z_L)^{\mathrm{T}}$ のすべての z_i に対する和を意味する．

$$\sum_{\boldsymbol{z}} \equiv \sum_{z_1=1}^{M_1} \sum_{z_2=1}^{M_2} \cdots \sum_{z_L=1}^{M_L} \tag{3.12}$$

確率ベクトル変数 $\boldsymbol{A}$ の確率が

$$\Pr\{\boldsymbol{A} = \boldsymbol{a}\} = P(\boldsymbol{a}) \tag{3.13}$$

という形で $\boldsymbol{a}$ の関数 $P(\boldsymbol{a})$ により与えられたとき，この $P(\boldsymbol{a})$ を確率ベクトル変数 $\boldsymbol{A}$ の**結合確率分布**(joint probability distribution) という．式 (3.11) から結合確率分布 $P(\boldsymbol{a})$ は

$$P(\boldsymbol{a}) \geq 0, \qquad \sum_{\boldsymbol{z}} P(\boldsymbol{z}) = 1 \tag{3.14}$$

を満たさなければならない．結合確率 $\Pr\{\boldsymbol{A} = \boldsymbol{a}\}$ に対して

$$\Pr\{A_i = a_i\} = \sum_{\boldsymbol{z}} \delta_{a_i, z_i} \Pr\{\boldsymbol{A} = \boldsymbol{z}\} \tag{3.15}$$

$$\Pr\{A_i = a_i, A_j = a_j\} = \sum_{\boldsymbol{z}} \delta_{a_i, z_i} \delta_{a_j, z_j} \Pr\{\boldsymbol{A} = \boldsymbol{z}\} \tag{3.16}$$

$$\Pr\{A_i = a_i, A_j = a_j, A_k = a_k\} = \sum_{\boldsymbol{z}} \delta_{a_i, z_i} \delta_{a_j, z_j} \delta_{a_k, z_k} \Pr\{\boldsymbol{A} = \boldsymbol{z}\} \tag{3.17}$$

という形で様々な周辺確率を定義することができる．これらの周辺確率 $\Pr\{A_i = a_i\}$，$\Pr\{A_i = a_i, A_j = a_j\}$，$\Pr\{A_i = a_i, A_j = a_j, A_k = a_k\}$ が

$$\Pr\{A_i = a_i\} = P_i(a_i) \tag{3.18}$$

$$\Pr\{A_i = a_i, A_j = a_j\} = P_{ij}(a_i, a_j) \tag{3.19}$$

$$\Pr\{A_i = a_i, A_j = a_j, A_k = a_k\} = P_{ijk}(a_i, a_j, a_k) \tag{3.20}$$

という形で関数 $P_i(a_i)$，$P_{ij}(a_i, a_j)$，$P_{ijk}(a_i, a_j, a_k)$ により与えられたとき，これらを対応する確率変数の**周辺確率分布**(marginal probability distribution) という．

確率変数 A_1 および A_2 に対する確率分布をそれぞれ $Q_1(a_1)$，$Q_2(a_2)$ とする．確率変数 (A_1, A_2) に対する結合確率分布 $P(a_1, a_2)$ が $P(a_1, a_2) = Q_1(a_1)Q_2(a_2)$ により与えられるとき，確率変数 A_1 と A_2 は**独立である**(independent) といい，周辺確率分布は $P_1(a_1) = Q_1(a_1)$，$P_2(a_2) = Q_2(a_2)$ によりそれぞれ与えられる．

3.2 ベイズの公式

結合確率 $\Pr\{A_1 = a_1, A_2 = a_2\}$ から，条件付き確率 $\Pr\{A_1 = a_1 | A_2 = a_2\}$ および $\Pr\{A_2 = a_2 | A_1 = a_1\}$ は次のように定義される．

$$\begin{aligned} \Pr\{A_1 = a_1 | A_2 = a_2\} &\equiv \frac{\Pr\{A_1 = a_1, A_2 = a_2\}}{\Pr\{A_2 = a_2\}} \\ \Pr\{A_2 = a_2 | A_1 = a_1\} &\equiv \frac{\Pr\{A_1 = a_1, A_2 = a_2\}}{\Pr\{A_1 = a_1\}} \end{aligned} \tag{3.21}$$

この式から

$$\begin{aligned} \Pr\{A_1 = a_1, A_2 = a_2\} &= \Pr\{A_1 = a_1 | A_2 = a_2\} \Pr\{A_2 = a_2\} \\ &= \Pr\{A_2 = a_2 | A_1 = a_1\} \Pr\{A_1 = a_1\} \end{aligned} \tag{3.22}$$

という式が導かれる．両辺を $\Pr\{A_2 = a_2\}$ で割ることにより次の等式が与えられる．

$$\Pr\{A_1 = a_1 | A_2 = a_2\} = \frac{\Pr\{A_2 = a_2 | A_1 = a_1\} P\{A_1 = a_1\}}{P\{A_2 = a_2\}} \tag{3.23}$$

ここでさらに周辺確率の定義から

$$\Pr\{A_2 = a_2\} = \sum_{a_1=1}^{M_1} \Pr\{A_1 = a_1, A_2 = a_2\}$$

$$= \sum_{a_1=1}^{M_1} \Pr\{A_2 = a_2 | A_1 = a_1\} \Pr\{A_1 = a_1\} \quad (3.24)$$

であることを考慮すると

$$\Pr\{A_1 = a_1 | A_2 = a_2\} = \frac{\Pr\{A_2 = a_2 | A_1 = a_1\} \Pr\{A_1 = a_1\}}{\displaystyle\sum_{a_1=1}^{M_1} \Pr\{A_2 = a_2 | A_1 = a_1\} \Pr\{A_1 = a_1\}} \quad (3.25)$$

が得られる．式 (3.23) および式 (3.25) が**ベイズの公式**(Bayes formula) である．式 (3.25) は，$A_1 = a_1$ という事象が起こる確率 $\Pr\{A_1 = a_1\}$ と $A_1 = a_1$ という事象が起こったという条件のもとで事象 $A_2 = a_2$ が起こる確率 $\Pr\{A_2 = a_2 | A_1 = a_1\}$ から，事象 $A_2 = a_2$ が起こったという条件のもとで事象 $A_1 = a_1$ が起こっている確率 $\Pr\{A_1 = a_1 | A_2 = a_2\}$ が表現できるということを表している．$\Pr\{A_1 = a_1\}$ は**事前確率** (*a priori* probability または単に prior)，$\Pr\{A_1 = a_1 | A_2 = a_2\}$ は**事後確率** (*a posteiori* probability または単に posterior) と呼ばれている．

ベイズの公式 (3.23) を用いた推論の戦略は，一言でいえば，$A_1 = a_1$ は原情報，$A_2 = a_2$ はデータに対応し，原情報が生成され，それがデータに変換されるという順過程からベイズの公式を用いて逆過程に対する確率，すなわち事後確率を構成し，これをもとにデータから原情報を推定しようというものである．このベイズの公式に基づく推論の定式化は**ベイズ統計**(Bayesian statistics) と呼ばれている．

もう少し複雑な場合として，3 つの確率変数 A_1, A_2, A_3 による場合を考えてみる．結合確率 $\Pr\{A_1 = a_1, A_2 = a_2, A_3 = a_3\}$ は条件付き確率から次のように 2 つの表現で与えられる．

$$\Pr\{A_1 = a_1, A_2 = a_2, A_3 = a_3\}$$
$$= \Pr\{A_3 = a_3 | A_1 = a_1, A_2 = a_2\} \Pr\{A_1 = a_1, A_2 = a_2\}$$
$$= \Pr\{A_3 = a_3 | A_1 = a_1, A_2 = a_2\}$$
$$\times \Pr\{A_2 = a_2 | A_1 = a_1\} \Pr\{A_1 = a_1\} \quad (3.26)$$
$$\Pr\{A_1 = a_1, A_2 = a_2, A_3 = a_3\}$$
$$= \Pr\{A_1 = a_1, A_2 = a_2 | A_3 = a_3\} \Pr\{A_3 = a_3\} \quad (3.27)$$

つまり，

$$\Pr\{A_1 = a_1, A_2 = a_2 | A_3 = a_3\}\Pr\{A_3 = a_3\}$$
$$= \Pr\{A_3 = a_3 | A_1 = a_1, A_2 = a_2\}$$
$$\times \Pr\{A_2 = a_2 | A_1 = a_1\}\Pr\{A_1 = a_1\} \qquad (3.28)$$

が成り立つわけである．この両辺を a_2 に関して和をとることにより,

$$\Pr\{A_1 = a_1 | A_3 = a_3\}\Pr\{A_3 = a_3\}$$
$$= \sum_{a_2=1}^{M_2} \Pr\{A_3 = a_3 | A_1 = a_1, A_2 = a_2\}$$
$$\times \Pr\{A_2 = a_2 | A_1 = a_1\}\Pr\{A_1 = a_1\} \qquad (3.29)$$

すなわち,

$$\Pr\{A_1 = a_1 | A_3 = a_3\}$$
$$= \frac{1}{\Pr\{A_3 = a_3\}} \sum_{a_2=1}^{M_2} \Pr\{A_3 = a_3 | A_1 = a_1, A_2 = a_2\}$$
$$\times \Pr\{A_2 = a_2 | A_1 = a_1\}\Pr\{A_1 = a_1\} \qquad (3.30)$$

$$\Pr\{A_3 = a_3\} = \sum_{a_1=1}^{M_1} \sum_{a_2=1}^{M_2} \Pr\{A_3 = a_3 | A_1 = a_1, A_2 = a_2\}$$
$$\times \Pr\{A_2 = a_2 | A_1 = a_1\}\Pr\{A_1 = a_1\} \qquad (3.31)$$

が導かれる．

式 (3.30) は事象 $A_1 = a_1$ が起こり，事象 $A_2 = a_2$ が起こり，そしてその結果として事象 $A_3 = a_3$ が起こるという順過程についての確率が与えられたときに，逆に事象 $A_3 = a_3$ が起こったという状況のもとで事象 $A_1 = a_1$ が起こっていたかどうかという逆過程に対する条件付き確率を構成する形をとっており，その意味でベイズの公式 (3.23) の拡張版と見なすことができる．一般にこのような順過程の確率から逆過程を条件付き確率と結合確率の間の関係式をもとに構成してゆく手順は総称して，**ベイズ規則**(Bayes rule) と呼ばれている．

3.3 連続確率変数と確率密度関数

前節までで標本空間を離散的な空間に限定したのに対して，本節では標本空間が連続的な空間である場合に対して確率分布を考える．この連続的な空間として与えられた標本空間上で各標本点 ω から実数値への 1 対 1 対応の写像が $A(\omega)$ により

与えられるように定義されるとき，この A を**確率変数**(random variable) という．事象 $\{\omega| -\infty < A(\omega) \leq a\}$ に対する確率がすべての実数 a に対して与えられれば，これをもとにして標本空間から生成されるあらゆる事象の確率が計算できる．標本空間を離散的な空間に限定した場合に 3.1 節で導入された確率変数を**離散確率変数**(descrete random variable)，連続的な空間である場合に本節で導入された確率変数を**連続確率変数**(continuous random variable) と，区別して呼ぶこともある．

例えば，任意の実数 a, b $(a \leq b)$ に対し，事象 $\{\omega| a \leq A(\omega) \leq b\}$ の確率 $\Pr\{\omega| a \leq A(\omega) \leq b\}$ は以下のように与えられる

$$\Pr\{\omega| a \leq A(\omega) \leq b\}$$
$$= \Pr\{\omega| -\infty \leq A(\omega) \leq b\} - \Pr\{\omega| -\infty \leq A(\omega) \leq a\} \quad (3.32)$$

任意の実数 a に対して，事象 $\{\omega| -\infty < A(\omega) \leq a\}$ の確率

$$\Phi(a) = \Pr\{\omega| -\infty < A(\omega) \leq a\} \quad (3.33)$$

を確率変数 A の**分布関数**(distribution function) という．確率変数 A の分布関数 $\Phi(a)$ がいたるところ連続で，かつ有限個の点を除いて微分可能とすると，微分可能なすべての点に対して

$$\rho(a) \equiv \left[\frac{d\Phi(u)}{du}\right]_{u=a} \quad (3.34)$$

その他の点については $\rho(a) \equiv 0$ とすることによって定義される $\rho(a)$ を，確率変数 A の**確率密度関数**(probability density function) という．このとき $\rho(a)$ は $\rho(a) \geq 0$, $\int_{-\infty}^{+\infty} \rho(a)da = 1$ を満たす．$\int_{-\infty}^{+\infty} \rho(a)da = 1$ のことを確率密度関数に対する**規格化条件**(normalization condition) と呼ぶ．例えば，確率密度関数 $\rho(a)$ が a のある関数 $w(a)$ を用いて

$$\rho(a) = 定数 \times w(a) \; (-\infty < a < +\infty) \quad (3.35)$$

という形に与えられたとしよう．「定数」と書かれた部分は a によらない定数という意味である．このとき規格化条件を満足しなければならないという条件のもとでこの定数を決めると $\rho(a)$ は

$$\rho(a) = \frac{w(a)}{\int_{-\infty}^{+\infty} w(a)da} \; (-\infty < a < +\infty) \quad (3.36)$$

と与えられることになる．分母 $\int_{-\infty}^{+\infty} w(a)da$ はすでに a について積分をしている

わけで, もはや a の関数ではない. この $\int_{-\infty}^{+\infty} w(a)da$ は確率密度関数 $\rho(a)$ の**規格化定数**(normalization constant) となっている.

逆に, 確率変数 A の確率密度関数 $\rho(a)$ が与えられれば,

$$\Phi(a) = \int_{-\infty}^{a} \rho(u)du \tag{3.37}$$

は A の分布関数となる. 確率変数 (A_1, A_2) において, すべての (a_1, a_2) について事象 $\{(\omega_1, \omega_2)|A_2(\omega_1) \leq a; A_2(\omega_2) \leq b\}$ の確率

$$\Phi(a_1, a_2) = \Pr\{(\omega_1, \omega_2)|A_1(\omega_1) \leq a_1; A_2(\omega_2) \leq a_2\} \tag{3.38}$$

を確率変数 (A_1, A_2) の**結合分布関数**(joint distribution function) という. この場合も, 確率変数 A_1 と A_2 をひとまとめにして縦ベクトルを用いて $\boldsymbol{A} = \begin{pmatrix} A_1 \\ A_2 \end{pmatrix}$ と表したとき, これを 2 次元の**確率ベクトル変数**または**連続確率ベクトル変数**と呼ぶ. 一般に n 個の連続確率変数を同時に扱う場合, すなわち n 次元の場合も同様に定義される.

確率変数 (A_1, A_2) に対する分布関数 $\Phi(a_1, a_2)$ が任意の実数 a_1, a_2 に関して連続であり, かつ, 有限個の点を除いて微分可能であれば, 微分可能な任意の点に対して

$$\rho(a_1, a_2) \equiv \left[\frac{\partial^2 \Phi(u, v)}{\partial u \partial v}\right]_{u=a_1, v=a_2} \tag{3.39}$$

とし, 微分可能でない点は $\rho(a_1, a_2) = 0$ とすることによって定義される $\rho(a_1, a_2)$ を確率変数 (A_1, A_2) の**結合確率密度関数**(joint probability density function) という.[*2] 結合確率密度関数 $\rho(a_1, a_2)$ は, 任意の実数 a_1, a_2 に対しても

$$\rho(a_1, a_2) \geq 0, \quad \int_{-\infty}^{+\infty}\int_{-\infty}^{+\infty} \rho(u, v)dudv = 1$$

を満たす. 逆に, 確率変数 A_1 と A_2 の結合確率分布 $\rho(a_1, a_2)$ が与えられると

$$\Phi(a_1, a_2) = \int_{-\infty}^{a_1}\int_{-\infty}^{a_2} \rho(u, v)dudv$$

が (A_1, A_2) の分布関数となる. 一般に uv-平面上の領域 D に対し

[*2] 確率・統計ではこの 2 つの連続確率変数に対する確率密度関数を 2 次元確率密度関数と呼ぶことがあるが, この呼び方は分野によっては異なる意味を持つこともある. 本書では, 多変数の確率密度関数もそのときの説明の文脈に応じて結合確率密度関数または単に確率密度関数と呼ぶ. 離散確率変数に対する確率分布と結合確率分布についても同様である.

$$\Pr\{(A_1, A_2) \in D\} = \iint_D \rho(u,v) du dv$$

となる. $\rho(a_1, a_2)$ を結合確率密度関数とするとき,

$$\rho_1(a_1) = \int_{-\infty}^{+\infty} \rho(a_1, v) dv, \quad \rho_2(a_2) = \int_{-\infty}^{+\infty} \rho(u, a_2) du \tag{3.40}$$

とおけば $\rho_1(a_1), \rho_2(a_2)$ はそれぞれ確率密度関数となる. これらを, もとの結合確率密度関数 $\rho(a_1, a_2)$ に対し**周辺確率密度関数**(marginal probability density function)という.

確率変数 A_1 および A_2 に対する確率密度関数をそれぞれ $q_1(a_1), q_2(a_2)$ とする. 任意の実数 a_1, a_2 において, 確率変数 (A_1, A_2) に対する確率密度関数 $\rho(a_1, a_2)$ が $\rho(a_1, a_2) = q_1(a_1)q_2(a_2)$ により与えられるとき, 確率変数 A_1 と A_2 は**独立**であるといい, 周辺確率密度関数は $\rho_1(a_1) = q_1(a_1), \rho_2(a_2) = q_2(a_2)$ によりそれぞれ与えられる.

3.4 期待値, 分散, 共分散

ある確率ベクトル変数 $\boldsymbol{A} = (A_1, A_2, \cdots, A_L)^{\mathrm{T}}$ とその実現値 $\boldsymbol{a} = (a_1, a_2, \cdots, a_L)^{\mathrm{T}}$ に対して確率分布を $P(\boldsymbol{a})$ とする. このとき

$$\mu_i = E[A_i] \equiv \sum_{\boldsymbol{a}} a_i P(\boldsymbol{a}) \tag{3.41}$$

を A_i の**期待値**(expectation) または単に**平均**(average) という. 確率変数 $\boldsymbol{A}$ の任意の関数 $\Psi(\boldsymbol{A})$ に対する期待値は

$$E[\Psi(\boldsymbol{A})] = \sum_{\boldsymbol{a}} \Psi(\boldsymbol{a}) P(\boldsymbol{a}) \tag{3.42}$$

と定義される. 確率変数 A_1 および (A_1, A_2) の任意の関数 $\Psi_1(A_1), \Psi_{12}(A_1, A_2)$ に対する期待値 $E[\Psi_1(A_1)], E[\Psi_{12}(A_1, A_2)]$ は $\boldsymbol{A}$ が独立であるなしに関わらず, 周辺確率分布 $P_1(a_1), P_{12}(a_1, a_2)$ を用いて

$$E[A_1] = \sum_{a_1} \Psi_1(a_1) P_1(a_1) \tag{3.43}$$

$$E[\Phi_{12}(A_1, A_2)] = \sum_{a_1}\sum_{a_2} \Psi_{12}(a_1, a_2) P_{12}(a_1, a_2) \tag{3.44}$$

と表される. さらに, 確率ベクトル変数 $\boldsymbol{A} = (A_1, A_2, \cdots, A_L)^{\mathrm{T}}$ が連続確率変数である場合も, 結合確率密度関数 $\rho(\boldsymbol{a}) = (A_1, A_2, \cdots, A_L)^{\mathrm{T}}$ を考えたとき, A_i およ

び $\Psi(\boldsymbol{A})$ の期待値は

$$\mu_i = E[A_i] \equiv \int a_i \rho(\boldsymbol{a}) d\boldsymbol{a}$$

$$= \int_{-\infty}^{+\infty} \int_{-\infty}^{+\infty} \cdots \int_{-\infty}^{+\infty} a_i \rho(\boldsymbol{a}) da_1 da_2 \cdots da_L \qquad (3.45)$$

$$E[\Psi(\boldsymbol{A})] \equiv \int \Psi(\boldsymbol{a}) P(\boldsymbol{a}) d\boldsymbol{a} \qquad (3.46)$$

により定義され,さらに周辺確率密度関数 $\rho_1(a_1)$, $\rho_{12}(a_1, a_2)$ に対して以下の等式が成り立つ.

$$E[A_1] = \int_{-\infty}^{+\infty} \Psi_1(a_1) \rho_1(a_1) da_1 \qquad (3.47)$$

$$E[\Phi_{12}(A_1, A_2)] = \int_{-\infty}^{+\infty} \int_{-\infty}^{+\infty} \Psi_{12}(a_1, a_2) P_{12}(a_1, a_2) da_1 da_2 \qquad (3.48)$$

期待値には次の性質がある.

(1) $E[\alpha A_1 + \beta] = \alpha E[A_1] + \beta$ (α, β は定数)
(2) $E[A_1 + A_2] = E[A_1] + E[A_2]$
(3) $\boldsymbol{A}$ が独立 $\Rightarrow E[A_1 A_2] = E[A_1] E[A_2]$

さらに $\mu_i = E[A_i]$ とすると

$$\mathrm{Var}[A_i] \equiv E[(A_i - \mu_i)^2] \qquad (3.49)$$

を A_i の**分散**(variance) といい,分散の正の平方根 $\sqrt{\mathrm{Var}[A_i]}$ を A_i の**標準偏差** (standard deviation) という.確率ベクトル変数 $\boldsymbol{A}$ の任意の関数 $\Psi(\boldsymbol{a})$ に対する分散は $\mathrm{Var}[\Psi(\boldsymbol{A})] = E[(\Psi(\boldsymbol{a}) - E[\Psi(\boldsymbol{a})])^2]$ と定義される.また,

$$\mathrm{Cov}[A_i, A_j] = E[(A_i - \mu_i)(A_j - \mu_j)] \qquad (3.50)$$

を A_i と A_j の**共分散**(covariance) という.さらに

$$\boldsymbol{R} = \begin{pmatrix} \mathrm{Var}[A_1] & \mathrm{Cov}[A_1, A_2] & \cdots & \mathrm{Cov}[A_1, A_L] \\ \mathrm{Cov}[A_2, A_1] & \mathrm{Var}[A_2] & \cdots & \mathrm{Cov}[A_2, A_L] \\ \vdots & \vdots & & \vdots \\ \mathrm{Cov}[A_L, A_1] & \mathrm{Cov}[A_L, A_2] & \cdots & \mathrm{Var}[A_L] \end{pmatrix} \qquad (3.51)$$

により定義される L 行 L 列の行列を確率ベクトル変数 $\boldsymbol{A}$ の**共分散行列**(covariant matrix) という.分散および共分散についての基本的な性質は以下の通りである.

(1) $\mathrm{Var}[A_1] = E[A_1{}^2] - E[A_1]^2$

(2) $\text{Var}[\alpha A_1 + \beta] = \alpha^2 \text{Var}[A_1]$ (α と β は定数)

(3) A_1 と A_2 が独立 $\Rightarrow$ $\text{Var}[A_1 + A_2] = \text{Var}[A_1] + \text{Var}[A_2]$

(4) $\text{Cov}[A_1, A_2] = E[A_1 A_2] - E[A_1]E[A_2]$

(5) A_1 と A_2 が独立 $\Rightarrow$ $\text{Cov}[A_1, A_2] = 0$

(6) $\text{Cov}[\alpha_1 A_1 + \beta_1, \alpha_2 A_2 + \beta_2] = \alpha_1 \alpha_2 \text{Cov}[A_1, A_2]$ ($\alpha_1, \beta_1, \alpha_2, \beta_2$ は定数)

(7) $\text{Var}[A_1 A_2] = \text{Var}[A_1] + \text{Var}[A_2] - 2\text{Cov}[A_1, A_2]$

例 1: A_1, A_2 はいずれも ± 1 の 2 値のみをとる確率変数であり, 以下のような結合確率分布に従うものとする。

$$\text{Pr}\{A_1 = a_1, A_2 = a_2\} = P(a_1, a_2) \equiv \frac{1}{\mathcal{Z}} \exp(\alpha a_1 + \beta a_2) \qquad (3.52)$$

$$\mathcal{Z} \equiv \sum_{a_1 = \pm 1} \sum_{a_2 = \pm 1} \exp(\alpha a_1 + \beta a_2) = 4\cosh(\alpha)\cosh(\beta) \qquad (3.53)$$

ここで, α, β は定数であるとする. $\mathcal{Z}$ は確率分布 $P(a_1, a_2)$ の規格化定数である. (1) 確率変数 A_1 に対する周辺確率分布は $P_1(a_1) = \frac{\exp(\alpha a_1)}{2\cosh(\alpha)}$ により与えられる. (2) 確率変数 A_2 の期待値は $E[A_2] = \tanh(\beta)$ により与えられる.

例 2: A_1, A_2 はいずれも ± 1 の 2 値のみをとる確率変数であり, 以下のような結合確率分布に従うものとする。

$$\text{Pr}\{A_1 = a_1, A_2 = a_2\} = P(a_1, a_2) \equiv \frac{1}{\mathcal{Z}} \exp(\alpha a_1 a_2), \qquad (3.54)$$

$$\mathcal{Z} \equiv \sum_{x = \pm 1} \sum_{y = \pm 1} \exp(\alpha a_1 a_2) = 4\cosh(\alpha) \qquad (3.55)$$

ここで, α は定数であるとする. $\mathcal{Z}$ は確率分布 $P(a_1, a_2)$ の規格化定数である. (1) 確率変数 X に対する周辺確率分布は $P_1(a_1) = \frac{\cosh(\alpha a_1)}{2\cosh(\alpha)} = \frac{1}{2}$ により与えられる. (2) 確率変数 A_1 と A_2 の共分散は $\text{Cov}[A_1, A_2] = \tanh(\alpha)$ により与えられる.

例 3: A は任意の実数をとる連続確率変数であるとし, 確率密度関数 $\rho(a)$ が $\rho(a) = 1$ ($0 \leq a \leq 1$), $\rho(a) = 0$ ($a \leq 0, 1 \leq a$) により与えられるとき, 確率変数 A に対する期待値は $E[A] = \frac{1}{2}$, 分散は $V[A] = \frac{1}{12}$ により与えられる. この確率密度関数は区間 $[0, 1]$ の**一様分布**(uniform distribution) と呼ばれ, $U[0, 1]$ という記号で表される.

例 4: A は任意の実数をとる連続確率変数であるとし, 確率密度関数 $\rho(a)$ が

$$\rho(a) \equiv \frac{1}{\sqrt{2\pi}\sigma} \exp\left(-\frac{1}{2\sigma^2}(a - \mu)^2\right) \quad (\sigma > 0) \qquad (3.56)$$

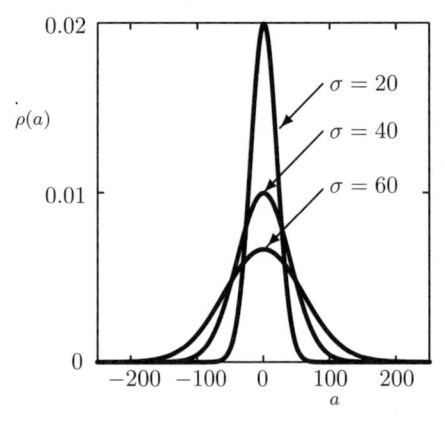

図 3.3　式 (3.56) のガウス分布 $N(0, \sigma^2)$ の確率密度関数.

により与えられるとき，確率変数 A に対する期待値と分散は，ガウス積分の公式

$$\int_{-\infty}^{+\infty} \exp\left(-\frac{1}{2}\alpha x^2\right) dx = \sqrt{\frac{2\pi}{\alpha}} \quad (\alpha > 0) \tag{3.57}$$

$$\int_{-\infty}^{+\infty} x^2 \exp\left(-\frac{1}{2}\alpha x^2\right) dx = \sqrt{\frac{2\pi}{\alpha^3}} \quad (\alpha > 0) \tag{3.58}$$

を用いて $E[A] = \mu$, $\mathrm{Var}[A] = \sigma^2$ と与えられる．この確率密度関数は平均 μ, 分散 σ^2 の**正規分布**(normal distribution) または**ガウス分布**(Gaussian distribution) と呼ばれ，$N(\mu, \sigma^2)$ という記号で表される．

例 5: 任意の実数をとる連続確率変数 A_1 と A_2 から構成される連続確率ベクトル変数 $\boldsymbol{A} = \begin{pmatrix} A_1 \\ A_2 \end{pmatrix}$ に対して結合確率密度関数 $\rho(a_1, a_2)$ が

$$\rho(a_1, a_2) \equiv \frac{1}{\sqrt{(2\pi)^2 \det(\boldsymbol{R})}} \exp\left(-\frac{1}{2}(\boldsymbol{a} - \boldsymbol{\mu})^{\mathrm{T}} \boldsymbol{R}^{-1}(\boldsymbol{a} - \boldsymbol{\mu})\right) \tag{3.59}$$

$$\boldsymbol{a} = \begin{pmatrix} a_1 \\ a_2 \end{pmatrix}, \ \boldsymbol{\mu} = \begin{pmatrix} \mu_1 \\ \mu_2 \end{pmatrix}, \ \boldsymbol{R} = \begin{pmatrix} R_{11} & R_{21} \\ R_{12} & R_{22} \end{pmatrix} \tag{3.60}$$

により与えられる場合を考える．ただし，$\boldsymbol{R}$ は対称行列とし，$(\boldsymbol{a} - \boldsymbol{\mu})^{\mathrm{T}}$ は縦ベクトル $\boldsymbol{a} - \boldsymbol{\mu}$ を転置して得られる横ベクトルである．このとき，確率ベクトル変数 (A_1, A_2) における平均，分散，共分散は $E[A_1] = \mu_1$, $E[A_2] = \mu_2$, $\mathrm{Var}[A_1] = R_{11}$, $\mathrm{Var}[A_2] = R_{22}$, $\mathrm{Cov}[A_1, A_2] = R_{12} = R_{21}$ と与えられる．この結合確率密度関数は，平均ベクトル $\boldsymbol{\mu}$, 共分散行列 $\boldsymbol{R}$ の **2 次元正規分**

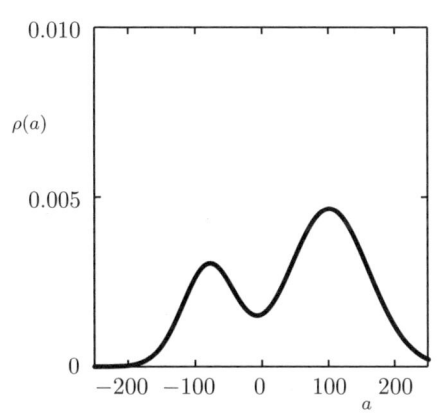

図 3.4 式 (3.61) の混合ガウスモデルの確率密度関数.
($\mu_1 = -80, \mu_2 = 100, \sigma_1 = 40, \sigma_2 = 60, \alpha_1 = 0.3, \alpha_2 = 0.7$).

布または **2 次元ガウス分布**と呼ばれる. ベクトル $\boldsymbol{a}$ と $\boldsymbol{\mu}$ を L 次元ベクトルに, 共分散行列 $\boldsymbol{R}$ を L 行 L 列の行列に拡張しても同様である (付録 A 参照).

例 6: 任意の実数をとる連続確率変数 A に対して, 確率密度関数 $\rho(a)$ が

$$\rho(a) \equiv \frac{\alpha_1}{\sqrt{2\pi}\sigma_1}\exp\Bigl(-\frac{1}{2\sigma_1{}^2}(a-\mu_1)^2\Bigr) + \frac{\alpha_2}{\sqrt{2\pi}\sigma_2}\exp\Bigl(-\frac{1}{2\sigma_2{}^2}(a-\mu_2)^2\Bigr)$$
$$(\sigma_1 > 0, \sigma_2 > 0, \alpha_1 \geq 0, \alpha_2 \geq 0, \alpha_1 + \alpha_2 = 1) \tag{3.61}$$

により与えられるとき, 確率変数 A に対する期待値は $E[A] = \alpha_1\mu_1 + \alpha_2\mu_2$ と与えられる (図 3.4 参照). さらに一般には

$$\rho(a) \equiv \sum_{k=1}^{K} \frac{\alpha_k}{\sqrt{2\pi}\sigma_k}\exp\Bigl(-\frac{1}{2\sigma_k{}^2}(a-\mu_k)^2\Bigr)$$
$$\Bigl(\sigma_k > 0, \ \alpha_k \geq 0, \ \sum_{k=1}^{K}\alpha_k = 1\Bigr) \tag{3.62}$$

により確率密度関数が与えられる確率モデルを**混合ガウスモデル**と呼ぶ [15].

3.5 一様乱数と正規乱数

雑音の生成には**乱数**(random numbers)(ある数の集合から無規則すなわちランダムに選び出された数) が必要である. 特に, 区間 $[0,1]$ の任意の実数値の中から等確率に選び出される乱数を区間 $[0,1]$ での**一様乱数**(uniform random numbers) と

いう．C 言語の乱数を生成する組み込み関数のなかに `rand()` がある．この組み込み関数は 0 から `RAND_MAX` までの整数のうちの 1 つを乱数として出力する．したがって，`(double)(rand())/(double)(RAND_MAX)` とすれば $[0, 1]$ での一様乱数 $U(0, 1)$ が生成される．

この一様乱数から平均 μ, 分散 σ^2 のガウス分布 (正規分布) に従って生成される乱数，すなわち**正規乱数**(normal random numbers) を生成することができる．一般に，平均値 μ, 分散 σ^2 を持つ，任意の確率分布に従って生成された n 個の乱数 $x_1, x_2, \cdots, x_n$ があるとき，$\frac{1}{n}(x_1 + x_2 + \cdots + x_n)$ の確率分布は $n \to +\infty$ で漸近的に平均 μ, 分散 $(\sigma/\sqrt{n})^2$ の正規分布に近づくことが知られている．これを**中心極限定理**(central limit theorem) という [11]．この定理と $[0, 1]$ の一様分布の平均は $\frac{1}{2}$, 分散は $\frac{1}{12}$ であることを用いると 12 個の $[0, 1]$ の一様乱数 $x_1, x_2, \cdots, x_{12}$ を生成した上で $a = x_1 + x_2 + \cdots + x_{12} - 6$ により与えられる乱数は平均 0, 分散 1 の正規分布に従う正規乱数として近似できることになる．さらに $\sigma a + \mu$ は平均 μ, 分散 σ^2 の正規分布に従う正規乱数を近似的に生成するということになる．平均 μ, 分散 σ^2 の正規分布に従う正規乱数を生成するプログラムは次の通りである．

```c
#include <math.h>
#include <stdio.h>
#include <stdlib.h>
#define RAND_MAX 32767
double mu,sigma,a;
int r,R=100;
main(){
 void randomize();
 printf("Set values of mu:");
 scanf("%lf",&mu);
 printf("Set values of sigma:");
 scanf("%lf",&sigma);
 for(r=1; r<=R; r++){
  a=(double)(rand())/(double)(RAND_MAX);
 }
 a=0.0;
 for(r=1; r<=12; r++){
  a=a+(double)(rand())/(double)(RAND_MAX);
 }
 a=sigma*(a-6.0)+mu;
 printf("Normal Random Number: %lf \n",a);
}
```

3.6 確率分布間の近さとしてのカルバック・ライブラー情報量

確率ベクトル変数 $\boldsymbol{A} = (A_1, A_2, \cdots, A_L)^{\mathrm{T}}$ に対して 2 つの結合確率分布 $P(\boldsymbol{a})$ と $Q(\boldsymbol{a})$ を考えたとき,

$$\mathrm{KL}[P||Q] \equiv \sum_{\boldsymbol{a}} Q(\boldsymbol{a}) \ln\left(\frac{Q(\boldsymbol{a})}{P(\boldsymbol{a})}\right) \tag{3.63}$$

という量を導入する. ここで $\sum_{\boldsymbol{a}}$ は

$$\sum_{\boldsymbol{a}} \equiv \sum_{a_1=1}^{M_1} \sum_{a_2=1}^{M_2} \cdots \sum_{a_L=1}^{M_L} \tag{3.64}$$

により定義される. $\mathrm{KL}[P||Q]$ はカルバック・ライブラー(Kullback-Leibler)情報量と呼ばれ, この 2 つの確率分布の間の近さに対応しており, 次の性質を持つ.

(i) $\mathrm{KL}[P||Q] \geq 0$
(ii) $P(\boldsymbol{a}) = Q(\boldsymbol{a}) \Leftrightarrow \mathrm{KL}[P||Q] = 0$

任意の $x > 0$ に対して $\ln(x) \leq x - 1$ が成り立ち, 等号は $x = 1$ のときのみ成り立つ. このことから得られる不等式 $\ln\left(\frac{P(\boldsymbol{a})}{Q(\boldsymbol{a})}\right) \leq \frac{P(\boldsymbol{a})}{Q(\boldsymbol{a})} - 1$ を $\mathrm{KL}[P||Q]$ の表式に適用することにより,

$$\begin{aligned}
\mathrm{KL}[P||Q] &\equiv \sum_{\boldsymbol{a}} Q(\boldsymbol{a}) \ln\left(\frac{Q(\boldsymbol{a})}{P(\boldsymbol{a})}\right) \geq \sum_{\boldsymbol{a}} Q(\boldsymbol{a})\left(1 - \frac{P(\boldsymbol{a})}{Q(\boldsymbol{a})}\right) \\
&\geq \sum_{\boldsymbol{a}} Q(\boldsymbol{a}) - \sum_{\boldsymbol{a}} P(\boldsymbol{a}) = 1 - 1 = 0
\end{aligned} \tag{3.65}$$

という形で $\mathrm{KL}[P||Q] \geq 0$ が示される. もちろん, $\mathrm{KL}[P||Q] = \mathrm{KL}[Q||P]$ が常に成り立つわけではないので数学的意味において距離と呼ぶことは言い過ぎであるが, 2 つの確率分布間の近さを表す量として情報理論などでよく用いられる.

さらに, 確率ベクトル変数 $\boldsymbol{A} = (A_1, A_2, \cdots, A_L)^{\mathrm{T}}$ が連続確率ベクトル変数である場合も, 結合確率密度関数 $\rho(\boldsymbol{a}) = \rho(a_1, a_2, \cdots, a_L)$ と $q(\boldsymbol{a}) = q(a_1, a_2, \cdots, a_L)$ に対して

$$\begin{aligned}
\mathrm{KL}[\rho||q] &\equiv \int q(\boldsymbol{u}) \ln\left(\frac{q(\boldsymbol{u})}{\rho(\boldsymbol{u})}\right) d\boldsymbol{u} \\
&= \int_{-\infty}^{+\infty} \int_{-\infty}^{+\infty} \cdots \int_{-\infty}^{+\infty} q(\boldsymbol{u}) \ln\left(\frac{q(\boldsymbol{u})}{\rho(\boldsymbol{u})}\right) du_1 du_2 \cdots du_L
\end{aligned} \tag{3.66}$$

によりやはりカルバック・ライブラー情報量が定義され，離散確率変数の場合と同様の性質を持つ．

3.7 確率モデルのグラフ表現

確率モデルは頂点，線分，有向線分[*3]を用いることによりグラフ(graph)[*4]として表すことができることがある．

例えば，式(3.23)のベイズの公式において，各確率変数 A_1 と A_2 を頂点で表し，A_1 と A_2 の結合確率が

$$\Pr\{A_1 = a_1, A_2 = a_2\} = \Pr\{A_2 = a_2 | A_1 = a_1\}\Pr\{A_1 = a_1\} \quad (3.67)$$

と書かれている状況を，図3.5(a)のように頂点 A_1 から頂点 A_2 への矢印で結ぶことで表すことにすると，確率モデルの性質が視覚的にわかりやすい**有向グラフ**(discreted graph)(頂点間が有向線分で結ばれたグラフ)の形で表現される．

さらに 4 種類の確率変数 A_1, A_2, A_3, A_4 に対する場合を考えてみよう．一般に，結合確率は次のように表される．

$$\Pr\{A_1 = a_1, A_2 = a_2, A_3 = a_3, A_4 = a_4\}$$
$$= \Pr\{A_4 = a_4 | A_1 = a_1, A_2 = a_2, A_3 = a_3\} \times \Pr\{A_3 = a_3 | A_1 = a_1, A_2 = a_2\}$$
$$\times \Pr\{A_2 = a_1 | A_1 = a_1\}\Pr\{A_1 = a_1\} \quad (3.68)$$

その推論したい問題の性質から

$$\Pr\{A_4 = a_4 | A_1 = a_1, A_2 = a_2, A_3 = a_3\} = \Pr\{A_4 = a_4 | A_2 = a_2, A_3 = a_3\}$$
$$\Pr\{A_3 = a_3 | A_1 = a_1, A_2 = a_2\} = \Pr\{A_3 = a_3 | A_1 = a_1\} \quad (3.69)$$

という形に与えられる場合を考えてみよう．例えば A_2 が True か False のい

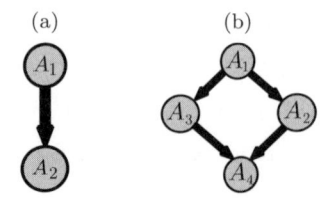

図 3.5 ベイジアンネットワークのグラフ表現．(a) 式 (3.67)．(b) 式 (3.70)．

[*3] 2 つの頂点が与えられたとき，その両者の頂点を結ぶ線分に一方の頂点からもう片方の頂点に向かう矢印がつけられたものを**有向線分**(directed segment)という．

[*4] グラフの数学的定義をここでは省略するが，本書ではいくつかの頂点を線分または有向線分で結んだものを総称してグラフと呼ぶことにする．線分または有向線分で結ばれた頂点の対を**最近接頂点対**(nearest neighbour pair of nodes)と呼ぶ．

(a) (b)

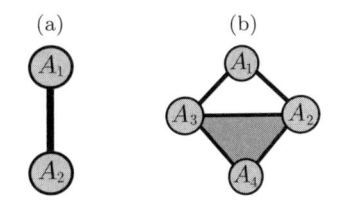

図 3.6 マルコフネットワークのグラフ表現. (a) 式 (3.71). (b) 式 (3.75).

ずれかをとるとして $\Pr\{A_3 = a_3|A_1 = a_1, A_2 = \text{True}\} = \Pr\{A_3 = a_3|A_1 = a_1, A_2 = \text{False}\}$ の関係が成り立つならば $\Pr\{A_3 = a_3|A_1 = a_1, A_2 = a_2\}$ を $\Pr\{A_3 = a_3|A_1 = a_1\}$ で置き換えることができるということである．このような状況を確率推論では**因果独立**と呼んでいる．この場合，確率変数 A_1, A_2, A_3, A_4 の結合確率は

$$\Pr\{A_1 = a_1, A_2 = a_2, A_3 = a_3, A_4 = a_4\}$$
$$= \Pr\{A_4 = a_4|A_2 = a_2, A_3 = a_3\}\Pr\{A_3 = a_3|A_1 = a_1\}$$
$$\times \Pr\{A_2 = a_2|A_1 = a_1\}\Pr\{A_1 = a_1\} \quad (3.70)$$

と表現される．これをグラフで表現すると図 3.5(b) のような有向グラフとなる．さらに確率変数の種類，すなわち頂点の個数が増えると，より複雑なネットワーク構造が現れてくる．このような確率推論のためのネットワークは一般に**ベイジアンネットワーク**(Bayesian network) または**ベイジアンネット**(Bayesian net) と呼ばれ，最近，人工知能，情報通信，画像処理の分野で確率を用いた情報処理のキーアプリケーションとして注目を集めている [16–21]．

式 (3.67) と式 (3.70) は別の見方もできる．式 (3.67) の右辺は a_1 と a_2 の単に関数 $W(a_1, a_2)$ であると見なすこともできる．すなわち

$$\Pr\{A_1 = a_1, A_2 = a_2\} = W(a_1, a_2) \quad (3.71)$$

この場合，図 3.5(a) のような頂点の間の有向線分は意味を失い，図 3.6(a) のように**無向グラフ**(頂点間が線分で結ばれたグラフ) として表されることになる．

式 (3.70) でも

$$W_{234}(a_2, a_3, a_4) = \Pr\{A_4 = a_4|A_2 = a_2, A_3 = a_3\} \quad (3.72)$$

$$W_{13}(a_1, a_3) = \Pr\{A_3 = a_3|A_1 = a_1\} \quad (3.73)$$

$$W_{12}(a_1, a_2) = \Pr\{A_2 = a_1|A_1 = a_1\}\Pr\{A_1 = a_1\} \quad (3.74)$$

と関数として表すと

$$\Pr\{A_1 = a_1, A_2 = a_2, A_3 = a_3, A_4 = a_4\}$$

図 3.7 1次元鎖の無向グラフ.

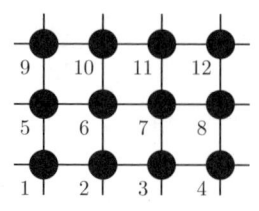

図 3.8 2次元正方格子の無向グラフ.

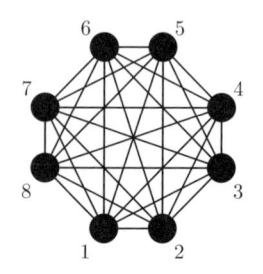

図 3.9 完全グラフ. すべての頂点が線分でつながれている.

$$= W_{234}(a_2,a_3,a_4)W_{13}(a_1,a_3)W_{12}(a_1,a_2) \tag{3.75}$$

と書き換えられる. この場合も図 3.5(b) のような頂点間の有向線分は意味を失い, 図 3.6(b) のように線分と多角形により表されることになる.

図 3.5 のような有向グラフにより与えられた確率推論ネットワークがベイジアンネットワークと呼ばれるのに対して, 図 3.6 のような無向グラフは**マルコフネットワーク**(Markov network) と呼ばれる. そしてベイジアンネットワーク, マルコフネットワークのように確率変数を頂点で表し, その確率変数間の因果関係をグラフ表現で表すことのできる確率モデルを総称して**グラフィカルモデル**(graphical model) と呼ぶ. 典型的なグラフとしては図 3.7, 図 3.8, 図 3.9 などがある. 本書では画像処理をテーマとしているため図 3.8 の正方格子からなるグラフ上のマルコフネットワークによる確率モデルが用いられる.

L 個の連続確率変数 A_i ($i=1,2,\cdots,L$) から構成される結合確率密度関数 $\rho(\boldsymbol{a}) = \rho(a_1,a_2,\cdots,a_L)$ が

$$\rho(a_1,a_2,\cdots,a_L) = \sqrt{\frac{\det(\boldsymbol{C})}{(2\pi)^L}}\exp\Big(-\frac{1}{2}(\boldsymbol{a}-\boldsymbol{\mu})^{\mathrm{T}}\boldsymbol{C}(\boldsymbol{a}-\boldsymbol{\mu})\Big) \tag{3.76}$$

により与えられる確率モデルを考える. $\boldsymbol{a}$ と $\boldsymbol{\mu}$ は L 次元縦ベクトルである. $\boldsymbol{a}$ の

第 i 成分は a_i であり，$\boldsymbol{\mu}$ の第 i 成分 μ_i は確率変数 A_i の平均となる．$\boldsymbol{C}$ は L 行 L 列の行列であり，その逆行列 $\boldsymbol{C}^{-1}$ は確率ベクトル変数 $\boldsymbol{A} = (A_1, A_2, \cdots, A_L)^{\mathrm{T}}$ の共分散行列となる．このことは平均，共分散行列の定義から出発し，多次元ガウス積分の公式を用いて計算することにより示すことができる (付録 A 参照)．

行列 $\boldsymbol{C}$ の第 (i, j) 成分を $(\boldsymbol{C})_{ij}$ とし，各確率変数 A_i を L 個の頂点のそれぞれに割り当て，そのうち $(\boldsymbol{C})_{ij} \neq 0$ である頂点対 ij のみを線分で結ぶことでグラフィカルモデルとして表現される．例えば頂点と線分で表されるグラフが正方格子を構成する場合，このグラフィカルモデルは図 3.8 により与えられる．式 (3.76) で定義される確率モデルは多次元ガウス分布の形を持ち，しかもグラフィカルモデルであることから**ガウシアングラフィカルモデル**(Gaussian graphical model) と呼ばれている．[*5] このガウシアングラフィカルモデルはどんなに L の個数が大きくなっても解析的な取り扱いの可能なモデルなのである．

3.8　本章のまとめ

本章では，確率モデルを用いた画像処理を理解するための基本的な知識について説明した．前半は確率・統計の基本的な項目を要約している．後半はベイズの公式，カルバック・ライブラー情報量，グラフィカルモデルという確率を用いた予測・推論の基本となる項目についてその言葉の定義と数理的性質について述べている．

確率・統計は大学の 1 年生または 2 年生のときに理工系の多くの学生が履修する科目であると思う．通常のカリキュラムでは平均，分散などの統計量と様々な分布を学習し，その後，推定・検定へと移ってゆくというのが伝統的シナリオである．本章ではこの確率・統計の知識を持ち合わせていない読者が本書を読むために必要とする範囲で確率・統計の基礎を要約した．

本書で特に重要となるのはベイズの公式 (3.23) である．ベイズの公式は確率を用いた予測・推論の基本であり，画像処理を確率モデルにより定式化する上で欠かせない存在である．グラフィカルモデルという形での確率モデルの表現方法は確率モデルの数理構造を可視化し，構造をわかりやすくする上で重要な道具である．カルバック・ライブラー情報量は確率分布間の近さを計る重要な尺度である．いずれも後述の章で確率モデルによる予測と推論，確率的画像処理の数理的定式化を展開してゆく上で欠かせない概念なのである．

[*5] ガウシアングラフィカルモデルは統計力学ではガウスモデル (Gauss model) と呼ばれている [22]．

第4章

統計的推定

確率を用いて予測・推論を行う際，我々が頼りにするのは常にデータである．頼りになるというのは，大量の情報が含まれているということである．大量の情報が含まれているということは，その中から必要な情報を抽出する必要があるということでもある．必要情報を系統的に抽出する統計的手法の1つとして，最尤推定がある．本章では，データからの最尤推定による統計的推定の理論的枠組みについて説明する．

4.1　最尤推定とデータの統計解析

確率分布または確率密度関数の関数形はわかっているが，そこにでてくる**パラメータ**(parameter)[*1] が未知であるという状況を考え，その確率分布または確率密度関数から生成されたデータからパラメータを推定するという意味での**モデル選択**(model selection) について考える．例えば，平均 μ および分散 σ^2 を1つの値に固定したガウス分布 (3.56) に従って N 個の実数値データ $g_0, g_1, \cdots, g_{N-1}$ が互いに独立に生成されたとき，このデータから μ と σ を生成しようという問題が与えられたとする．この文章を式としておこすと，N 個のデータが

$$\rho(g_0, g_1, \cdots, g_{N-1} | \mu, \sigma) \equiv \prod_{x=0}^{N-1} \frac{1}{\sqrt{2\pi}\sigma} \exp\left(-\frac{1}{2\sigma^2}(g_x - \mu)^2\right) \quad (\sigma > 0) \quad (4.1)$$

に従って生成されているということになる．

式 (4.1) はパラメータ μ, σ が与えられたときの $g_0, g_1, \cdots, g_{N-1}$ に対する確率密度関数であるが，いま，$g_0, g_1, \cdots, g_{N-1}$ の方が与えられていて μ と σ がわからないという状況である．このとき $\rho(g_0, g_1, \cdots, g_{N-1}|\mu, \sigma)$ を μ と σ についての尤もらしさ (もっともらしさ) を表す関数，すなわち**尤度** (likelihood) と考え，これ

[*1] 日本語訳としては**母数**という用語があてはめられることもあるが，本書では**パラメータ**と呼ぶことにする．

を最大化するようにパラメータを決めるという戦略が統計科学ではよく用いられ，**最尤推定**(maximum likelihood estimation) と呼ばれている．

$$(\widehat{\mu}, \widehat{\sigma}) = \arg\max_{(\mu, \sigma)} \rho(g_0, g_1, \cdots, g_{N-1}|\mu, \sigma) \tag{4.2}$$

このとき $\widehat{\mu}$ と $\widehat{\sigma}$ は**最尤推定値**(maximum likelihood estimate) と呼ばれる．式 (4.2) の $(\widehat{\mu}, \widehat{\sigma})$ は $\rho(g_0, g_1, \cdots, g_{N-1}|\mu, \sigma)$ の極値条件

$$\left[\frac{\partial}{\partial \mu}\rho(g_0, g_1, \cdots, g_{N-1}|\mu, \sigma)\right]_{\mu=\widehat{\mu}, \sigma=\widehat{\sigma}} = 0 \tag{4.3}$$

$$\left[\frac{\partial}{\partial \sigma}\rho(g_0, g_1, \cdots, g_{N-1}|\mu, \sigma)\right]_{\mu=\widehat{\mu}, \sigma=\widehat{\sigma}} = 0 \tag{4.4}$$

から計算され，その結果は

$$\widehat{\mu} = \frac{1}{N}\sum_{x=0}^{N-1} g_x \tag{4.5}$$

$$\widehat{\sigma}^2 = \frac{1}{N}\sum_{x=0}^{N-1} (g_x - \widehat{\mu})^2 \tag{4.6}$$

という形に求められる．式 (4.5) と式 (4.6) はデータ $\bm{g} = (g_1, g_2, \cdots, g_{N-1})^{\mathrm{T}}$ の**標本平均**(sample average) および**標本分散**(sample deviation) という．1 次元ガウス分布においてランダム (random) に生成されたデータからの，そのガウス分布の平均と分散の最尤推定値はデータからの標本平均と標本分散を計算することで得られるということになる．

次に N 個の信号列 $f_0, f_1, \cdots, f_{N-1}$ が

$$\rho(f_0, f_1, \cdots, f_{N-1}|\alpha) \equiv \prod_{x=0}^{N-1} \frac{\alpha}{\sqrt{2\pi}}\exp\left(-\frac{1}{2}\alpha f_x{}^2\right) \quad (\alpha > 0) \tag{4.7}$$

に従ってランダムに生成された後，その信号列がさらに

$$\rho(g_0, g_1, \cdots, g_{N-1}|f_0, f_1, \cdots, f_{N-1}, \sigma)$$
$$\equiv \prod_{x=0}^{N-1} \frac{1}{\sqrt{2\pi}\sigma}\exp\left(-\frac{1}{2\sigma^2}(g_x - f_x)^2\right) \quad (\sigma > 0) \tag{4.8}$$

に従って N 個の信号列 $g_0, g_1, \cdots, g_{N-1}$ へとランダムに変換されるという信号の生成過程を考えてみよう．この状況のもとで，まず，$2N$ 個の信号列 $g_0, g_1, \cdots, g_{N-1}$, $f_0, f_1, \cdots, f_{N-1}$ がデータとして与えられたときにパラメータ σ と α を推定するという問題を考えてみよう．

データについての結合確率密度関数

$$\rho(f_0, f_1, \cdots, f_{N-1}, g_0, g_1, \cdots, g_{N-1}|\alpha, \sigma)$$
$$= \rho(g_0, g_1, \cdots, g_{N-1}|f_0, f_1, \cdots, f_{N-1}, \sigma)\rho(f_0, f_1, \cdots, f_{N-1}|\alpha) \quad (4.9)$$

を導入し，式 (4.7)-(4.8) を代入するとその具体的な表式は次のようになる．

$$\rho(g_0, g_1, \cdots, g_{N-1}, f_0, f_1, \cdots, f_{N-1}|\alpha, \sigma)$$
$$= \prod_{x=0}^{N-1} \sqrt{\frac{1+\alpha\sigma^2}{2\pi\sigma^2}} \exp\Big(-\frac{1}{2\sigma^2}(g_x - f_x)^2 - \frac{1}{2}\alpha f_x{}^2\Big)$$
$$= \Big(\sqrt{\frac{1+\alpha\sigma^2}{2\pi\sigma^2}}\Big)^N$$
$$\times \prod_{x=0}^{N-1} \exp\Big(-\frac{1}{2}\Big(\frac{1+\alpha\sigma^2}{\sigma^2}\Big)\Big(f_x - \frac{1}{1+\alpha\sigma^2}g_x\Big)^2 - \frac{1}{2}\Big(\frac{\alpha}{1+\alpha\sigma^2}\Big)g_x{}^2\Big)$$
$$\tag{4.10}$$

最尤推定に従えば，$\rho(f_0, f_1, \cdots, f_{N-1}, g_0, g_1, \cdots, g_{N-1}|\alpha, \sigma)$ を α と σ についての尤度と考え，

$$(\widehat{\alpha}, \widehat{\sigma}) = \arg\max_{(\alpha, \sigma)} \rho(f_0, f_1, \cdots, f_{N-1}, g_0, g_1, \cdots, g_{N-1}|\alpha, \sigma) \quad (4.11)$$

によりパラメータの最尤推定値 $(\widehat{\alpha}, \widehat{\sigma})$ は $\rho(f_0, f_1, \cdots, f_{N-1}, g_0, g_1, \cdots, g_{N-1}|\alpha, \sigma)$ の極値条件

$$\Big[\frac{\partial}{\partial \alpha}\rho(f_0, f_1, \cdots, f_{N-1}, g_0, g_1, \cdots, g_{N-1}|\alpha, \sigma)\Big]_{\alpha=\widehat{\alpha}, \sigma=\widehat{\sigma}} = 0 \quad (4.12)$$

$$\Big[\frac{\partial}{\partial \sigma}\rho(f_0, f_1, \cdots, f_{N-1}, g_0, g_1, \cdots, g_{N-1}|\alpha, \sigma)\Big]_{\alpha=\widehat{\alpha}, \sigma=\widehat{\sigma}} = 0 \quad (4.13)$$

から計算され，その結果は

$$\widehat{\alpha} = \Big(\frac{1}{N}\sum_{x=0}^{N-1} f_x{}^2\Big)^{-1} \quad (4.14)$$

$$\widehat{\sigma}^2 = \frac{1}{N}\sum_{x=0}^{N-1}(g_x - f_x)^2 \quad (4.15)$$

という形に求められる．

もう少し複雑な問題を考えてみよう．$2N$ 個の信号列 $g_0, g_1, \cdots, g_{N-1}$, $f_0, f_1, \cdots, f_{N-1}$ が式 (4.7)-(4.8) に従って生成されるというプロセスは同じなのであるが，$\alpha = 1$ とあらかじめ設定され，データとしては N 個の信号列 $g_0, g_1, \cdots, g_{N-1}$ のみが観測できるときに，残りの N 個の信号列 $f_0, f_1, \cdots, f_{N-1}$ と σ の値をデータから推定

しなければならないという状況を考えてみる．この場合，データは $g_0, g_1, \cdots, g_{N-1}$ であり，パラメータは $f_0, f_1, \cdots, f_{N-1}$ ということになる．もう1つ推定しなければならない σ は統計科学では**ハイパパラメータ** (hyperparameter) と呼ばれている．

まず，結合確率密度関数をパラメータについて周辺化，すなわち積分してしまい，次のようなハイパパラメータ σ が与えられたときのデータ $g_0, g_1, \cdots, g_{N-1}$ についての結合確率密度関数 $\rho(g_0, g_1, \cdots, g_{N-1}|\alpha=1, \sigma)$ を導出する．

$$\rho(g_0, g_1, \cdots, g_{N-1}|\alpha=1, \sigma)$$
$$= \int_{-\infty}^{+\infty} \cdots \int_{-\infty}^{+\infty} \rho(g_0, g_1, \cdots, g_{N-1}, f_0, f_1, \cdots, f_{N-1}|\alpha=1, \sigma) df_0 df_1 \cdots df_{N-1}$$
$$= \prod_{x=0}^{N-1} \frac{1}{\sqrt{2\pi}} \sqrt{\frac{1}{1+\sigma^2}} \exp\left(-\frac{1}{2}\frac{1}{1+\sigma^2} g_x^2\right) \tag{4.16}$$

最尤推定に従えば，$\rho(g_0, g_1, \cdots, g_{N-1}|\alpha=1, \sigma)$ を σ についての尤度と考え，

$$\widehat{\sigma} = \arg \max_{\sigma} \rho(g_0, g_1, \cdots, g_{N-1}|\alpha=1, \sigma) \tag{4.17}$$

によりパラメータの最尤推定値 $\widehat{\sigma}$ は $\rho(g_0, g_1, \cdots, g_{N-1}|\alpha=1, \sigma)$ の極値条件

$$\left[\frac{\partial}{\partial \sigma} \rho(g_0, g_1, \cdots, g_{N-1}|\alpha=1, \sigma)\right]_{\sigma=\widehat{\sigma}} = 0 \tag{4.18}$$

から計算され，その結果は

$$\widehat{\sigma}^2 = -1 + \frac{1}{L} \sum_{x=0}^{N-1} g_x^2 \tag{4.19}$$

という形に求められる．

統計科学においては $\rho(g_0, g_1, \cdots, g_{N-1}|\alpha=1, \sigma)$ は

$$\rho(f_0, f_1, \cdots, f_{N-1}, g_0, g_1, \cdots, g_{N-1}|\alpha=1, \sigma)$$

をパラメータについて周辺化することで導入されたものという意味で，**周辺尤度** (marginal likelihood) と呼んでいる．得られた $\widehat{\sigma}$ の値からパラメータ $f_0, f_1, \cdots, f_{N-1}$ を推定するには事後確率密度関数

$$\rho(f_0, f_1, \cdots, f_{N-1}|g_0, g_1, \cdots, g_{N-1}, \alpha=1, \sigma=\widehat{\sigma})$$
$$= \frac{\rho(f_0, f_1, \cdots, f_{N-1}, g_0, g_1, \cdots, g_{N-1}|\alpha=1, \sigma=\widehat{\sigma})}{\rho(g_0, g_1, \cdots, g_{N-1}|\alpha=1, \sigma=\widehat{\sigma})}$$
$$= \prod_{x=0}^{N-1} \sqrt{\frac{1+\widehat{\sigma}^2}{2\pi\widehat{\sigma}^2}} \exp\left(-\frac{1}{2}\left(\frac{1+\widehat{\sigma}^2}{\widehat{\sigma}^2}\right)\left(f_x - \frac{1}{1+\widehat{\sigma}^2} g_x\right)^2\right) \tag{4.20}$$

が用いられ，

$$\widehat{f}_x = \int_{-\infty}^{+\infty}\cdots\int_{-\infty}^{+\infty} f_x \rho(f_0,\cdots,f_{N-1}|g_0,\cdots,g_{N-1},\alpha=1,\sigma=\widehat{\sigma})df_0\cdots df_{N-1}$$
$$= \frac{1}{1+\widehat{\sigma}^2}g_x \tag{4.21}$$

により与えられる．

最後に $\rho(f_0,f_1,\cdots,f_{N-1}|\alpha)$ が式 (4.7) の代わりに

$$\rho(f_0,\cdots,f_{N-1}|\alpha) \equiv \frac{\prod_{x=0}^{N-1}\exp\left(-\frac{1}{2}\alpha(f_x-f_{x+1})^2\right)}{\int_{-\infty}^{+\infty}\cdots\int_{-\infty}^{+\infty}\prod_{x=0}^{N-1}\exp\left(-\frac{1}{2}\alpha(f_x-f_{x+1})^2\right)df_0\cdots df_{N-1}}$$
$$(\alpha>0) \tag{4.22}$$

を考える．ここで $f_N=f_0$ という周期境界条件を仮定している．すなわち，式 (4.22) に従って N 個の信号列 $f_0,f_1,\cdots,f_{N-1}$ が生成された後，その信号列が式 (4.8) に従って N 個の信号列 $g_0,g_1,\cdots,g_{N-1}$ へと変換されるという信号の生成過程を考えてみよう．$\boldsymbol{f}=(f_0,\cdots,f_{N-1})^{\mathrm{T}}$ および $\boldsymbol{g}=(g_0,\cdots,g_{N-1})^{\mathrm{T}}$ として

$$\boldsymbol{C} \equiv \begin{pmatrix} 2 & -1 & 0 & 0 & \cdots & -1 \\ -1 & 2 & -1 & 0 & \cdots & 0 \\ 0 & -1 & 2 & -1 & \cdots & 0 \\ 0 & 0 & -1 & 2 & \cdots & 0 \\ \vdots & \vdots & \vdots & \vdots & & \vdots \\ -1 & 0 & 0 & 0 & \cdots & 2 \end{pmatrix} \tag{4.23}$$

という $N{\times}N$ の行列を導入し，多次元のガウス積分の公式 (付録 A 参照) を用いて確率密度関数 $\rho(g_0,g_1,\cdots,g_{N-1}|\alpha,\sigma)$ が次のように導出される．

$$\rho(g_0,g_1,\cdots,g_{N-1}|\alpha,\sigma)$$
$$= \int_{-\infty}^{+\infty}\cdots\int_{-\infty}^{+\infty}\rho(g_0,g_1,\cdots,g_{N-1},f_0,f_1,\cdots,f_{N-1}|\alpha,\sigma)df_0\cdots df_{N-1}$$
$$= \sqrt{\frac{\det(\alpha\boldsymbol{C})}{(2\pi)^L\det(\boldsymbol{I}+\alpha\sigma^2\boldsymbol{C})}}\exp\left(-\frac{1}{2}\alpha\boldsymbol{g}^{\mathrm{T}}\boldsymbol{C}(\boldsymbol{I}+\alpha\sigma^2\boldsymbol{C})^{-1}\boldsymbol{g}\right) \tag{4.24}$$

ここで $\boldsymbol{I}$ は $N{\times}N$ の単位行列である．$\rho(g_0,g_1,\cdots,g_{N-1}|\alpha,\sigma)$ の極値条件からデータ $g_0,g_1,\cdots,g_{N-1}$ が与えられたときの，ハイパパラメータ σ および α についての，最尤推定値 $\widehat{\sigma}$ および $\widehat{\alpha}$ に対する決定方程式が得られる．

$$\frac{1}{\widehat{\alpha}} = \frac{1}{L}\mathrm{Tr}\Big(\widehat{\sigma}^2 C\big(I+\widehat{\alpha}\widehat{\sigma}^2 C\big)^{-1}\Big) + \frac{1}{L}g^{\mathrm{T}}C\big(I+\widehat{\alpha}\widehat{\sigma}^2 C\big)^{-1}g \quad (4.25)$$

$$\widehat{\sigma}^2 = \frac{1}{L}\mathrm{Tr}\Big(\widehat{\sigma}^2\big(I+\widehat{\alpha}\widehat{\sigma}^2 C\big)^{-1}\Big) + \frac{1}{L}g^{\mathrm{T}}\widehat{\alpha}^2\widehat{\sigma}^4 C^2\Big(\big(I+\widehat{\alpha}\widehat{\sigma}^2 C\big)^{-1}\Big)^2 g \quad (4.26)$$

ここで Tr は行列の対角和を意味する.[*2] 式 (4.25)-(4.26) を反復法と呼ばれる数値計算法により解くことができる. 反復法については付録 B に要約してある. 得られた $\widehat{\sigma}$ および $\widehat{\alpha}$ の値からパラメータ $f_0, f_1, \cdots, f_{N-1}$ を推定するには, 事後確率密度関数

$$\rho(f_0, f_1, \cdots, f_{N-1}|g_0, g_1, \cdots, g_{N-1}, \alpha=\widehat{\alpha}, \sigma=\widehat{\sigma})$$
$$= \frac{\rho(f_0, f_1, \cdots, f_{N-1}, g_0, g_1, \cdots, g_{N-1}|\alpha=\widehat{\alpha}, \sigma=\widehat{\sigma})}{\rho(g_0, g_1, \cdots, g_{N-1}|\alpha=\widehat{\alpha}, \sigma=\widehat{\sigma})} \quad (4.27)$$

が用いられ, f の推定値 $\widehat{f}$ は

$$\widehat{f} = \int_{-\infty}^{+\infty}\cdots\int_{-\infty}^{+\infty} f\rho(f_0,\cdots,f_{N-1}|g_0,\cdots,g_{N-1},\alpha=\widehat{\alpha},\sigma=\widehat{\sigma})df_0\cdots df_{N-1}$$
$$= \big(I+\widehat{\alpha}\widehat{\sigma}^2 C\big)^{-1}g \quad (4.28)$$

により与えられる.

式 (4.10) や式 (4.24) のような多次元ガウス分布に基づいて定式化された 1 次元的配列の信号生成過程は, **ガウス過程**(Gauss process) と呼ばれる.

4.2 統計的推定と EM アルゴリズム

前節で, データ g が与えられたときに, パラメータ f とハイパパラメータ θ (前節のガウス過程でいえば σ と α) を最尤推定に基づいて推定する枠組みを説明した. 例えば, ガウス過程ではハイパパラメータは式 (4.25)-(4.26) の固定点方程式で与えられ, その解は反復法 (付録 B) により数値的に得ることができるわけであるが, 一般に, 固定点方程式に帰着される場合ばかりとは限らない. 統計科学では, このような最尤推定におけるハイパパラメータ推定の具体的アルゴリズムは **EM** (**期待値最大化**; Expectation-Maximization) アルゴリズムにより構成されることが多い [10,15]. 本節では EM アルゴリズムによる与えられたデータからのハイパパラメータの統計的推定について説明する.

[*2] 一般に, L 行 L 列の行列 A の (i,j) 成分を $A_{i,j}$ とすると, 行列 A の対角和 Tr A は Tr $A \equiv \sum_{i=1}^{L} A_{i,i}$ により定義される.

まず, ハイパパラメータ $\boldsymbol{\theta}$ が与えられたときのデータ $\boldsymbol{g}$ とパラメータ $\boldsymbol{f}$ に対する結合確率密度関数を $\rho(\boldsymbol{f},\boldsymbol{g}|\boldsymbol{\theta})$ とし, ハイパパラメータ $\boldsymbol{\theta}$ とデータ $\boldsymbol{g}$ が与えられたときのパラメータ $\boldsymbol{f}$ に対する事後確率密度関数を $\rho(\boldsymbol{f}|\boldsymbol{g},\boldsymbol{\theta})$ と表すことにする. このとき, 周辺尤度最大化に従えばハイパパラメータ $\boldsymbol{\theta}$ の推定値 $\widehat{\boldsymbol{\theta}}$ は

$$\widehat{\boldsymbol{\theta}} = \arg\max_{\boldsymbol{\theta}} \rho(\boldsymbol{g}|\boldsymbol{\theta}) \tag{4.29}$$

$$\rho(\boldsymbol{g}|\boldsymbol{\theta}) = \int \rho(\boldsymbol{f},\boldsymbol{g}|\boldsymbol{\theta})d\boldsymbol{f} \tag{4.30}$$

により与えられる. EM アルゴリズムではこの周辺尤度 $\rho(\boldsymbol{g}|\boldsymbol{\theta})$ を最大化する代わりに次の式で定義される $\mathcal{Q}$-関数 (Q-function) と呼ばれるものを導入する.

$$\mathcal{Q}(\boldsymbol{\theta}|\boldsymbol{\theta}',\boldsymbol{g}) \equiv \int \rho(\boldsymbol{f}|\boldsymbol{g},\boldsymbol{\theta}') \ln\left(\rho(\boldsymbol{f},\boldsymbol{g}|\boldsymbol{\theta})\right)d\boldsymbol{f} \tag{4.31}$$

を導入し, 以下の手順を実行することにより与えられる.

[**EM アルゴリズム**]
Step 1: $\boldsymbol{\theta}^{(0)}$ に初期値を設定し, $t \Leftarrow 0$ とする.
Step 2 (E-Step): $\mathcal{Q}(\boldsymbol{\theta}|\boldsymbol{\theta}^{(t)},\boldsymbol{g})$ を計算する.
Step 3 (M-Step): $\boldsymbol{\theta}^{(t+1)}$ の値を次の更新式から計算する.

$$\boldsymbol{\theta}^{(t+1)} \Leftarrow \arg\max_{\boldsymbol{\theta}} \mathcal{Q}(\boldsymbol{\theta}|\boldsymbol{\theta}^{(t)},\boldsymbol{g}) \tag{4.32}$$

Step 4 (収束判定): $|\boldsymbol{\theta}^{(t+1)} - \boldsymbol{\theta}^{(t)}| < \varepsilon$ を満足すれば $\widehat{\boldsymbol{\theta}} \Leftarrow \boldsymbol{\theta}^{(t+1)}$ として終了し, 満足しなければ $t \Leftarrow t+1$ として **Step 2** に戻る.

EM アルゴリズムにより得られる $\widehat{\boldsymbol{\theta}}$ を式 (4.29) による推定値としようというわけであるが, 一見して $\mathcal{Q}(\boldsymbol{\theta}|\boldsymbol{\theta}',\boldsymbol{g})$ と $\rho(\boldsymbol{g}|\boldsymbol{\theta})$ の関係が見えづらい. これでどうして式 (4.29) による推定値が求められるのであろうか? そのことを極値条件という視点で見てみることにする. $\boldsymbol{\theta}'$ を 1 つ固定して $\mathcal{Q}(\boldsymbol{\theta}|\boldsymbol{\theta}',\boldsymbol{g})$ の $\boldsymbol{\theta}$ に対する極値条件

$$\frac{\partial}{\partial \boldsymbol{\theta}} \mathcal{Q}(\boldsymbol{\theta}|\boldsymbol{\theta}',\boldsymbol{g}) = 0 \tag{4.33}$$

を計算すると

$$\frac{1}{\rho(\boldsymbol{g}|\boldsymbol{\theta}')} \int \left(\frac{\rho(\boldsymbol{f},\boldsymbol{g}|\boldsymbol{\theta}')}{\rho(\boldsymbol{f},\boldsymbol{g}|\boldsymbol{\theta})}\right)\left(\frac{\partial}{\partial \boldsymbol{\theta}}\rho(\boldsymbol{f},\boldsymbol{g}|\boldsymbol{\theta})\right)d\boldsymbol{f} = 0 \tag{4.34}$$

が得られ, さらに, その後で $\boldsymbol{\theta} = \boldsymbol{\theta}'$ とおくと

$$\frac{1}{\rho(\boldsymbol{g}|\boldsymbol{\theta})}\int \frac{\partial}{\partial\boldsymbol{\theta}}\rho(\boldsymbol{f},\boldsymbol{g}|\boldsymbol{\theta})d\boldsymbol{f}=0 \tag{4.35}$$

すなわち

$$\frac{\partial}{\partial\boldsymbol{\theta}}\ln\rho(\boldsymbol{g}|\boldsymbol{\theta})=0 \tag{4.36}$$

が成り立つことがわかる．これは $\rho(\boldsymbol{g}|\boldsymbol{\theta})$ の $\boldsymbol{\theta}$ についての極値条件と $\boldsymbol{\theta}'$ の各値に対する $\mathcal{Q}(\boldsymbol{\theta}|\boldsymbol{\theta}',\boldsymbol{g})$ の $\boldsymbol{\theta}$ についての極値条件が同じ方程式に帰着されることを意味している．つまり，$\mathcal{Q}(\boldsymbol{\theta}|\boldsymbol{\theta}',\boldsymbol{g})$ の極値を与える $\boldsymbol{\theta}$ の値を様々の $\boldsymbol{\theta}'$ に対して探索し，得られた $\boldsymbol{\theta}$ のなかで $\boldsymbol{\theta}=\boldsymbol{\theta}'$ を満たすものを探すことで $\rho(\boldsymbol{g}|\boldsymbol{\theta})$ の極値が探索できるということになる．$\rho(\boldsymbol{g}|\boldsymbol{\theta})$ の最大化と $\boldsymbol{\theta}'$ を固定したときの $\mathcal{Q}(\boldsymbol{\theta}|\boldsymbol{\theta}',\boldsymbol{g})$ の $\boldsymbol{\theta}$ についての最大化との関係についても詳細な議論が可能であるが，ここでは省略する [15]．

例として前節の最後に紹介した式 (4.24) の周辺尤度

$$\rho(\boldsymbol{g}|\sigma,\alpha)=\rho(g_0,g_1,\cdots,g_{N-1}|\alpha,\sigma) \tag{4.37}$$

の最大化に対する EM アルゴリズムを構成してみる．式 (4.24) は $\rho(\boldsymbol{g}|\sigma,\alpha)=\int \rho(\boldsymbol{f},\boldsymbol{g}|\alpha,\sigma)d\boldsymbol{f}=\int \rho(\boldsymbol{g}|\boldsymbol{f},\sigma)\rho(\boldsymbol{f}|\alpha)d\boldsymbol{f}$ において $\rho(\boldsymbol{g}|\boldsymbol{f},\sigma),\rho(\boldsymbol{f}|\alpha)$ が式 (4.8)，式 (4.22) でそれぞれ与えられることで定義されている．まず，式 (4.31) で定義される $\mathcal{Q}$-関数を導入する．今の場合，式 (4.31) の $\boldsymbol{\theta}$ は (α,σ) に対応し，事後確率密度関数 $\rho(\boldsymbol{f}|\boldsymbol{g},\alpha,\sigma)$ と結合密度関数 $\rho(\boldsymbol{f},\boldsymbol{g}|\alpha,\sigma)$ に対して $\mathcal{Q}$-関数は次のように与えられる．

$$\begin{aligned}&\mathcal{Q}(\alpha,\sigma|\alpha',\sigma',\boldsymbol{g})\\&=\int_{-\infty}^{+\infty}\cdots\int_{-\infty}^{+\infty}\rho(\boldsymbol{f}|\boldsymbol{g},\alpha',\sigma')\ln\left(\rho(\boldsymbol{f},\boldsymbol{g}|\alpha,\sigma)\right)df_0\cdots df_{N-1}\end{aligned} \tag{4.38}$$

$\mathcal{Q}(\sigma,\alpha|\sigma',\alpha',\boldsymbol{g})$ の (α,σ) についての極値条件は，結合確率密度関数が

$$\rho(\boldsymbol{f},\boldsymbol{g}|\alpha,\sigma)=\rho(\boldsymbol{g}|\boldsymbol{f},\sigma)\rho(\boldsymbol{f}|\alpha) \tag{4.39}$$

であることと $\rho(\boldsymbol{g}|\boldsymbol{f},\sigma),\rho(\boldsymbol{f}|\alpha)$ が式 (4.8)，式 (4.22) でそれぞれ与えられることに注意しながら $\mathcal{Q}(\sigma,\alpha|\sigma',\alpha',\boldsymbol{g})$ を α と σ で偏微分することにより，次のように得られる．

$$\sum_{x=0}^{N-1}\int (f_x-g_x)^2\rho(\boldsymbol{f}|\boldsymbol{g},\alpha',\sigma')d\boldsymbol{f}=N\sigma^2 \tag{4.40}$$

$$\sum_{x=0}^{N-1}\int (f_x-f_{x+1})^2\rho(\boldsymbol{f}|\boldsymbol{g},\alpha',\sigma')d\boldsymbol{f}$$

$$= \sum_{x=0}^{N-1} \int (f_x - f_{x+1})^2 \rho(\bm{f}|\alpha) d\bm{f} \tag{4.41}$$

式 (4.40)-(4.41) は式 (4.8) と式 (4.22) を代入し, 多次元ガウス積分の公式 (付録 A 参照) を用いることにより, さらに次のような具体的な表式としてまとめられる.

$$\frac{1}{\alpha} = \frac{1}{N}\mathrm{Tr}\Big(\sigma'^2 \bm{C}(\bm{I} + \alpha'\sigma'^2 \bm{C})^{-1}\Big) + \frac{1}{N}\bm{g}^\mathrm{T}\bm{C}\Big((\bm{I} + \alpha'\sigma'^2 \bm{C})^{-1}\Big)^2 \bm{g} \tag{4.42}$$

$$\sigma^2 = \frac{1}{N}\mathrm{Tr}\Big(\sigma'^2 (\bm{I} + \alpha'\sigma'^2 \bm{C})^{-1}\Big)$$
$$+ \frac{1}{N}\bm{g}^\mathrm{T}\alpha'^2\sigma'^4 \bm{C}^2\Big((\bm{I} + \alpha'\sigma'^2 \bm{C})^{-1}\Big)^2 \bm{g} \tag{4.43}$$

式 (4.42) と式 (4.43) から式 (4.24) の周辺尤度 $\rho(\bm{g}|\sigma, \alpha)$ を最大化するための EM アルゴリズムは次のように与えられる.

[式 (4.24) の周辺尤度の最大化のための EM アルゴリズム]

Step 1: $a(0), b(0)$ に初期値を設定し, $t \Leftarrow 0$ とする.

Step 2: $a(t+1)$ と $b(t+1)$ を次のように計算する.

$$a(t+1) \Leftarrow \Big(\frac{1}{N}\mathrm{Tr}\Big(b(t)\bm{C}(\bm{I} + a(t)b(t)\bm{C})^{-1}\Big)$$
$$+ \frac{1}{N}\bm{g}^\mathrm{T}\bm{C}\Big((\bm{I} + a(t)b(t)\bm{C})^{-1}\Big)^2 \bm{g}\Big)^{-1} \tag{4.44}$$

$$b(t+1) \Leftarrow \frac{1}{N}\mathrm{Tr}\Big(b(t)(\bm{I} + a(t)b(t)\bm{C})^{-1}\Big)$$
$$+ \frac{1}{N}\bm{g}^\mathrm{T}a(t)^2 b(t)^2 \bm{C}^2\Big((\bm{I} + a(t)b(t)\bm{C})^{-1}\Big)^2 \bm{g} \tag{4.45}$$

Step 3: $|a(t+1) - a(t)| + |b(t+1)^{-1} - b(t)^{-1}| < \varepsilon$ を満足すれば $\widehat{\alpha} \Leftarrow a(t)$, $\widehat{\sigma} \Leftarrow \sqrt{b(t)}$ として

$$\widehat{\bm{f}} \Leftarrow (\bm{I} + \widehat{\alpha}\widehat{\sigma}^2 \bm{C})^{-1}\bm{g} \tag{4.46}$$

を計算して終了し, 満足しなければ $t \Leftarrow t+1$ と更新して **Step 2** に戻る.

例として

$$f_x = 100\Big(1 + \frac{4}{5}\sin\Big(\frac{2\pi x}{N}\Big) + \frac{1}{5}\sin\Big(\frac{8\pi x}{N}\Big) + \frac{1}{20}\sin\Big(\frac{16\pi x}{N}\Big)\Big) \tag{4.47}$$

により与えられた曲線により与えられる信号 $\bm{f}$ を考える. 信号 $\bm{f}$ は図 4.1(a) の通りである. これに平均 0, 分散 $\sigma^2 = 30^2$ の加法的白色ガウスノイズを加えるこ

とで生成された観測信号 g の一例は図 4.1(b) に与えられる．図 4.1(b) の g から式 (4.24) の周辺尤度の最大化のための EM アルゴリズムを用いて得られた元の信号 f の推定値 $\widehat{f}$ は，図 4.1(c) の通りである．また，この EM アルゴリズムにおける $(\sqrt{b(t)}, a(t))$ $(t=1,2,3,\cdots)$ の軌道を図 4.2 に与える．

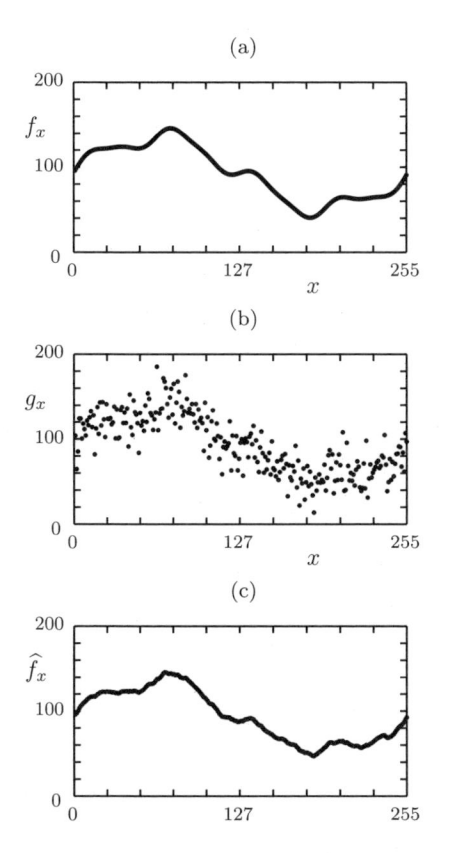

図 **4.1** 式 (4.47) による信号 f, それに加法的白色ガウスノイズ (平均 0, 分散 30^2) が加えられた観測信号 g, および EM アルゴリズムによる推定値 $\widehat{f}$.
(a) f. (b) g. (c) $\widehat{f}$.

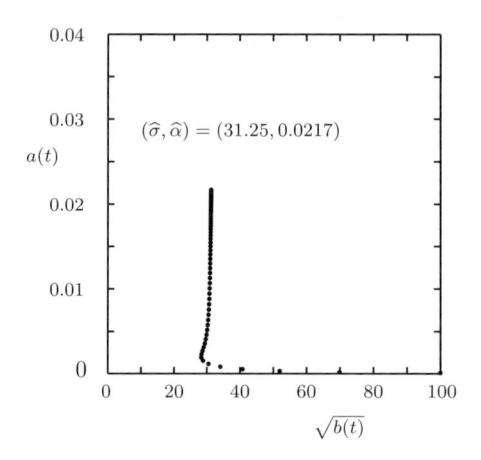

図 4.2 図 4.1(b) のデータ g に周辺尤度 $\rho(g|\alpha,\sigma)$ を最大化するための EM アルゴリズムを適用したときの $\left(\sqrt{b(t)}, a(t)\right)$ $(t = 1, 2, 3, \cdots)$. 初期値は $a(0) = 0.0001, b(0) = 100^2$ と設定している.

4.3 本章のまとめ

本章では，データを統計的に取り扱うための統計科学における基本的枠組みの 1 つである最尤推定と EM アルゴリズムについて説明した．統計科学のさらなる詳細については興味のある読者は文献 [10, 23, 24] を参照してほしい．

データを統計的に解析する場合，よく用いられるのはデータから標本平均，標本分散などを計算し，推定・検定を行う戦略である．従来の大学の学部教育において確率・統計を学ぶ際に教わるのもこの戦略である．

しかし，現実の問題は標本平均，標本分散を得るだけでは十分ではない場合が多く存在する．そのような場合，基本的にはデータを生成する確率モデルの確率分布，確率密度関数の関数系を仮定し，これをいかにして適切な形で与えられたデータとフィットさせるかという戦略が選ばれるわけである．

最尤推定はこの戦略を一般的な形で定式化する枠組みである．そして EM アルゴリズムは，この最尤推定をアルゴリズムとして実現する処方箋ということができる．

統計科学を用いたデータからのモデル選択は統計的学習理論 (statistical learning theory) と総称して呼ばれている．最尤推定と EM アルゴリズムはその 1 つの方法にすぎない．統計的学習理論の最近の発展は参考文献 [25] などを参照されたい．

第5章

確率モデルと統計力学

本章では，統計力学という物理学の学問体系の立場から確率モデルを眺めてゆく．最初にエントロピーという概念を原子・分子レベルで導入し，エントロピー増大の原理，自由エネルギー最小化などからの統計力学としてのギブス分布について説明する．その上で，確率モデルにカルバック・ライブラー情報量，最尤推定を用いることの統計力学的解釈についてふれることにする．同時に，原子・分子レベルから構成された物質という巨大システムを相手に，100年前の理論物理学者達がどのような計算技法を発達させてきたかについての一部を概説する．実は，この理論物理学者達によって提案された計算技法が確率的情報処理に転用されはじめているのである．

5.1 統計力学としてのギブス分布

5.1.1 エントロピー

統計力学において最も重要な量の1つに**エントロピー** (entropy) と呼ばれるものがある．エントロピーは歴史的には熱力学において1862年にクラウジウス (Clausius) によって導入された物理量であり，直感的には「乱雑さ」を表す量であるといわれる．ボルツマン (Boltzmann) やギブス (Gibbs) が確率や統計の概念を持ち込んで「微視的な状態」からの統計力学的取り扱いへと発展させ，1948年にはシャノン (Shannon) が情報理論の分野にエントロピーの概念を転用するにいたる．

L 個の粒子の微視的な状態を L 次元ベクトル $\bm{a} = (a_1, a_2, \cdots, a_L)^{\mathrm{T}}$ により表し，その微視的な状態 $\bm{a}$ の確率分布を $Q(\bm{a})$ とする．簡単のため，a_i はいずれも離散的な値のみをとる場合に限って説明する．a_i が実数値をとる場合への拡張は容易であるが，本章では省略する．このときエントロピーは

$$S = -k_{\mathrm{B}} \sum_{\bm{z}} Q(\bm{z}) \ln Q(\bm{z}) \tag{5.1}$$

により与えられる．$\sum_{\bm{z}}$ は $\bm{z} = (z_1, z_2, \cdots, z_L)^{\mathrm{T}}$ の全ての z_i に対する和を意味し，

式 (3.12) と同様のやり方で定義される. k_B はボルツマン定数 (Boltzmann constant) と呼ばれ, 熱力学におけるエントロピーとの整合性をとるために加えられたものである. 値は

$$k_\mathrm{B} = 1.38 \times 10^{-23} \; [\mathrm{J/K}] \tag{5.2}$$

と与えられる. J は仕事の単位のジュール, K は絶対温度の単位のケルビンである.

エントロピーを文献 [26] の記述をもとに説明する. $-\ln Q(\boldsymbol{a})$ は情報理論では状態 $\boldsymbol{a}$ が起こるという事象の**情報量**と呼ばれる. 情報量は「めったに起こらないことが起こったとき情報量が大きい」ように定義されている. つまり, それぞれの事象の確率に差が少なくなり不確定さが大きくなるほど, それぞれに起こりにくくなるため情報量は大きくなる. 不確定な状況を情報量を用いて議論するためには, どの事象が起こったかを確定する必要がある. 不確定な状況を完全に確定するために完全な情報が必要である. しかし不確定であるということは, 完全な情報を事前に得ることが困難であるということである. つまり, 不確定な状況ではどの事象が起こるか不確定のままで取り扱うことのできる量を定義する必要がある. 情報理論ではこのような量として**平均情報量** (情報量の期待値)

$$-\sum_{\boldsymbol{z}} Q(\boldsymbol{z}) \ln Q(\boldsymbol{z}) \tag{5.3}$$

を用いるのが有効な戦略となると考えられている.[*1] この平均情報量がエントロピーであるというのが情報理論における 1 つの解釈となる. 情報量を $-\ln Q(\boldsymbol{a})$ と定義することの妥当性, 情報理論におけるエントロピーと熱力学・統計力学におけるそれとの比較についての詳細は文献 [26] を参照してほしい.

L 個の粒子の微視的な個々の状態 $\boldsymbol{a}$ はエネルギー (energy) と呼ばれる物理量によって特徴付けられる. この微視的な状態 $\boldsymbol{a}$ の関数としてのエネルギー $E(\boldsymbol{a})$ を用いて, 確率 $P\{\boldsymbol{A} = \boldsymbol{a}\}$ が熱力学で知られている知見からどのように表されるのかを考えてみよう. ただし, この場合, 微視的状態 $\boldsymbol{a}$ のエネルギー $E(\boldsymbol{a})$ は様々な値をとり, E はその $E(\boldsymbol{a})$ の平均として与えられる. この場合, 各微視的状態のエネルギーと区別して平均 E は**内部エネルギー**(internal energy) と呼ばれることもある. ここまで, E と $E(\boldsymbol{a})$ をどちらもエネルギーと呼んできたが, 以後は区別して E を内部エネルギー, 状態 $\boldsymbol{a}$ を 1 つ固定したときの $E(\boldsymbol{a})$ の値を**エネルギー**, 状態 $\boldsymbol{a}$ の関数としての $E(\boldsymbol{a})$ を**エネルギー関数**(energy function) と呼んでゆくことにする.[*2]

熱力学における基本原理の 1 つに**熱力学第 2 法則**と呼ばれるものがある. 正確な

[*1] 平均情報量の対数を自然対数 $\ln$ に選んでいるが, 情報理論では, この対数を $\log_2$ に選ぶ方が多い. その違いは定数倍だけである.

[*2] 統計力学では通常は, $E(\boldsymbol{a})$ は $\boldsymbol{a}$ の関数としての**ハミルトニアン**(Hamiltonian) と呼ばれている.

表現は熱力学の様々の前提が必要なので省略し，ポイントだけを確率法則として表現すると「エントロピーが減少するような変化の起こる確率はほとんど 0 である」として理解される．システムが熱力学的に不安定な状態であるときエントロピーが増加する方向に変化し，やがて安定な状態，すなわち熱平衡状態に到達する．つまり，熱力学的状態に対してエントロピーが極値をとることが熱平衡状態の必要条件ということになる．このことをもとにエネルギー $E(\boldsymbol{a})$ を持つ状態 $\boldsymbol{a}$ が熱平衡状態にあり，すべての状態 $\boldsymbol{a}$ についてのエネルギー $E(\boldsymbol{a})$ の平均が E により与えられる確率 $\Pr\{\boldsymbol{A}=\boldsymbol{a}|E\}$ を求めてみよう．

$\Pr\{\boldsymbol{A}=\boldsymbol{a}|E\}$ は「拘束条件 $\sum_{\boldsymbol{z}} Q(\boldsymbol{z})=1$, $\sum_{\boldsymbol{z}} E(\boldsymbol{z})Q(\boldsymbol{z})=E$ の下でエントロピー $\mathcal{S}[Q] \equiv -k_\mathrm{B}\sum_{\boldsymbol{z}} Q(\boldsymbol{z}) \ln Q(\boldsymbol{z})$ の極値を与える関数 $Q(\boldsymbol{a})=P(\boldsymbol{a})$」として与えられる．これは拘束条件付き変分と呼ばれる (変分法は付録 D 参照)．拘束条件についてラグランジュの未定乗数(Lagrange multiplier) を導入する．

$$\mathcal{L}[Q] = -k_\mathrm{B}\sum_{\boldsymbol{z}} Q(\boldsymbol{z}) \ln Q(\boldsymbol{z})$$
$$- k_\mathrm{B}\lambda\left(\sum_{\boldsymbol{z}} Q(\boldsymbol{z}) - 1\right) - k_\mathrm{B}\beta\left(\sum_{\boldsymbol{z}} E(\boldsymbol{z})Q(\boldsymbol{z}) - E\right) \quad (5.4)$$

式 (5.4) は

$$\mathcal{L}[Q] = \sum_{\boldsymbol{z}} \Phi(\boldsymbol{z}, Q(\boldsymbol{z})) + k_\mathrm{B}(\lambda + \beta E) \quad (5.5)$$

$$\Phi(\boldsymbol{a}, w) \equiv -k_\mathrm{B} w \ln w - k_\mathrm{B} \lambda w - k_\mathrm{B} \beta E(\boldsymbol{a}) w \quad (5.6)$$

と書き直すことができる．変分 (付録 D 参照) による極値条件

$$\left[\frac{\partial \Phi(\boldsymbol{a}, w)}{\partial w}\right]_{w=P(\boldsymbol{a})} = 0 \quad (5.7)$$

から

$$P(\boldsymbol{a}) = \exp(-1-\lambda)\exp(-\beta E(\boldsymbol{z})) \quad (5.8)$$

が得られる．これを拘束条件の 1 つ $\sum_{\boldsymbol{z}} P(\boldsymbol{z}) = 1$ に代入することで λ が決まり，求めるべき $\Pr\{\boldsymbol{A}=\boldsymbol{a}|E\} = P(\boldsymbol{a})$ は

$$\Pr\{\boldsymbol{A}=\boldsymbol{a}|E\} = P(\boldsymbol{a}) = \frac{\exp(-\beta E(\boldsymbol{a}))}{\sum_{\boldsymbol{z}} \exp(-\beta E(\boldsymbol{z}))} \quad (5.9)$$

により与えられる．β はもう 1 つの拘束条件

$$\sum_{\boldsymbol{z}} E(\boldsymbol{z}) \Pr\{\boldsymbol{A}=\boldsymbol{z}|E\} = E \quad (5.10)$$

によって内部エネルギー E の関数として与えられる．式 (5.9) は**ギブス分布**(Gibbs

distribution) と呼ばれる.

変分法による極値条件の導出は,本書で以後何度か登場する.そのたびに式 (5.5)-(5.7) を言及するのは煩雑である.そこでこの操作を表す簡略記号を導入する.状態 $\boldsymbol{a}$ が離散的な状態のみをとる場合には,式 (5.7) は $\boldsymbol{a}$ を 1 つ固定したときに

$$\left[\frac{\partial \mathcal{L}[Q]}{\partial Q(\boldsymbol{a})}\right]_{Q(\boldsymbol{a})=P(\boldsymbol{a})} = 0 \quad \text{すなわち} \quad \frac{\partial \mathcal{L}[P]}{\partial P(\boldsymbol{a})} = 0 \tag{5.11}$$

を考えているとみなすことができる.以後は汎関数 $\mathcal{L}[Q]$ の変分法による極値条件の操作は式 (5.11) の第 1 式または第 2 式を書くことにより,式 (5.5)-(5.7) の操作を行っているとみなすことにする.

確率分布 $\Pr\{\boldsymbol{A} = \boldsymbol{z}|E\}$ に対するエントロピーは

$$S(E) = -k_{\mathrm{B}} \sum_{\boldsymbol{z}} P\{\boldsymbol{A} = \boldsymbol{z}|E\} \ln P\{\boldsymbol{A} = \boldsymbol{z}|E\} \tag{5.12}$$

により与えられ,これに式 (5.9) を代入した後に拘束条件 (5.10) を用いることで,$\frac{\partial S(E)}{\partial E} = \beta$ という関係式を得ることができる.[*3] 熱力学によれば,温度 T は内部エネルギー E の関数として表されたエントロピーから $T = \left(\frac{\partial S(E)}{\partial E}\right)^{-1}$ により与えられることが知られている.これら 2 つを比較すると式 (5.9) の β は温度 T と $\beta = \frac{1}{k_{\mathrm{B}}T}$ によって関連づけられる.

5.1.2 ギブス分布と自由エネルギー最小原理

ここまでは内部エネルギー E を与えて,拘束条件 (5.10) により決められた β に対して式 (5.9) で確率分布が与えられるという形で説明してきたが,これでは拘束条件 (5.10) を解かないと確率分布が確定しないということになり,なんとも扱いにくい.統計力学では先に温度 T すなわち $\beta = \frac{1}{k_{\mathrm{B}}T}$ を与え,確率分布は式 (5.9) により導入される.内部エネルギーはギブス分布 (5.9) を式 (5.10) に代入することにより計算されるという形でシステムを記述することもある.というか,そのような場合がもっとも基本的なシステムの記述の仕方であるといっても過言ではない.ギブス分布 (5.9) は「拘束条件 $\sum_{z} Q(z) = 1$ の下での試行関数 $Q(\boldsymbol{a})$ の汎関数

$$\mathcal{F}[Q] \equiv \sum_{z} E(z)Q(z) + k_{\mathrm{B}}T \sum_{z} Q(z) \ln Q(z) \tag{5.13}$$

の極値の条件」を満足する.このことは式 (5.4)-(5.9) の議論と同様に変分法で導くことができる.拘束条件についてラグランジュの未定乗数を導入する.

[*3] 具体的には $\frac{\partial S(E)}{\partial E} = k_{\mathrm{B}}\beta + k_{\mathrm{B}}E\frac{\partial \beta}{\partial E} + k_{\mathrm{B}}\frac{\partial \beta}{\partial E}\frac{\partial}{\partial \beta}\ln\left(\sum_{z}\exp\bigl(-\beta E(\boldsymbol{z})\bigr)\right) = \beta$.

$$\mathcal{L}[Q] = \sum_z E(z)Q(z) + k_B T \sum_z Q(z)\ln Q(z) - k_B\lambda\left(\sum_z Q(z) - 1\right) \quad (5.14)$$

変分による極値条件 $\frac{\partial \mathcal{L}[P]}{\partial P(a)} = 0$ と拘束条件 $\sum_z P(z) = 1$ から, 求めるべき $\Pr\{A = a|T\} = P(a)$ は

$$\Pr\{A = a|T\} = P(a) = \frac{\exp\left(-\frac{1}{k_B T}E(a)\right)}{\sum_z \exp\left(-\frac{1}{k_B T}E(z)\right)} \quad (5.15)$$

により与えられる. 式 (5.13) で $Q(z) = \Pr\{A = z|T\}$ とした量を $F(T)$ とすると, これは

$$F(T) \equiv \mathcal{F}[P] = E(T) - TS(T) \quad (5.16)$$

$$E(T) \equiv \sum_z E(z)\Pr\{A = z|T\} \quad (5.17)$$

$$S(T) \equiv -k_B \sum_z \Pr\{A = z|T\}\ln \Pr\{A = z|T\} \quad (5.18)$$

と表される. $E(T)$ と $S(T)$ は式 (5.15) のギブス分布に対する内部エネルギーとエントロピーである. 熱力学では $F(T)$ は**自由エネルギー**(free energy) と呼ばれる. 式 (5.15) を代入して具体的に計算すると

$$F(T) = -k_B T \ln\left(\sum_z \exp\left(-\frac{1}{k_B T}E(z)\right)\right) \quad (5.19)$$

と与えられる. 式 (5.17)-(5.19) から

$$E(T) = -T^2\left(\frac{\partial}{\partial T}\left(\frac{F(T)}{T}\right)\right), \ S(T) = -\left(\frac{\partial}{\partial T}F(T)\right) \quad (5.20)$$

という熱力学において導かれている関係式が成り立つことを確かめられる. また, 式 (5.13) により与えられる $\mathcal{F}[Q]$ を確率分布 $Q(a)$ に対する自由エネルギーと呼ぶこともある.[*4]

5.1.3　熱力学的極限

統計力学における特有の考え方の 1 つに**熱力学的極限**(thermodynamic limit) というものがある. 熱力学的極限とは, 簡単にいえばシステムの大きさを無限大にした極限のことである. 物質の性質を議論する際には, 非常にたくさんの原子・分子が分子間力という形で互いに関連しながら集まった状況での議論が行われることから,

---

[*4] $\mathcal{F}[Q]$ は $F(T)$ と区別して試行関数 $Q(a)$ に対する**変分自由エネルギー**と呼ぶこともある.

この熱力学的極限のもとで計算された統計量の解析が必要となる．この点が統計力学と統計科学の大きな違いである．

確率変数 1 個あたりの自由エネルギーの熱力学的極限は

$$f(T) = -k_\mathrm{B} T \lim_{L \to +\infty} \frac{1}{L} \ln \left(\sum_{\boldsymbol{z}} \exp\left(-\frac{1}{k_\mathrm{B} T} E(\boldsymbol{z}) \right) \right) \tag{5.21}$$

により与えられる．この $f(T)$ が計算できれば，式 (5.20) から熱力学的極限における確率変数 1 個あたりの内部エネルギーとエントロピーが計算される．

$$\lim_{L \to +\infty} \frac{1}{L} E(T) = -T^2 \frac{\partial}{\partial T} \left(\frac{f(T)}{T} \right) \tag{5.22}$$

$$\lim_{L \to +\infty} \frac{1}{L} S(T) = -\left(\frac{\partial}{\partial T} f(T) \right) \tag{5.23}$$

5.2 統計科学と統計力学の接点

統計力学と統計科学はどちらも確率を扱う学問体系であるが，一般にはその関係についてはそれほど明らかにされているわけではない．本節では両者の接点に一部についてふれてみることにする．

5.2.1 自由エネルギーとカルバック・ライブラー情報量

確率変数 $\boldsymbol{A}$ の確率分布 $\Pr\{\boldsymbol{A} = \boldsymbol{a} | T\} = P(\boldsymbol{a})$ が

$$\Pr\{\boldsymbol{A} = \boldsymbol{a} | T\} = P(\boldsymbol{a}) = \frac{\exp\left(-\frac{1}{k_\mathrm{B} T} E(\boldsymbol{a}) \right)}{\sum_{\boldsymbol{z}} \exp\left(-\frac{1}{k_\mathrm{B} T} E(\boldsymbol{z}) \right)} \tag{5.24}$$

により与えられるとき，確率分布 $Q(\boldsymbol{a})$ とのカルバック・ライブラー情報量は式 (5.13) の自由エネルギー $\mathcal{F}[Q]$ を用いて次のように表される．

$$\mathrm{KL}[P||Q]$$
$$\equiv \sum_{\boldsymbol{z}} Q(\boldsymbol{z}) \ln \left(\frac{Q(\boldsymbol{z})}{P(\boldsymbol{z})} \right) = \mathcal{F}[Q] + \ln \left(\sum_{\boldsymbol{z}} \exp\left(-\frac{1}{k_\mathrm{B} T} E(\boldsymbol{z}) \right) \right) \tag{5.25}$$

すなわち，「エネルギー関数 $E(\boldsymbol{a})$ と温度 T が与えられたときに $P(\boldsymbol{a})$ が式 **(5.24)** で与えられているという状況では，カルバック・ライブラー情報量 $\mathrm{KL}[P||Q]$ を最小化する $Q(\boldsymbol{a})$ と自由エネルギー $\mathcal{F}[Q]$ を最小化する $Q(\boldsymbol{a})$ は一致」しているということになる．

5.2.2 エントロピー最大化と最尤推定

さらに最尤推定についてもふれておこう．式 (5.24) の確率分布 $\Pr\{\boldsymbol{A} = \boldsymbol{a}|T\}$ の温度 T を $\boldsymbol{A} = \boldsymbol{d}$ がデータとして与えられたという状況の下で，最尤推定からの決定は次のように与えられる．

$$\widehat{T} = \arg\max_{T} \Pr\{\boldsymbol{A} = \boldsymbol{d}|T\} \tag{5.26}$$

$\Pr\{\boldsymbol{A} = \boldsymbol{d}|T\}$ に式 (5.24) を代入し，T で微分することにより

$$\sum_{\boldsymbol{z}} E(\boldsymbol{z})\Pr\{\boldsymbol{A} = \boldsymbol{z}|\widehat{T}\} = E(\boldsymbol{d}) \tag{5.27}$$

という関係が導かれる．この式がギブス分布に対する最尤推定の決定方程式ということになる．ここで，前節の内部エネルギーが与えられたときのエントロピー最大化からギブス分布を導出するプロセスを思い出してみよう．これを本節の文脈で書き直すと「拘束条件 $\sum_{\boldsymbol{z}} Q(\boldsymbol{z}) = 1$, $\sum_{\boldsymbol{z}} E(\boldsymbol{z})Q(\boldsymbol{z}) = E(\boldsymbol{d})$ の下でエントロピー $\mathcal{S}[Q] \equiv -k_{\mathrm{B}}\sum_{\boldsymbol{z}} Q(\boldsymbol{z})\ln Q(\boldsymbol{z})$ の極値を与える関数 $Q(\boldsymbol{a})$ を求めると，それが式 (5.24) の $\Pr\{\boldsymbol{A} = \boldsymbol{a}|T\}$ として与えられ，T は式 (5.27) により決定される」ということになる．つまり「内部エネルギーの値が与えられたときのエントロピー最大化」と「ギブス分布が与えられたときの最尤推定」が対応していることがわかる．

5.3　イジングモデル

鉄やニッケルなどの強磁性体と呼ばれる物質は温度を上げてゆくと，**キューリー(Curie)温度**と呼ばれる温度を境に磁石から磁石でなくなってしまうことが知られている．強磁性体のこのような性質は，多数の**スピン**(spin)と呼ばれる原子レベルでの磁石のようなものがたくさん集まって構成されていることに起因する．

この原子レベルでの磁石は，1 本の棒のようなものと想定することができ，N 極と S 極が互いに反対側にあり，いろいろな方向を向くことができる．話を簡単にするために，この棒は N 極が上を向くか下を向くかしかできない場合を考え，N 極が上を向くことを「スピンが上を向く」，N 極が下を向くことを「スピンが下を向く」ということにしよう（図 5.1 参照）．L 個のスピンに通し番号 $i = 1, 2, \cdots, L$ と確率変数 A_i $(i = 1, 2, \cdots, L)$ を割り振る．確率変数は i 番目のスピンが上を向いていれば $A_i = +1$, 下を向いていれば $A_i = -1$ という値をとる．

スピンとスピンの間には，それらの向きを同じ向きに揃えようとする**相互作用**(interaction) と呼ばれるミクロな力が存在する．この相互作用はベクトル

$$\boldsymbol{a} = (a_1, a_2, \cdots, a_L)^{\mathrm{T}} \tag{5.28}$$

に対するエネルギー関数

$$E(\boldsymbol{a}) = -\sum_{ij \in B} a_i a_j \tag{5.29}$$

により与えられる．B は相互作用を持つスピン対 i, j を線分で結んだ，その線分 ij の集合である．確率分布は

$$\Pr\{\boldsymbol{A} = \boldsymbol{a}|T\} = \frac{\exp\left(-\frac{E(\boldsymbol{a})}{k_{\mathrm{B}}T}\right)}{\sum_{\boldsymbol{z}} \exp\left(-\frac{E(\boldsymbol{z})}{k_{\mathrm{B}}T}\right)} \tag{5.30}$$

という形で与えられる．$a_1 = a_2 = \cdots = a_L$ すなわち「すべてのスピンが同じ向きに揃った」という状態がエネルギー関数 $E(\boldsymbol{a})$ の最小値すなわち確率 $\Pr\{\boldsymbol{A} = \boldsymbol{a}|T\}$ が最大値をとる状態を与えるということになる．式 (5.28)-(5.30) の確率分布に従う確率分布を**イジングモデル**(Ising model) と呼ぶ．

計算されるべき物理量は，熱力学的極限における 1 スピンあたりの自由エネルギー $f(T)$ と平均 $m(T)$ であり，次のように定義される．

$$-\frac{f(T)}{k_{\mathrm{B}}T} = \lim_{L \to +\infty} \frac{1}{L} \ln\left(\sum_{\boldsymbol{z}} \prod_{ij \in B} \exp\left(\frac{1}{k_{\mathrm{B}}T} z_i z_j\right)\right) \tag{5.31}$$

$$m(T) \equiv \lim_{L \to +\infty} \sum_{\boldsymbol{z}} \left(\frac{1}{L}\sum_{i=1}^{L} z_i\right) \Pr\{\boldsymbol{A} = \boldsymbol{z}|T\} \tag{5.32}$$

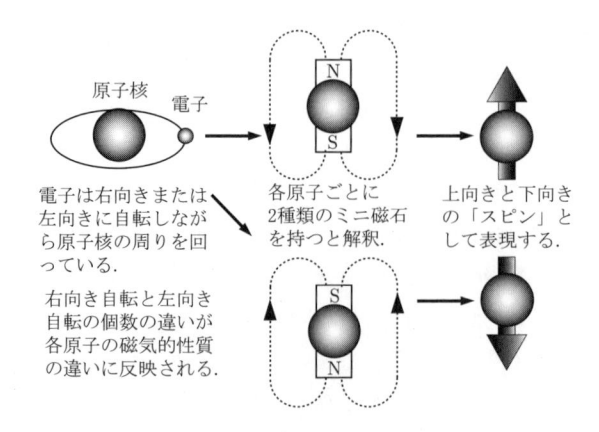

図 5.1 原子レベルでのミニ磁石としてのスピン．

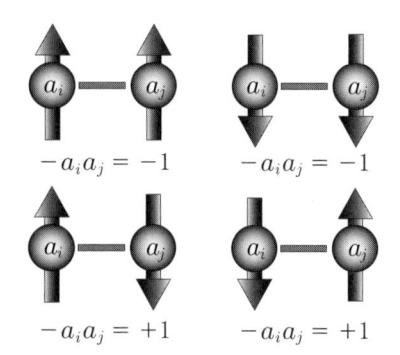

図 5.2 スピン a_i とスピン a_j 間の相互作用 $-a_i a_j$. a_i も a_j もスピンが上向きのとき +1, 下向きのとき -1 をとる.

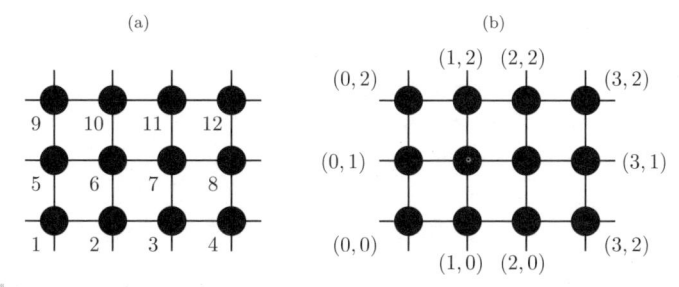

図 5.3 2 次元正方格子. (a) と (b) の違いは各頂点の番号付けの仕方の違いだけである. ここでは縦, 横両方向に対して周期境界条件のもとで考えている.

$m(T)$ は**自発磁化**(spontaneous magnetization) と呼ばれ, $m(T)$ が 0 である場合は**常磁性状態**(paramagnetic state), 0 でない場合は**強磁性状態**(ferromagnetic state) と呼ばれている. $a_1 = a_2 = \cdots = a_L = 1$ という状態と $a_1 = a_2 = \cdots = a_L = -1$ という状態の両方が式 (5.30) の最大確率を与える状態ということになり, そのために自発磁化として $m(T) \geq 0$ と $m(T) \leq 0$ の 2 種類の値が導かれることになる.

スピンを頂点で表し, スピン対に対応する頂点間に線分を入れたとき図 5.3 のような正方格子となるように B が与えられる場合を考えてみよう. 図 5.3 で (a) と (b) は各頂点の番号付けの違いだけであり, (b) は xy-座標を用いて表している. x, y の両方向に対して周期境界条件のもとで考えており, x-方向が M 個, 横方向が N 個であり, $L = MN$ であるとき「(x,y) 番目のスピンが $x+1 = M$ であれば $x+1 = 0, y+1 = N$ は $y+1 = 0$ と読み換える」と規約する. 確率分布は図 5.3(a) で番号づけされている場合は式 (5.29)-(5.30) で与えられる. 図 5.3(b) で番号づけ

されている場合は式 (5.28) のベクトル $\boldsymbol{a}$ を

$$\boldsymbol{a} = (a_{0,0}, a_{1,0}, \cdots, a_{M-1,0}, a_{0,1}, a_{1,1}, \cdots, a_{M-1,1},$$
$$\cdots, a_{0,N-1}, a_{1,N-1}, \cdots, a_{M-1,N-1})^{\mathrm{T}} \tag{5.33}$$

に置き換えられ，式 (5.30) のエネルギー関数 $E(\boldsymbol{a})$ は式 (5.29) の代わりに

$$E(\boldsymbol{a}) \equiv -\sum_{x=0}^{M-1}\sum_{y=0}^{N-1}\left(a_{x,y}a_{x+1,y} + a_{x,y}a_{x,y+1}\right) \tag{5.34}$$

で与えられる．この場合もやはり「すべてのスピンが同じ向きに揃った」という状態がエネルギー関数 $E(\boldsymbol{a})$ の最小値，すなわち確率 $\Pr\{\boldsymbol{A}=\boldsymbol{a}|T\}$ が最大値をとる状態を与えるということになるが，それ以外の状態に対しては，個々のスピンはその周りのスピン（自分自身の頂点と B に属する線分で結ばれてる頂点の上にあるスピン）がどのような状態であるかによって，対応するエネルギー関数すなわち確率の大小関係に影響を与える（図 5.4 参照）．

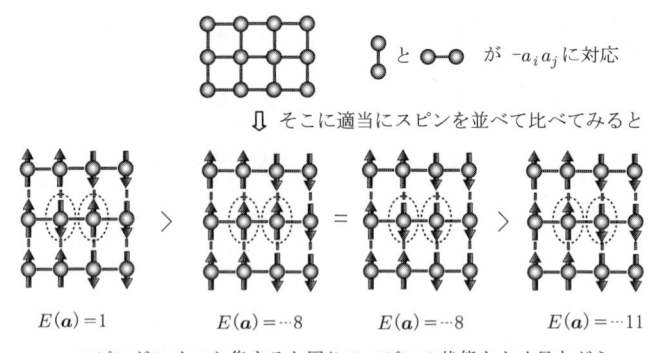

図 5.4 複数のスピンが集まったときのエネルギー関数 $E(\boldsymbol{a})$.

式 (5.30) の確率分布に従って 2^{MN} 次元の乱数ベクトル $\boldsymbol{a}$ を生成させると，それはどのようなものなのだろうか？この場合の乱数は図 5.5 の手続きを繰り返すことにより生成される．

図 5.5 の操作は**マルコフ連鎖モンテカルロ** (Markov Chain Monte Carlo; MCMC) **法**と呼ばれる．[*5] 詳細は文献 [27, 28] を参照していただきたい．モンテカルロ法により生成された $\boldsymbol{a}$ の例を図 5.6 に与える．図 5.6 で $k_{\mathrm{B}}T = 4$ では，上向きスピン

[*5] 正確にはマルコフ連鎖モンテカルロ法のなかでもギブスサンプラー (Gibbs sampler) あるいは熱浴法 (heat bath method) などと呼ばれているものである．

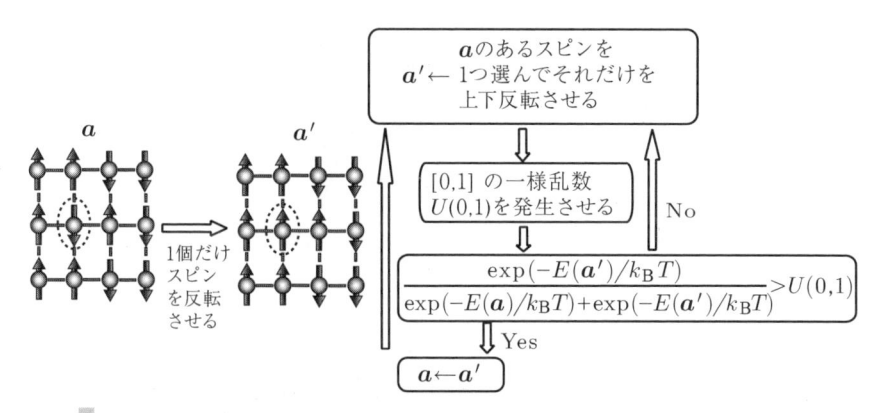

図 5.5 式 (5.30) の確率分布に従って MN 次元の乱数ベクトル $\boldsymbol{a}$ を生成させる手続き.

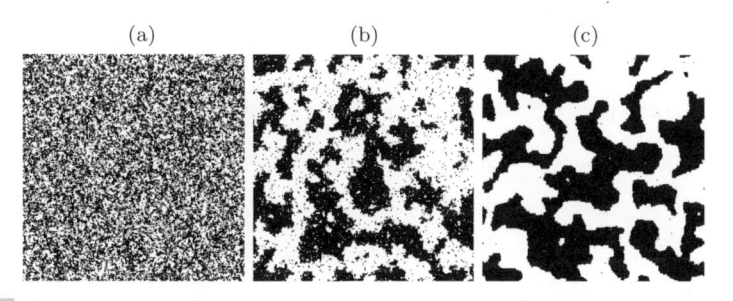

図 5.6 式 (5.30) に従って生成された $\boldsymbol{a}$ の例 (サイズは 256×256, 白と黒はそれぞれ $a_{x,y} = +1$ と $a_{x,y} = -1$ を表している).
(a) $k_\mathrm{B}T = 4$. (b) $k_\mathrm{B}T = 2$. (c) $k_\mathrm{B}T = 1$.

(白い点) と下向きスピン (黒い点) がバラバラに配置されている. これは常磁性状態を表している. 一方, $k_\mathrm{B}T = 1$ では上向きスピンと下向きスピンがそれぞれまとまった領域を形成している. これが強磁性状態に対応する. そして $k_\mathrm{B}T = 2$ はその中間的な状態である.

熱力学的極限における自由エネルギー $f(T)$ と自発磁化 $m(T)$ の厳密な表式は

$$-\frac{f(T)}{k_\mathrm{B}T} = \frac{1}{2\pi^2} \int_0^\pi \int_0^\pi \ln\left(\cosh^2\left(\frac{2}{k_\mathrm{B}T}\right)\right.$$
$$\left. + \sinh\left(\frac{2}{k_\mathrm{B}T}\right)\left(\cos(\theta) + \cos(\phi)\right)\right) d\theta d\phi \quad (5.35)$$

$$m(T)^2 = \left(1 - \sinh^{-4}\left(\frac{2}{k_\mathrm{B}T}\right)\right)^{\frac{1}{4}} \quad \left(k_\mathrm{B}T < \frac{1}{2}\mathrm{arcsinh}(1)\right) \quad (5.36)$$

figure 5.7 の画像位置

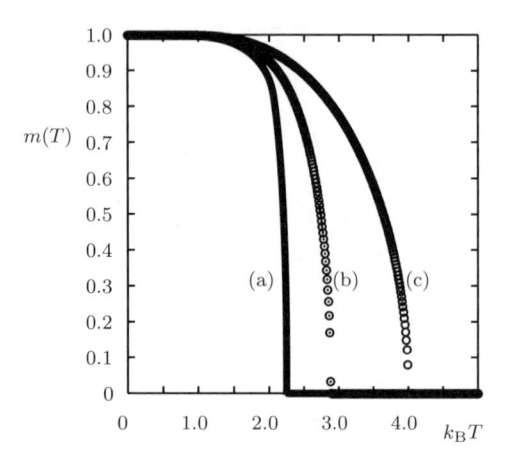

図 5.7 2次元正方格子上のイジングモデルの自発磁化 $m(T)$.
(a) 厳密解. (b) ベーテ近似. (c) 平均場近似.

$$m(T)^2 = 0 \qquad \left(k_\mathrm{B}T > \frac{1}{2}\mathrm{arcsinh}(1)\right) \qquad (5.37)$$

という形に導かれる. 導出の詳細は本書では省略する [22, 28, 29].

式 (5.37) は $k_\mathrm{B}T = \frac{1}{2}\mathrm{arcsinh}(1) = 2.2691...$ を境にそれより大きい値のときに自発磁化 $m(T)$ が 0, 小さい値のときに自発磁化が 0 でない有限の値をとる様子を表している. その境の温度 T が, 鉄やニッケルなどの強磁性体のキューリー温度に対応する. 自発磁化 $m(T)$ が, ある温度を境にそれより高温で 0 になってしまうということが, 本書の冒頭であげた強磁性体は温度をあげてゆくとある温度で磁石から磁石でなくなるという性質を再現してくれていることに対応している.

5.4 平均場理論

前節で紹介したイジングモデルは解析的取り扱いが可能であり, 熱力学的極限での自由エネルギーの表式が厳密に求められる場合であった. しかしながら実際には解析的な取り扱いが難しく, 厳密解が見つかっていない場合がほとんどである. コンピュータが発達した近年において, 例えば

$$\frac{1}{L}\ln\left(\sum_{z_1=\pm 1}\sum_{z_2=\pm 1}\cdots\sum_{z_L=\pm 1}\exp\left(\alpha\sum_{ij\,\in\,B}z_i z_j\right)\right) \qquad (5.38)$$

を α の解析関数として表すことが困難であったとしても，L 重の for 文からなるプログラムを組むことでコンピュータのパワーに任せて数値を計算すればよいと考えられる読者もいるかもしれない．しかし，1 つの for 文の繰り返し回数が 2 回であるとして，L 重の for 文では繰り返し回数が 2^L 回ということになる．物質の性質を説明するには，最低でも L がアボガドロ数，すなわち 10^{23} 程度の場合に計算しなければならない．つまり繰り返し計算が $2^{10^{23}}$ 回ということになり，現代の計算機をもってしても数値的にですら厳密な計算を行うことは困難ということになる．

物性の理論的研究が始まったのはコンピュータが発明される遙か以前の話である．物質科学・材料物性の研究・開発という学術的・社会的要請に応えるため，20 世紀初頭の物理学者が考えたのは近似計算技法の開発である．その物理量の正確な値が得られればそれにこしたことはないが，まずは定性的な振る舞いを解析しようというわけである．本節ではこの近似計算技法の 1 つである**平均場理論**(mean field theory) について説明する．[*6]

5.4.1 平均場近似とベーテ近似

まずは**平均場近似**(mean field approximation) について 2 次元正方格子上のイジングモデル (5.30) に対して説明する．確率変数 a_i は $i \neq j$ となるスピン対 ij に対して共分散，すなわち $(a_i - m(T))(a_j - m(T))$ の期待値が 0 であり，$(a_i - m(T))(a_j - m(T)) \neq 0$ である確率がほとんど 0 であるという，きわめて大胆な仮説を近似として設定する．もちろんこの仮説は温度 T の高いところでは正当なものであるが，温度が低くなると当然成り立たなくなる．ここではこの場合，$a_i a_j$ は次のように変形される．

$$a_i a_j \simeq m(T) a_i + m(T) a_j - m(T)^2 \tag{5.39}$$

これを式 (5.30) に代入し，確率変数 A_i についての周辺確率分布 $P_i(a_i) = \sum_{\boldsymbol{z}} \delta_{a_i, z_i} \Pr\{\boldsymbol{A} = \boldsymbol{z}|T\}$ を計算すると

$$P_i(a_i) = \frac{\exp\left(\frac{4m(T) a_i}{k_B T}\right)}{\displaystyle\sum_{z_i = \pm 1} \exp\left(\frac{4m(T) z_i}{k_B T}\right)} \tag{5.40}$$

により与えられる．定義式 (5.32) から $m(T)$ は

[*6] 平均場理論と並ぶ有力な計算技法にマルコフ連鎖モンテカルロ法があるが，これを用いた $m(T)$ の計算法およびその統計力学における発展については [28] を参照してほしい．

$$m(T) = \lim_{L \to +\infty} \sum_{z_i = \pm 1} z_i P_i(z_i) \tag{5.41}$$

により与えられ，これに式 (5.40) を代入することにより次のような $m(T)$ に対する**固定点方程式**(fixed point equation) を導くことができる．

$$m(T) = \tanh\left(\frac{4m(T)}{k_B T}\right) \tag{5.42}$$

さらに式 (5.31) に式 (5.39) を代入することによって，1 スピンあたりの自由エネルギー $f(T)$ は式 (5.42) の解として得られた $m(T)$ を用いて

$$-\frac{f(T)}{k_B T} \simeq \ln\left(2\cosh\left(\frac{4m(T)}{k_B T}\right)\right) - \frac{2m(T)^2}{k_B T} \tag{5.43}$$

と表される．

式 (5.42) から，自発磁化 $m(T)$ の平均場近似の近似値を**反復法**(iteration method) により計算する具体的なアルゴリズムは次の通りである (反復法は付録 B 参照)．

[平均場近似による自発磁化計算アルゴリズム]

Step 1: 初期値を $\zeta \Leftarrow 10^{-3}$ と設定する．

Step 2: $m(T)$ の値を次の更新則により更新する．

$$m(\alpha) \Leftarrow \tanh\left(\frac{4\zeta}{k_B T}\right); \tag{5.44}$$

Step 3: 収束条件 $|m(T) - \zeta| < 10^{-6}$ を満足しなければ $\zeta \Leftarrow m(T)$ として **Step 2** に戻り，満足すれば終了する．

このアルゴリズムより得られた $m(T)$ の T 依存性を表すグラフを図 5.7(c) に与える．平均場近似は定量的には荒い近似であることがわかる．

平均場近似の改良版の 1 つとして**ベーテ近似**(Bethe approximation) と呼ばれる方法がある．以下はこれについて説明する．ベーテ近似では周辺確率分布 $P_i(a_i)$ は式 (5.40) の代わりに

$$P_i(a_i) = \frac{\exp(4\lambda(T)a_i)}{\sum_{z_i = \pm 1} \exp(4\lambda(T)z_i)} \tag{5.45}$$

という形に仮定される．$\lambda(T)$ が $m(T)/k_B T$ と表されれば式 (5.45) は式 (5.40) と同じであるが，ここでは $\lambda(T)$ が $m(T)$ と等しくならない場合も想定される．さらに確率変数 A_i, A_j についての周辺確率分布 $P_{ij}(a_i, a_j) = \sum_{\boldsymbol{z}} \delta_{a_i, z_i} \delta_{a_j, z_j} \Pr\{\boldsymbol{A} = \boldsymbol{z}|T\}$ を

$$P_{ij}(a_i, a_j) = \frac{\exp\left(3\lambda(T)a_i + 3\lambda(T)a_j + \frac{1}{k_\mathrm{B}T}a_i a_j\right)}{\sum_{z_i=\pm 1}\sum_{z_j=\pm 1} \exp\left(3\lambda(T)z_i + 3\lambda(T)z_j + \frac{1}{k_\mathrm{B}T}z_i z_j\right)} \tag{5.46}$$

と仮定する.

式 (5.30) のイジングモデルが並進対称性を持っていることから, $P_i(a)(a=\pm 1)$ と $P_{ij}(a,b)(a=\pm 1, b=\pm 1)$ が i および j にはよらないとすることは自然な考え方であり, このため $\lambda(T)$ が i, j には依存しない形になっているわけである. これらの周辺確率分布に対して成り立つべき条件 $P_i(a_i) = \sum_{z_j=\pm 1} P_{ij}(a_i, z_j)$ に式 (5.45) と式 (5.46) を代入することにより

$$\lambda(T) = \mathrm{arctanh}\left(\tanh\left(\frac{1}{k_\mathrm{B}T}\right)\tanh(3\lambda(T))\right) \tag{5.47}$$

という $\lambda(T)$ に対する固定点方程式が得られ, 反復法により数値的に解くことができる. 自発磁化は

$$m(T) = \sum_{z_i=\pm 1} z_i P_i(z_i) = \tanh(4\lambda(T)) \tag{5.48}$$

により与えられる.

式 (5.47) と式 (5.48) から自発磁化を計算する反復法のアルゴリズムは次の形にまとめられる (反復法は付録 B 参照).

[ベーテ近似による自発磁化計算アルゴリズム]
Step 1: 初期値を $\zeta \Leftarrow 10^{-3}$ と設定する.
Step 2: $m(T)$ の値を次の更新則により更新する.

$$\lambda(T) \Leftarrow \mathrm{arctanh}\left(\tanh\left(\frac{1}{k_\mathrm{B}T}\right)\tanh(3\zeta)\right); \tag{5.49}$$

Step 3: 収束条件 $|\lambda(T) - \zeta| < 10^{-6}$ を満足しなければ $\zeta \Leftarrow \lambda(T)$ として **Step 2** に戻り, 満足すれば

$$m(T) \Leftarrow \tanh(4\lambda(T)); \tag{5.50}$$

として自発磁化を計算して終了する.

このアルゴリズムにより得られた $m(T)$ の T 依存性を表すグラフを図 5.7(b) に与える. ベーテ近似は, 平均場近似に比べて厳密解に近い結果を与えていることがわかる.

5.4.2 平均場理論の自由エネルギー最小原理による解釈

式 (5.30) のイジングモデルに対して試行関数 $Q(\boldsymbol{a})$ を導入し, 式 (5.25) および式 (5.13) を用いるとカルバック・ライブラー情報量 $\mathrm{KL}[P||Q]$ と自由エネルギー $\mathcal{F}[Q]$ は次のように表される.

$$\mathrm{KL}[P||Q] = \mathcal{F}[Q] + \ln\left(\sum_{\boldsymbol{z}} \exp\left(-\frac{1}{k_\mathrm{B} T}\sum_{ij \in B} z_i z_j\right)\right) \tag{5.51}$$

$$\mathcal{F}[Q] = -\sum_{ij \in B}\sum_{\boldsymbol{z}} z_i z_j Q(\boldsymbol{z}) + k_\mathrm{B} T \sum_{\boldsymbol{z}} Q(\boldsymbol{z}) \ln Q(\boldsymbol{z}) \tag{5.52}$$

ここで試行関数 $Q(\boldsymbol{a})$ の確率変数 A_i に対する周辺確率分布 $Q_i(a_i) = \sum_{\boldsymbol{z}} \delta_{a_i, z_i} Q(\boldsymbol{z})$ を導入し, 次のように試行関数が表されるものを近似として仮定する.

$$Q(\boldsymbol{a}) \simeq \prod_{i=1}^{L} Q_i(a_i) \tag{5.53}$$

平均場近似は, カルバック・ライブラー情報量ではかって, 近似的に制限された試行関数と与えられた確率分布との距離が最小になるように周辺確率分布 $Q_i(a_i)$ を決め, この周辺確率分布を使って物理量を計算する近似法と解釈することもできる.

周辺確率分布 $Q_i(a_i)$ を A_i の期待値 $m_i \equiv \sum_{\boldsymbol{z}} z_i Q_i(z_i)$ を用いて

$$Q_i(a_i) = \frac{1}{2}(1 + m_i a_i) \tag{5.54}$$

と表すことができる. 式 (5.53) を式 (5.52) に代入することにより

$$\mathcal{F}[Q] \simeq \mathcal{F}[\{m_i\}] \equiv -\sum_{ij \in B} m_i m_j$$
$$+ k_\mathrm{B} T \prod_{i=1}^{L} \sum_{z_i = \pm 1} \frac{1}{2}(1 + m_i z_i) \ln\left(\frac{1}{2}(1 + m_i z_i)\right) \tag{5.55}$$

が自由エネルギーの平均場近似における近似表式として導かれる. これを最小にするように $\{m_i\}$ を決めればよいので, 極値条件 $\partial \mathcal{F}[\{m_i\}]/\partial m_k = 0$ すなわち

$$m_k = \tanh\left(\frac{1}{k_\mathrm{B} T}\sum_{i \in c_k} m_i\right) \tag{5.56}$$

c_k はスピン k と B の線分の 1 つで結ばれているスピンの集合 $c_k = \{i | ik \in B\}$ を表している. 式 (5.30) は並進対称性をもち, しかも無限に大きなシステムを考えているので m_i は実はスピン i には依存せず, $m(T)$ と等しくなり, 式 (5.56) は式 (5.42) と等価となる.

式 (5.52) は, 周辺確率分布 $Q_{ij}(a_i, a_j) = Q_{ji}(a_j, a_i) \equiv \sum_{\boldsymbol{z}} \delta_{a_i, z_i} \delta_{a_j, z_j} Q(\boldsymbol{z})$ を

導入し，次のように書き換えることができる．
$$\mathcal{F}[Q] = -\sum_{ij \in B}\sum_{z_i=\pm 1}\sum_{z_j=\pm 1} z_i z_j Q_{ij}(z_i,z_j) + k_B T \sum_{\bm{z}} Q(\bm{z}) \ln Q(\bm{z}) \quad (5.57)$$

周辺確率分布に対するエントロピー
$$\mathcal{S}[Q_i] \equiv -k_B \sum_{z_i=\pm 1} Q_i(z_i) \ln Q_i(z_i) \quad (5.58)$$

$$\mathcal{S}[Q_{ij}] \equiv -k_B \sum_{z_i=\pm 1}\sum_{z_j=\pm 1} Q_{ij}(z_i,z_j) \ln Q_{ij}(z_i,z_j) \quad (5.59)$$

を導入する．これらの周辺確率分布に対するエントロピー用いて，$\mathcal{F}[Q]$ に変わって新たに $\mathcal{F}_{\text{Bethe}}[\{Q_i, Q_{ij}\}]$ を次の式で定義する．

$$\begin{aligned}\mathcal{F}_{\text{Bethe}}[\{Q_i, Q_{ij}\}] \equiv &-\sum_{ij \in B}\sum_{z_i=\pm 1}\sum_{z_j=\pm 1} z_i z_j Q_{ij}(z_i,z_j) \\ &- T\sum_{i=1}^{L}\mathcal{S}[Q_i] - T\sum_{ij \in B}\left(\mathcal{S}[Q_{ij}] - \mathcal{S}[Q_i] - \mathcal{S}[Q_j]\right)\end{aligned} \quad (5.60)$$

これを $\mathcal{F}[Q]$ を用いて $\mathcal{F}[Q] \simeq \mathcal{F}_{\text{Bethe}}[\{Q_i, Q_{ij}\}]$ と近似する．

周辺確率分布 $Q_i(a_i)$, $Q_{ij}(a_i, a_j)$ は
$$\sum_{z_i=\pm 1} Q_i(z_i) = 1 \quad (5.61)$$

$$\sum_{z_i=\pm 1}\sum_{z_j=\pm 1} Q_{ij}(z_i,z_j) = 1 \quad (5.62)$$

$$Q_i(a_i) = \sum_{z_j=\pm 1} Q_{ij}(a_i, z_j) \quad (5.63)$$

を満足しなければならない．この拘束条件 (5.61)-(5.63) に対するラグランジュの未定乗数 $\nu_i, \nu_{ij}, \Lambda_{ij,i}$ を導入する．

$$\begin{aligned}\mathcal{L}_{\text{Bethe}}[\{Q_i, Q_{ij}\}] \equiv &\mathcal{F}_{\text{Bethe}}[\{Q_i, Q_{ij}\}] \\ &+ \sum_{i=1}^{L}\nu_i\left(\sum_{z_i=\pm 1} Q_i(z_i) - 1\right) + \sum_{ij \in B}\nu_{ij}\left(\sum_{z_i=\pm 1}\sum_{z_j=\pm 1} Q_{ij}(z_i,z_j) - 1\right) \\ &+ \sum_{i=1}^{L}\sum_{j \in c_i}\Lambda_{ij,i}\sum_{z_i=\pm 1} z_i\left(Q_i(z_i) - \sum_{z_j=\pm 1} Q_{ij}(z_i,z_j)\right)\end{aligned} \quad (5.64)$$

$\mathcal{L}_{\text{Bethe}}\{Q_i, Q_{ij}\}$ の変分の極値条件 $\delta\mathcal{L}_{\text{Bethe}}[\{Q_i, Q_{ij}\}] = 0$，すなわち
$$\frac{\partial \mathcal{L}_{\text{Bethe}}[\{Q_i, Q_{ij}\}]}{\partial Q_i(a_i)} = \frac{\partial \mathcal{L}_{\text{Bethe}}[\{Q_i, Q_{ij}\}]}{\partial Q_i(a_i, a_j)} = 0 \quad (5.65)$$

を満たす $Q_i(a_i)$ と $Q_{ij}(a_i, a_j)$ は

$$Q_i(a_i) = \frac{\exp\left(\sum_{k \in c_i} \frac{1}{3}\Lambda_{ik,i} a_i\right)}{\sum_{z_i = \pm 1} \exp\left(\sum_{k \in c_i} \frac{1}{3}\Lambda_{ik,i} z_i\right)} \tag{5.66}$$

$$Q_{ij}(a_i, a_j) = \frac{\exp\left(\Lambda_{ij,i} a_i + \Lambda_{ij,j} a_j + \frac{1}{k_B T} a_i a_j\right)}{\sum_{z_i = \pm 1} \sum_{z_j = \pm 1} \exp\left(\Lambda_{ij,i} z_i + \Lambda_{ij,j} z_j + \frac{1}{k_B T} z_i z_j\right)} \tag{5.67}$$

により与えられる．式 (5.66) と式 (5.67) は式 (5.61) と式 (5.62) を使って ν_i と ν_j が消去された形になっている．そしてここでも，式 (5.30) の並進対称性と非常に大きなシステムを想定しているということから $\Lambda_{ij,i}$ はスピン i にはよらなくなり単に $\Lambda(T)$ と書くことができる．さらに $\Lambda(T) = 3\lambda(T)$ と変数変換すると

$$Q_i(a_i) = \frac{\exp(4\lambda(T) a_i)}{\sum_{z_i = \pm 1} \exp(4\lambda(T) z_i)} \tag{5.68}$$

$$Q_{ij}(a_i, a_j) = \frac{\exp\left(3\lambda(T) a_i + 3\lambda(T) a_j + \frac{1}{k_B T} a_i a_j\right)}{\sum_{z_i = \pm 1} \sum_{z_j = \pm 1} \exp\left(3\lambda(T) z_i + 3\lambda(T) z_j + \frac{1}{k_B T} z_i z_j\right)} \tag{5.69}$$

式 (5.68) と式 (5.69) を式 (5.63) に代入して整理すると $\lambda(T)$ の決定する固定点方程式として式 (5.47) が導かれる．

5.4.3 平均場理論の摂動論的解釈

2 次元正方格子上のイジングモデルに対して平均場近似で得られているエネルギー関数，確率分布，自由エネルギーの近似表式 $E_{\mathrm{MF}}(\boldsymbol{a})$, $P_{\mathrm{MF}}(\boldsymbol{a})$, F_{MF} は次のようにまとめられる．

$$\begin{aligned}
-\frac{F_{\mathrm{MF}}(T)}{k_B T} &= \frac{1}{L} \ln Z_{\mathrm{MF}}(T) \equiv \frac{1}{L} \ln \left\{ \sum_{\boldsymbol{z}} \exp\left(\frac{1}{k_B T} E_{\mathrm{MF}}(\boldsymbol{z})\right) \right\} \\
&= \ln\left(2\cosh\left(\frac{4m(T)}{k_B T}\right)\right) - \frac{2m(T)^2}{k_B T} \\
&= -\frac{2m(T)^2}{k_B T} + \sum_{\zeta = \pm 1} \frac{1}{2}(1 + m(T)\zeta) \ln\left(\frac{1}{2}(1 + m(T)\zeta)\right)
\end{aligned} \tag{5.70}$$

$$E_{\mathrm{MF}}(\boldsymbol{z}) \equiv -\sum_{ij \in B} \left(m(T)z_i + m(T)z_j - m(T)^2\right) \tag{5.71}$$

$$P_{\mathrm{MF}}(\boldsymbol{z}) \equiv \frac{1}{Z_{\mathrm{MF}}(T)} \exp\left(-\frac{1}{k_{\mathrm{B}}T} E_{\mathrm{MF}}(\boldsymbol{a})\right) \tag{5.72}$$

これらの近似表式に $m(T) = \tanh\left(\frac{4m(T)}{k_{\mathrm{B}}T}\right)$ の解を代入することで式 (5.30) の近似値が得られるわけである.

この平均場近似により得られた自由エネルギーを出発点として式 (5.30) のもとの自由エネルギー $F(T) \equiv -T \ln\left(\sum_{\boldsymbol{z}} \exp(-\frac{1}{k_{\mathrm{B}}T} E(\boldsymbol{z}))\right)$ の摂動展開を考えてみる.

$$-\frac{F(T)}{k_{\mathrm{B}}T} = -\frac{F_{\mathrm{MF}}(T)}{k_{\mathrm{B}}T} + \ln\left\{\sum_{\boldsymbol{z}} P_{\mathrm{MF}}(\boldsymbol{z}) \exp\left(\frac{1}{k_{\mathrm{B}}T}\left(E_{\mathrm{MF}}(\boldsymbol{z}) - E(\boldsymbol{z})\right)\right)\right\} \tag{5.73}$$

指数関数のテイラー展開から

$$-\frac{F(T)}{k_{\mathrm{B}}T} = -\frac{F_{\mathrm{MF}}(T)}{k_{\mathrm{B}}T} + \ln\Bigg(\sum_{\boldsymbol{z}} P_{\mathrm{MF}}(\boldsymbol{z})\Big\{1 + \frac{1}{k_{\mathrm{B}}T}(E_{\mathrm{MF}}(\boldsymbol{z}) - E(\boldsymbol{z}))$$
$$+ \frac{1}{2}\Big(\frac{1}{k_{\mathrm{B}}T}\Big)^2 (E_{\mathrm{MF}}(\boldsymbol{z}) - E(\boldsymbol{z}))^2 + \mathcal{O}\Big(\Big(\frac{1}{k_{\mathrm{B}}T}\Big)^3\Big)\Big\}\Bigg) \tag{5.74}$$

という $\frac{1}{k_{\mathrm{B}}T}$ の級数の形に展開される. ここで

$$E_{\mathrm{MF}}(\boldsymbol{a}) - E(\boldsymbol{a}) = \sum_{ij \in B} (a_i - m(T))(a_j - m(T)) \tag{5.75}$$

$$\sum_{z_i = \pm 1} (a_i - m(T)) P_i(z_i) = 0 \tag{5.76}$$

$$\sum_{z_i = \pm 1} (a_i - m(T))^2 P_i(z_i) = 1 - m(T)^2 \tag{5.77}$$

という 3 つの等式を使うことにより

$$-\frac{F(T)}{k_{\mathrm{B}}T} = -\frac{F_{\mathrm{MF}}(T)}{k_{\mathrm{B}}T} + L\Big(\frac{1-m(T)^2}{k_{\mathrm{B}}T}\Big)^2 + \mathcal{O}\Big(\Big(\frac{1}{k_{\mathrm{B}}T}\Big)^3\Big) \tag{5.78}$$

が導かれる.

$F_{\mathrm{MF}}(T)$ を式 (5.70) で置き換えると

$$-\frac{F(T)}{k_{\mathrm{B}}T} = -\frac{2m(T)^2}{k_{\mathrm{B}}T} + \sum_{\zeta = \pm 1} \frac{1}{2}(1 + m(T)\zeta) \ln\Big(\frac{1}{2}(1 + m(T)\zeta)\Big)$$
$$+ L\Big(\frac{1-m(T)^2}{k_{\mathrm{B}}T}\Big)^2 + \mathcal{O}\Big(\Big(\frac{1}{k_{\mathrm{B}}T}\Big)^3\Big) \tag{5.79}$$

となる．式 (5.79) の自由エネルギーの $m(T)$ に対する極値条件は

$$m(T) = \tanh\left(\frac{4m(T)}{k_\mathrm{B}T} - \frac{4m(T)(1-m(T)^2)}{(k_\mathrm{B}T)^2}\right) \tag{5.80}$$

と与えられる．式 (5.79) と式 (5.80) の表式は **TAP 自由エネルギー**(TAP free energy) および **TAP 方程式**(TAP equation) とそれぞれ呼ばれている [9, 30, 31]．また，式 (5.80) の $-\frac{4m(T)(1-m(T)^2)}{(k_\mathrm{B}T)^2}$ は**オンサガーの反跳項**(Onsager reaction team) と呼ばれ，平均場近似からの補正項になっている．*7

5.5　本章のまとめ

　統計力学の重要な概念はエントロピーと自由エネルギーである．本章の前半では，エントロピーとギブス分布の関わり合いについて統計力学の立場から段階を踏んでまとめてみた．また，「自由エネルギーとカルバック・ライブラー情報量」，「エントロピーと最尤推定」との関係についての解釈を述べ，統計力学と統計科学の理論体系のなかに潜むべき関係についても簡単にふれてみた．これらはエネルギーをシステムを記述する基本とみるか，確率分布そのものを基本とするかによる立場の違いとして理解することができる．

　本章の後半では，平均場理論という統計力学の代表的近似計算技法について述べた．平均場理論の基本は平均場近似であるが，話はそこからベーテ近似へと展開している．このベーテ近似が第 8 章で登場する近似アルゴリズムと密接な関わりを持っているのである．本章での平均場近似とベーテ近似の説明は 2 つの立場から与えられている．1 つは，隣接スピンからの平均場または有効場というものの仮定に基づく解釈である．そしてもう 1 つは，自由エネルギーに対する「ある種の物理的意味を持たせての」近似を行った上での解釈である．この 2 つの解釈は第 8 章でも形を変えて登場する．

　本章に記載した統計力学についての内容は，本書を読み進める上での理解の助けとなるための必要最小限にとどめている．統計力学についてのさらなる詳細に興味のある読者は文献 [22, 28, 29] を参照されたい．

---

*7 一般には，$E(\boldsymbol{a}) = -\sum_{i=1}^{L}\sum_{j=1}^{L}\left(\frac{J_{ij}}{2L}\right)a_i a_j$ などのスピン対により異なる相互作用 J_{ij} を含むエネルギー関数に対して高温相において熱力学的極限で厳密に成立する平均場方程式や自由エネルギーのことが，TAP 方程式や TAP 自由エネルギーと呼ばれている．また，TAP 方程式の名前の由来は Thouless, Anderson, Palmer (Phil. Mag., vol.35, p.593, 1977) の名前の頭文字からきたものであるが，実はこの TAP 方程式は守田，堀口 (Solid St. Commun., vol.19, p.833, 1976) という 2 人の日本人によって最初に導かれたものなのである．

第6章

ガウスノイズと
ノイズ除去フィルター

　画像処理の中でもノイズ除去は非常に基本的, かつ比較的扱いやすい問題である. 本章ではまず基本的な画像上でのノイズである加法的白色ガウスノイズについて説明し, それにより劣化された画像からのノイズの除去について, 従来の基本的フィルターを用いた場合について説明する.

6.1　加法的白色ガウスノイズ

　信号処理において画像の劣化を考える際, よく想定される劣化過程として加法的白色ガウスノイズがまずあげられる. これは何らかの伝送路等を通過するなどの際に各画素ごとに独立に確率的に原画像の階調値が他の階調値に変えられてしまった状況を想定している. そこで, 本節ではこの各画素ごとに独立に生成されるノイズとして平均 0, 分散 σ^2 の加法的白色ガウスノイズを考える. すなわち, 各画素 (x,y) ごとに生成されるノイズの確率変数を $V_{x,y}$ とし, その実現値を $v_{x,y}$ とすると, 確率密度関数は

$$\rho(V_{x,y} = v_{x,y}) = \frac{1}{\sqrt{2\pi}\sigma}\exp\left(-\frac{1}{2\sigma^2}v_{x,y}^2\right) \tag{6.1}$$

により与えられる. この確率変数 $V_{x,y}$ に従ってランダムに発生された値 $v_{x,y}$ と原画像 f の各画素の値 $f_{x,y}$ から, 劣化画像 g の各画素の値 $g_{x,y}$ が

$$g_{x,y} = f_{x,y} + v_{x,y} \tag{6.2}$$

により与えられる劣化過程を加法的白色ガウスノイズ (additive white Gaussian noise) と呼ぶ (図 6.1 参照). 加法的白色ガウスノイズは原画像と劣化画像の画素 (x,y) の階調値についての確率変数をそれぞれ $F_{x,y}$ および $G_{x,y}$ とすると,

原画像　　　　白色ガウス雑音

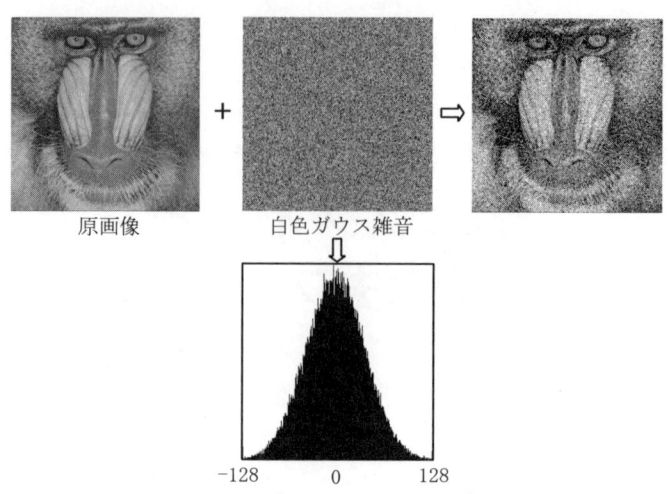

平均0, 分散40^2のガウス乱数を256^2個
生成させた時のヒストグラム

図 **6.1** 加法的白色ガウスノイズにより画像が劣化されるしくみ.

$$\rho(G_{x,y} = g_{x,y}|F_{x,y} = f_{x,y}) = \rho(V_{x,y} = g_{x,y} - f_{x,y})$$
$$= \frac{1}{\sqrt{2\pi}\sigma}\exp\Big(-\frac{1}{2\sigma^2}(f_{x,y} - g_{x,y})^2\Big) \quad (6.3)$$

という条件付き確率密度関数を用いても表すことができる.

各画素ごとのノイズに対する確率変数 $V_{x,y}$ の集合を

$$\boldsymbol{V} = (V_{0,0}, V_{1,0}, \cdots, V_{M-1,0}, V_{0,1}, V_{1,1}, \cdots, V_{M-1,1}, \cdots,$$
$$V_{0,N-1}, V_{1,N-1}, \cdots, V_{M-1,N-1})^{\mathrm{T}} \quad (6.4)$$

により表す. この 2 次元的配列を伴う確率変数の集合を一般に **確率場** (random field) と呼ぶ. すなわち $\boldsymbol{V}$ はノイズに対する確率場ということになる. このノイズの確率場の実現値を

$$\boldsymbol{v} = (v_{0,0}, v_{1,0}, \cdots, v_{M-1,0}, v_{0,1}, v_{1,1}, \cdots, v_{M-1,1}, \cdots,$$
$$v_{0,N-1}, v_{1,N-1}, \cdots, v_{M-1,N-1})^{\mathrm{T}} \quad (6.5)$$

とすると, 各画素ごとに独立にノイズが生成されるという仮定をおいているため, 確率場 $\boldsymbol{V}$ についての確率密度関数 $\rho(\boldsymbol{V} = \boldsymbol{v})$ は次のように与えられる.

$$\rho(\boldsymbol{V} = \boldsymbol{v}) = \prod_{x=0}^{M-1}\prod_{y=0}^{N-1}\frac{1}{\sqrt{2\pi}\sigma}\exp\Big(-\frac{1}{2\sigma^2}v_{x,y}{}^2\Big) \quad (6.6)$$

原画像および劣化画像の画素 (x, y) の階調値についての確率変数を $F_{x,y}$, $G_{x,y}$ と

すると，その確率場は

$$\boldsymbol{F} = (F_{0,0}, F_{1,0}, \cdots, F_{M-1,0}, F_{0,1}, F_{1,1}, \cdots, F_{M-1,1}, \cdots,$$
$$F_{0,N-1}, F_{1,N-1}, \cdots, F_{M-1,N-1})^{\mathrm{T}} \quad (6.7)$$

$$\boldsymbol{G} = (G_{0,0}, G_{1,0}, \cdots, G_{M-1,0}, G_{0,1}, G_{1,1}, \cdots, G_{M-1,1}, \cdots,$$
$$G_{0,N-1}, G_{1,N-1}, \cdots, G_{M-1,N-1})^{\mathrm{T}} \quad (6.8)$$

という形の縦ベクトルのより与えられる．確率密度関数 $\rho(\boldsymbol{V} = \boldsymbol{v})$ を用いると，原画像 $\boldsymbol{f}$ が与えられたという条件の下での劣化画像 $\boldsymbol{g}$ が生成される確率密度関数 $\rho(\boldsymbol{G} = \boldsymbol{g}|\boldsymbol{F} = \boldsymbol{f})$ は，加法的ノイズ (6.2) すなわち $\boldsymbol{g} = \boldsymbol{f} + \boldsymbol{v}$ が成り立つことを仮定していることから

$$\rho(\boldsymbol{G} = \boldsymbol{g}|\boldsymbol{F} = \boldsymbol{f}) = \rho(\boldsymbol{V} = \boldsymbol{g} - \boldsymbol{f}) \quad (6.9)$$

により与えられる．したがって，加法的白色ガウスノイズの場合，確率密度関数 $\rho(\boldsymbol{G} = \boldsymbol{g}|\boldsymbol{F} = \boldsymbol{f})$ は

$$\rho(\boldsymbol{G} = \boldsymbol{g}|\boldsymbol{F} = \boldsymbol{f}) = \rho(\boldsymbol{G} = \boldsymbol{g}|\boldsymbol{F} = \boldsymbol{f}, \sigma)$$
$$\equiv \prod_{x=0}^{M-1} \prod_{y=0}^{N-1} \frac{1}{\sqrt{2\pi}\sigma} \exp\left(-\frac{1}{2\sigma^2}(f_{x,y} - g_{x,y})^2\right) \quad (6.10)$$

により与えられる．

　加法的白色ガウス雑音により劣化された画像 $\boldsymbol{g}$ を，与えられた原画像 $\boldsymbol{f}$ から擬似的に生成する具体的なプログラムを付録 E に与える．図 2.3 の標準画像に，平均 0，分散 40^2 の加法的白色ガウスノイズを加えることにより生成された劣化画像の例を図 6.2 に与える．

　劣化画像 $\boldsymbol{g}$ がどれだけ劣化されているかの尺度としてまず用いられるのが，**平均**

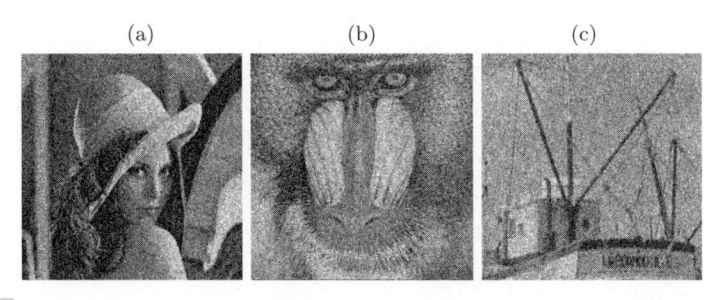

図 6.2　図 2.3 の標準画像に平均 0，分散 40^2 の加法的白色ガウスノイズを加えることにより生成された劣化画像．

二乗誤差 (Mean Square Error; MSE) である．

$$\mathrm{MSE}(\boldsymbol{f}, \boldsymbol{g}) \equiv \frac{1}{MN} \sum_{x=0}^{M-1} \sum_{y=0}^{N-1} (f_{x,y} - g_{x,y})^2 \quad (6.11)$$

さらに，**信号対雑音比** (Signal to Noise ratio; 通常 **SN** 比と呼ばれる) の dB(デシベル) で表した量

$$10 \times \log_{10} \left(\frac{原信号の分散}{ノイズの分散} \right) \ [\mathrm{dB}] \quad (6.12)$$

も用いられる．本節ではノイズ $\boldsymbol{v} = \boldsymbol{g} - \boldsymbol{f}$ として平均 0 の加法的白色ガウスノイズを採用しているので，式 (6.12) は与えられた原画像 $\boldsymbol{f}$ と劣化画像 $\boldsymbol{g}$ に対する標本平均として次のように与えられる．

$$10 \times \log_{10} \left(\frac{\frac{1}{MN} \sum_{x=0}^{M-1} \sum_{y=0}^{N-1} f_{x,y}{}^2 - \left(\frac{1}{MN} \sum_{x=0}^{M-1} \sum_{y=0}^{N-1} f_{x,y} \right)^2}{\frac{1}{MN} \sum_{x=0}^{M-1} \sum_{y=0}^{N-1} (g_{x,y} - f_{x,y})^2} \right) \ [\mathrm{dB}] \quad (6.13)$$

表 6.1 図 2.3 の標準画像 $\boldsymbol{f}$ および図 6.2 の加法的白色ガウスノイズにより生成された劣化画像 $\boldsymbol{g}$ における平均二乗誤差と SN 比 [dB]．

	MSE($\boldsymbol{f}, \boldsymbol{g}$)	SN 比 (dB)
図 6.2(a)	1401	2.905
図 6.2(b)	1511	−0.066
図 6.2(c)	1528	−1.341

6.2　平滑化フィルターとメジアンフィルターによるノイズ除去

観測された劣化画像 $\boldsymbol{g}$ から原画像 $\boldsymbol{f}$ を推定しようとする場合，ノイズ $\boldsymbol{v}$ が完全にわかっていれば $\boldsymbol{f} = \boldsymbol{g} - \boldsymbol{v}$ により原画像を得ることができるわけであるが，通常はそのようなことは希である．そこでこの雑音を除去する方法としてまず用いられるのが平滑化フィルター，メジアンフィルターなどの空間的なスムージングの効果を持つフィルターを劣化画像 $\boldsymbol{g}$ にかける方法である．ただし，この場合の出力は原画像 $\boldsymbol{f}$ そのものではなく原画像の推定値である．原画像の推定値を

$$\widehat{\boldsymbol{f}} = (\widehat{f}_{0,0}, \widehat{f}_{1,0}, \cdots, \widehat{f}_{M,1}, \widehat{f}_{0,1}, \widehat{f}_{1,1}, \cdots, \widehat{f}_{M-1,1}, \cdots,$$
$$\widehat{f}_{0,N-1}, \widehat{f}_{1,N-1}, \cdots, \widehat{f}_{M-1,N-1})^{\mathrm{T}} \quad (6.14)$$

6.2 平滑化フィルターとメジアンフィルターによるノイズ除去

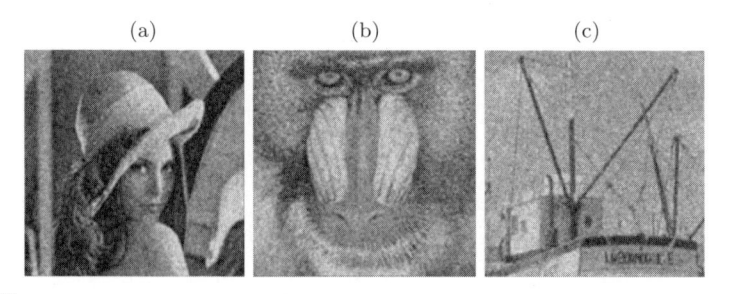

(a)　　　　　　　(b)　　　　　　　(c)

図 6.3 図 6.2 の劣化画像に 3×3 の窓に対する平滑化フィルターを適用することで得られる出力画像 $\widehat{f}$.

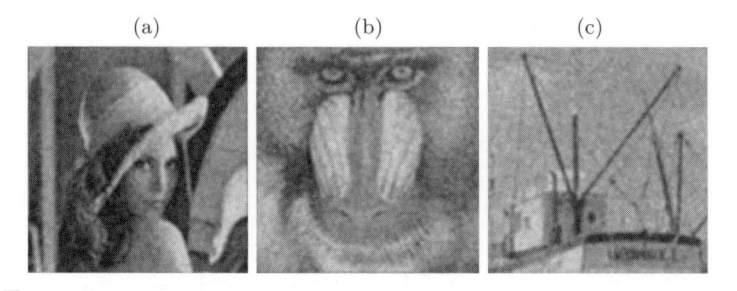

(a)　　　　　　　(b)　　　　　　　(c)

図 6.4 図 6.2 の劣化画像に 5×5 の窓に対する平滑化フィルターを適用することで得られる出力画像 $\widehat{f}$.

として, $(2n+1) \times (2n+1)$ の窓に対する平滑化フィルター

$$\widehat{f}_{x,y} = \frac{1}{(2n+1)^2} \sum_{x'=x-n}^{x+n} \sum_{y'=y-n}^{y+n} g_{x',y'} \quad (n=1,2) \tag{6.15}$$

をかけるとき, この出力 $\widehat{f}$ はノイズが除去された形で得られる. 具体的に図 6.2 の劣化画像にこの平滑化フィルターを適用することで得られる出力 $\widehat{f}$ を, 図 6.3 および図 6.4 に与える.

また, $(2n+1) \times (2n+1)$ の窓に対するメジアン (中央値) フィルターにより劣化画像 g から原画像の推定値 $\widehat{f}$ を得ることもできる.

$$\widehat{f}_{x,y} = \text{Median}\{g_{x',y'} | x-n \leq x' \leq x+n, \ y-n \leq y' \leq y+n\} \tag{6.16}$$

このメジアンフィルターを図 6.2 の劣化画像に適用した結果は, 図 6.5 および図 6.6 の通りである. この原画像の $\widehat{f}$ においてどの程度のノイズが除去されたかは, "原画像 f とその推定値 $\widehat{f}$ との平均二乗誤差" $\text{MSE}(f, \widehat{f})$ を求め, $\text{MSE}(f, g)$ に比べてどの程度小さくなっているかをみることで評価することができる. これをさらに定量化した量として, **SN 比における改善率** (improvement of signal to noise ratio)

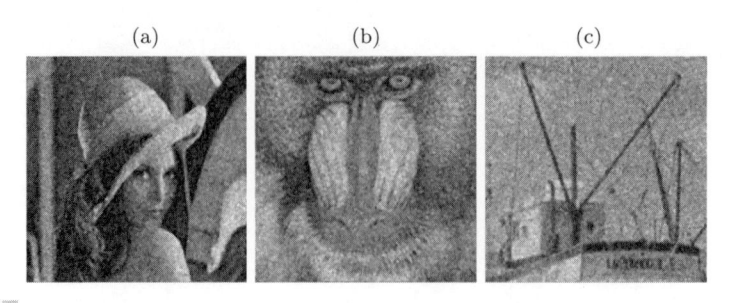

図 6.5　図 6.2 の劣化画像に 3×3 の窓に対するメジアンフィルターを適用することで得られる出力画像 $\widehat{\boldsymbol{f}}$.

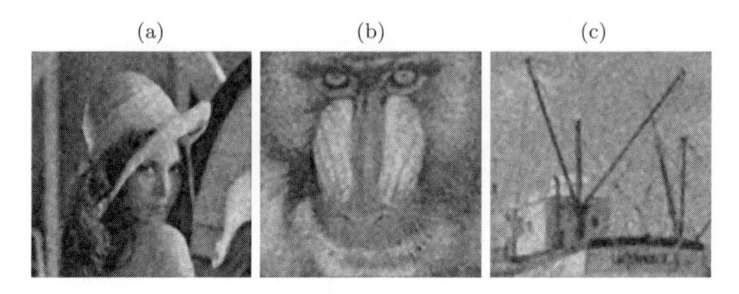

図 6.6　図 6.2 の劣化画像に 5×5 の窓に対するメジアンフィルターを適用することで得られる出力画像 $\widehat{\boldsymbol{f}}$.

を dB(デシベル) で表した量

$$\Delta_{\text{SNR}} \equiv 10 \times \log_{10}\left(\frac{\text{原信号の分散}}{\text{原画像の推定値に残るノイズの分散}}\right)$$

$$- 10 \times \log_{10}\left(\frac{\text{原信号の分散}}{\text{劣化画像に含まれるノイズの分散}}\right)$$

$$= 10 \times \log_{10}\left(\frac{\text{劣化画像に含まれるノイズの分散}}{\text{原画像の推定値に残るノイズの分散}}\right) \text{[dB]} \quad (6.17)$$

も用いられる．平均 0 の加法的白色ガウスノイズの場合，Δ_{SNR} は与えられた原画像 $\boldsymbol{f}$ と劣化画像 $\boldsymbol{g}$ に対する標本平均として次のように与えられる．

$$\Delta_{\text{SNR}} = -10 \times \log_{10}\left(\frac{\sum_{x=0}^{M-1}\sum_{y=0}^{N-1}(\widehat{f}_{x,y} - f_{x,y})^2}{\sum_{x=0}^{M-1}\sum_{y=0}^{N-1}(g_{x,y} - f_{x,y})^2}\right) \text{[dB]} \quad (6.18)$$

図 6.3～図 6.6 に与えられた原画像の推定値としての出力結果 $\widehat{\boldsymbol{f}}$ に対する $\text{MSE}(\boldsymbol{f}, \widehat{\boldsymbol{f}})$，および Δ_{SNR} [dB] の値を表 6.2 および表 6.3 に与える．

表 6.2　図 6.2 の加法的白色ガウスノイズにより生成された劣化画像 g に $(2n+1)\times(2n+1)$ の窓に対する, 平滑化フィルターをかけることにより得られた出力画像 $\widehat{f}$ に対する平均二乗誤差 $\mathrm{MSE}(f,\widehat{f})$ と SN 比における改善率 Δ_{SNR} [dB].
(a) (3×3) の窓 $(n=1)$. (b) (5×5) の窓 $(n=2)$.

(a)

	$\mathrm{MSE}(f,\widehat{f})$	Δ_{SNR} [dB]
図 6.3(a)	261	7.302
図 6.3(b)	386	5.930
図 6.3(c)	240	8.044

(b)

	$\mathrm{MSE}(f,\widehat{f})$	Δ_{SNR} [dB]
図 6.4(a)	268	7.176
図 6.4(b)	410	5.670
図 6.4(c)	221	8.405

表 6.3　図 6.2 の加法的白色ガウスノイズにより生成された劣化画像 g に $(2n+1)\times(2n+1)$ の窓に対するメジアンフィルターをかけることにより得られた出力画像 $\widehat{f}$ に対する平均二乗誤差 $\mathrm{MSE}(f,\widehat{f})$ と SN 比における改善率 Δ_{SNR} [dB].
(a) (3×3) の窓 $(n=1)$. (b) (5×5) の窓 $(n=2)$.

(a)

	$\mathrm{MSE}(f,\widehat{f})$	Δ_{SNR} [dB]
図 6.5(a)	337	6.182
図 6.5(b)	491	4.885
図 6.5(c)	328	6.679

(b)

	$\mathrm{MSE}(f,\widehat{f})$	Δ_{SNR} [dB]
図 6.6(a)	259	7.329
図 6.6(b)	448	5.285
図 6.6(c)	241	8.026

6.3　ウィーナーフィルター (最小二乗フィルター)

原画像 f に対する確率密度関数を $\rho(F=f)$ により表すことにすると, 原画像 f と劣化画像 g に対する結合確率密度関数は

$$\rho(F=f, G=g) = \rho(G=g|F=f)\rho(F=f) \tag{6.19}$$

により与えられる．劣化画像 g から

$$\widehat{f} = Kg \qquad (6.20)$$

よって得られた原画像の推定値 $\widehat{f}$ について

$$E[\|F - KG\|^2] = \iint \|f - Kg\|^2 \rho(F=f, G=g) dg df \qquad (6.21)$$

が最小になるように行列 K を構成しようというのが，ディジタル信号処理における一般的な線形フィルターの構成法である．これにより構成されるフィルターは **ウィーナーフィルター**(Wiener filter) または **最小二乗フィルター**(least square filter) と呼ばれる．[*1] 実際，

$$\rho(F=f, G=g) = \rho(F=f, G=f+v)$$
$$= \rho(F=f, V=v) = \rho(f)\rho(v) \qquad (6.22)$$

という関係があることを考慮すると，K についての極値の条件は次のようにまとめられる．

$$K = R(R+W)^{-1} \qquad (6.23)$$

ここで W および R はいずれも MN 行 MN 列の行列であり，次のように定義される．

$$W \equiv \int vv^{\mathrm{T}} \rho(V=v) dv \qquad (6.24)$$

$$R \equiv \int ff^{\mathrm{T}} \rho(F=f) df \qquad (6.25)$$

本章では，平均 0，分散 σ^2 の加法的白色ガウスノイズに従う劣化過程を考えており，確率密度関数 $\rho(G=g|F=f) = \rho(V=g-f)$ は式 (6.10) により与えられる．この場合，$W = \sigma^2 I$ に対応する．

$$K = R(R+\sigma^2 I)^{-1} = (I+\sigma^2 R^{-1})^{-1} \qquad (6.26)$$

式 (6.26) は，MN 行 MN 列の行列 $R+\sigma^2 I$ の逆行列を計算しなければならない．この困難さを解消するために，原画像および劣化画像の確率密度関数の各画素ごとの平均および分散，$\mu_F(x,y)$, $\mu_G(x,y)$, σ_F^2, σ_G^2 を

$$\mu_F(x,y) \equiv \int f_{x,y} \rho(F=f) df \qquad (6.27)$$

$$\sigma_F(x,y)^2 \equiv \int (f_{x,y} - \mu_F(x,y))^2 \rho(F=f) df \qquad (6.28)$$

[*1] 本節でのウィーナーフィルターの紹介は文献 [2] を参考にしたものである．

$$\mu_{\boldsymbol{G}}(x,y) \equiv \int g_{x,y}\rho(\boldsymbol{G}=\boldsymbol{g})d\boldsymbol{g} \tag{6.29}$$

$$\sigma_{\boldsymbol{G}}(x,y)^2 \equiv \int (g_{x,y}-\mu_{\boldsymbol{G}}(x,y))^2\rho(\boldsymbol{G}=\boldsymbol{g})d\boldsymbol{g} \tag{6.30}$$

$$\rho(\boldsymbol{G}=\boldsymbol{g}) \equiv \int \rho(\boldsymbol{V}=\boldsymbol{g}-\boldsymbol{f})\rho(\boldsymbol{F}=\boldsymbol{f})d\boldsymbol{f} \tag{6.31}$$

により導入し，これらを観測データとしての 1 枚の劣化画像 $\boldsymbol{g}$ だけから標本平均を通して推定できつつ，しかも原画像における共分散

$$\sigma_{\boldsymbol{F}}(x,y)^2 \equiv \int (f_{x,y}-\mu_{\boldsymbol{F}}(x,y))(f_{x',y'}-\mu_{\boldsymbol{F}}(x',y'))\rho(\boldsymbol{F}=\boldsymbol{f})d\boldsymbol{f}$$
$$(x' \neq x \text{ or } y' \neq y) \tag{6.32}$$

が近似的にでも良いので 0 とおくことができれば，行列 $\boldsymbol{R}$ は非対角項が 0 の対角行列となり，行列 $\boldsymbol{R}+\sigma^2\boldsymbol{I}$ の逆行列の計算の問題は解決する．

しかしながら，元々の原画像 $\boldsymbol{f}$ の共分散が 0 であるということはきわめて考えにくい．すなわち，原画像の空間的な滑らかさはこの共分散の成分が反映されていると考えられるからである．そこで，この空間的な滑らかさに対応する成分は，原画像に平滑化フィルターを

$$c(x,y) \equiv \frac{1}{(2n+1)^2}\sum_{x'=x-n}^{x+n}\sum_{y'=y-n}^{y+n} f_{x',y'} \tag{6.33}$$

という形にかけて得られた画像

$$\boldsymbol{c} = (c_{0,0}, c_{1,0}, \cdots, c_{M-1,0}, c_{0,1}, c_{1,1}, \cdots, c_{M-1,1}, \cdots,$$
$$c_{0,N-1}, c_{1,N-1}, \cdots, c_{M-1,N-1})^{\mathrm{T}} \tag{6.34}$$

から原画像の共分散成分が生成されるものとし，これを原画像から差し引いた画像 $\boldsymbol{f}-\boldsymbol{c}$ は共分散成分が分散に比べてきわめて小さいと仮定する．実際の画像処理の際には，原画像 $\boldsymbol{f}$ を使うわけにはゆかないので，観測データである劣化画像 $\boldsymbol{g}$ に対して

$$a(x,y) \equiv \frac{1}{(2n+1)^2}\sum_{x'=x-n}^{x+n}\sum_{y'=y-n}^{y+n} g_{x',y'} \tag{6.35}$$

から得られた画像

$$\boldsymbol{a} = (a_{0,0}, a_{1,0}, \cdots, a_{M-1,0}, a_{0,1}, a_{1,1}, \cdots, a_{M-1,1}, \cdots,$$
$$a_{0,N-1}, a_{1,N-1}, \cdots, a_{M-1,N-1})^{\mathrm{T}} \tag{6.36}$$

を c に代わりに近似的に用いることになる. つまり, 式 (6.19)-(6.26) においてデータとして g の代わりに $g - a$ を用い, $\widehat{f} = R(R + \sigma^2 I)^{-1} g$ を

$$\widehat{f} - a = R(R + \sigma^2 I)^{-1}(g - a) \tag{6.37}$$

と読み替えて使うことにすれば, 式 (6.25) の行列 R は

$$\langle x, y | R | x', y' \rangle \simeq \sigma_F(x,y)^2 \delta_{x,x'} \delta_{y,y'} \tag{6.38}$$

と近似的に与えられる. ノイズ成分については

$$v = (g - a) - (f - a) = g - f \tag{6.39}$$

となるので, 式 (6.19)-(6.26) の枠組みには何も影響がない. 残された問題は $\sigma_F(x,y)$ と σ をどのようにして劣化画像 g だけから推定するかである. ここで,

$$b_{x,y} \equiv \frac{1}{(2n+1)^2} \sum_{x'=x-n}^{x+n} \sum_{y'=y-n}^{y+n} (g_{x',y'} - a_{x',y'})^2 \tag{6.40}$$

$$\nu \equiv \frac{1}{MN} \sum_{x=0}^{M-1} \sum_{y=0}^{N-1} b_{x,y} \tag{6.41}$$

という 2 種類の量を計算する. まず, ノイズ成分は平均 0 なので $\mu_G(x,y) = \mu_F = 0$ となる. いま $f - a$ の標本平均 $\sum_{x=0}^{M-1} \sum_{y=0}^{N-1} (f_{x,y} - a_{x,y})$ から得られる量としての $\mu_F(x,y)$ は近似的に 0 とすると, 劣化画像の平均は $\mu_G(x,y) = 0$ となる. さらに式 (6.39) において確率場 $F - a$ と V は互いに独立であるため, 劣化画像の分散は $\sigma_G(x,y)^2 = \sigma_F(x,y)^2 + \sigma^2$ と与えられる. これらの等式を用いると行列 K は次のように表される.

$$\begin{aligned}\langle x,y|K|x',y'\rangle &= \langle x,y|R(R+W)^{-1}|x',y'\rangle \\ &= \frac{\sigma_F(x,y)^2}{\sigma_F(x,y)^2 + \sigma^2} \delta_{x,x'} \delta_{y,y'} \\ &= \frac{\sigma_G(x,y)^2 - \sigma^2}{\sigma_G(x,y)^2} \delta_{x,x'} \delta_{y,y'}\end{aligned} \tag{6.42}$$

$g - a$ を上記の g と見なし, $a_{x',y'} \simeq a_{x,y}$ ($x - n \leq x' \leq x + n, y - n \leq y' \leq y + n$) と近似すると,

$$\frac{1}{(2n+1)^2} \sum_{x'=x-n}^{x+n} \sum_{y'=y-n}^{y+n} (g_{x',y'} - a_{x',y'})^2 \simeq 0 \tag{6.43}$$

となることから $\sigma_G(x,y)$ は

$$\sigma_G(x,y)^2 \simeq b_{x,y} \tag{6.44}$$

表 6.4 図 6.2 の加法的白色ガウスノイズにより生成された劣化画像 g に $(2n+1)\times(2n+1)$ の窓に対するウィーナーフィルターをかけることにより得られた出力画像 $\widehat{f}$ に対する平均二乗誤差 $\text{MSE}(f,\widehat{f})$ と SN 比における改善率 Δ_{SNR} [dB].
(a) (3×3) の窓 $(n=1)$. (b) (5×5) の窓 $(n=2)$.

(a)

	$\text{MSE}(f,\widehat{f})$	Δ_{SNR} [dB]
図 6.7(a)	675	3.170
図 6.7(b)	863	2.431
図 6.7(c)	705	3.360

(b)

	$\text{MSE}(f,\widehat{f})$	Δ_{SNR} [dB]
図 6.8(a)	421	5.221
図 6.8(b)	551	4.381
図 6.8(c)	374	6.116

により近似的に与えられる．ノイズの分散は $\sigma_{\boldsymbol{G}}(x,y)^2 \gg \sigma_{\boldsymbol{F}}(x,y)^2$ であると仮定すると次のように表される．

$$\sigma^2 = \frac{1}{MN}\sum_{x=0}^{M-1}\sum_{y=0}^{N-1}\int (g_{x,y}-f_{x,y})^2 \rho(\boldsymbol{F}=\boldsymbol{f},\boldsymbol{G}=\boldsymbol{g})$$

$$= \frac{1}{MN}\sum_{x=0}^{M-1}\sum_{y=0}^{N-1}(\sigma_{\boldsymbol{G}}(x,y)^2 - \sigma_{\boldsymbol{F}}(x,y)^2)$$

$$\simeq \frac{1}{MN}\sum_{x=0}^{M-1}\sum_{y=0}^{N-1}\sigma_{\boldsymbol{G}}(x,y)^2 \simeq \frac{1}{MN}\sum_{x=0}^{M-1}\sum_{y=0}^{N-1}b(x,y) = \nu \quad (6.45)$$

したがって，

$$\widehat{f}_{x,y} = a(x,y) + \frac{b(x,y)-\nu}{b(x,y)}(g_{x,y}-a(x,y)), \quad (6.46)$$

により出力が与えられる．

これが一般によく用いられる **ウィーナーフィルター** である．図 6.2 の劣化画像にこの ウィーナーフィルターを適用することで得られる出力 $\widehat{f}$ を，図 6.7 および図 6.8 に与える．

図 6.7 および図 6.8 に与えられた原画像の推定値としての出力結果 $\widehat{f}$ に対する $\text{MSE}(f,\widehat{f})$ および Δ_{SNR} [dB] の値を表 6.4 に与える．

(a) (b) (c)

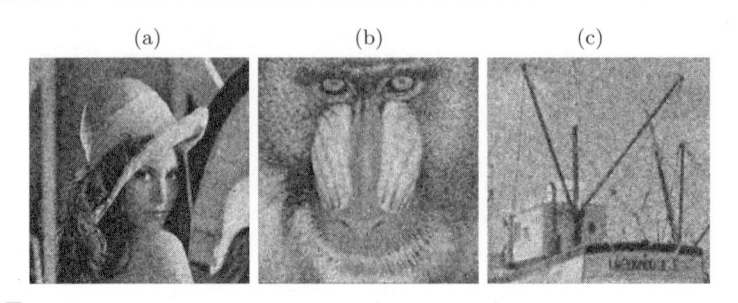

図 6.7 図 6.2 の劣化画像に 3×3 の窓に対するウィーナーフィルターを適用することで得られる出力画像 $\widehat{f}$.

(a) (b) (c)

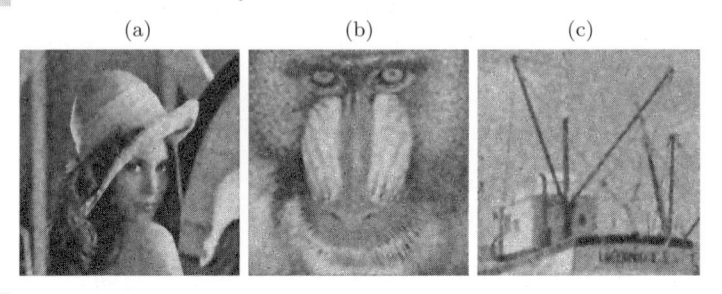

図 6.8 図 6.2 の劣化画像に 5×5 の窓に対するウィーナーフィルターを適用することで得られる出力画像 $\widehat{f}$.

6.4 拘束条件付き最小二乗フィルター

本節では拘束条件付き最小二乗フィルター (constrained least square filter) を用いた画像処理について簡単な場合に限定して説明する．

第 2 章でふれたとおり，観測画像 g がデータとして与えられたとき，これが原画像 f から行列 C によって記述されたシステムを通して

$$g = Cf \tag{6.47}$$

という形に与えられたものであるならば

$$\widehat{f} = C^{-1}g \tag{6.48}$$

によって原画像 f の推定値 $\widehat{f}$ を得ることができる．このように，劣化画像が原画像から生成されるプロセスが線形フィルター (6.47) で表される場合に，その逆行列を考えることで原画像の推定値を得るために設計されたフィルターを**逆フィルター**(inverse filter) と呼ぶ．

式 (6.48) は, $||\bm{g} - \bm{C}\bm{z}||^2$ を最小にするときの $\bm{z}$ を原画像の推定値 $\widehat{\bm{f}}$ とするという意味を持っている.[*2]

$$\widehat{\bm{f}} = \arg\min_{\bm{z}} ||\bm{g} - \bm{C}\bm{z}||^2 \tag{6.49}$$

式 (6.49) の $\bm{z}$ についての極値条件

$$\left[\frac{\partial}{\partial z_{x,y}} ||\bm{g} - \bm{C}\bm{z}||^2\right]_{\bm{z}=\widehat{\bm{f}}} = 0 \quad (x = 0, 1, \cdots, M-1, \ y = 0, 1, \cdots, N-1) \tag{6.50}$$

から式 (6.48) が導かれる.

劣化画像が決められた線形変換 (6.48) だけから生成されたのではなく, ノイズが加えられているという状況では, この定式化は不十分である. 例えば, 平均 0, 分散 σ^2 の加法的白色ガウスノイズ $n_{x,y} \sim \mathcal{N}[0, \sigma^2]$ により劣化された画像 $\bm{g}$ は $\bm{g} = \bm{f} + \bm{n}$ により与えられるが, 逆フィルターの場合はこの劣化過程をも線形変換 (6.47) で近似的に表した上で設計された線形変換 (6.48) を, 原画像を推定するためのフィルターとしようということになる.

しかし, σ の値が仮にわかっていたらどうであろうか？この情報をうまく使えば, 良好なノイズ除去フィルターの設計ができることが期待される. 以下では, 式 (6.49) を違う見方で見直すことで設計される新たな線形フィルターについて説明する.

まず, 最小化すべき量を $||\bm{g} - \bm{C}\bm{z}||^2$ から

$$\mathcal{H}(\bm{z}) \equiv \sum_{x=1}^{M} \sum_{y=1}^{N} \left((z_{x,y} - z_{x+1,y})^2 + (z_{x,y} - z_{x,y+1})^2\right) \tag{6.51}$$

に置き換えてみよう. $\mathcal{H}(\bm{z})$ は $z_{x,y}$ を実数値 ξ, η の関数 $u(\xi, \eta)$ に置き換えたときの $\iint \left\{\left(\frac{\partial u(\xi,\eta)}{\partial \xi}\right)^2 + \left(\frac{\partial u(\xi,\eta)}{\partial \eta}\right)^2\right\} d\xi d\eta$ を差分で表したものに対応する. つまり, $\mathcal{H}(\bm{z})$ が小さいということは空間微分の絶対値の小さい画像を選ぶということであり, すなわち階調値の空間変化の滑らかな画像を要請していることになる. しかし, $\mathcal{H}(\bm{z})$ だけでは階調値の空間変化の全くない (つまり真っ白か真っ黒のような全部の画素が同じ階調値を持つ) 画像が出力画像として得られてしまう.

そこで重要な情報である σ が登場する. ノイズの分散 σ^2 の意味を考えれば, 推定画像 $\widehat{\bm{f}}$ としては

$$||\bm{g} - \widehat{\bm{f}}||^2 = MN\sigma^2 \tag{6.52}$$

を満たすことが要請される. すなわち,

[*2] ベクトル $\bm{a}$ に対して $||\bm{a}||^2$ は $\bm{a}$ と $\bm{a}$ の内積を表し, 2 乗ノルムと呼ばれる. ベクトル $\bm{a}$ が縦ベクトルなら $||\bm{a}||^2 \equiv \bm{a}^T \bm{a}$ が $||\bm{a}||^2$ の定義となる.

$$\widehat{\boldsymbol{f}} = \arg\min_{\boldsymbol{z}}\Bigl\{H(\boldsymbol{z})\Big|\|\boldsymbol{g}-\boldsymbol{z}\|^2 = MN\sigma^2\Bigr\} \tag{6.53}$$

を満たす推定値 $\widehat{\boldsymbol{f}}$ を見つけるフィルターを設計しなさいという問題に帰着されるわけである.

拘束条件 (6.52) に対してラグランジュの未定乗数 β を

$$\mathcal{L}(\boldsymbol{z}) \equiv \mathcal{H}(\boldsymbol{z}) + \beta\bigl(\|\boldsymbol{g}-\boldsymbol{z}\|^2 - MN\sigma^2\bigr) \tag{6.54}$$

という形に導入する. $z_{x,y}$ についての極値の条件 $\left[\frac{\partial \mathcal{L}(\boldsymbol{z})}{\partial z_{x,y}}\right]_{\boldsymbol{z}=\widehat{\boldsymbol{f}}}=0$ は次の等式にまとめられる.

$$\widehat{\boldsymbol{f}} = \beta(\beta\boldsymbol{I}+\boldsymbol{C})^{-1}\boldsymbol{g} \tag{6.55}$$

ここで $\boldsymbol{I}$ は単位行列であり, $\boldsymbol{C}$ は $(x,y|x',y')$-成分 $\langle x,y|\boldsymbol{C}|x',y'\rangle$ が次の式で与えられる行列である.

$$\langle x,y|\boldsymbol{C}|x',y'\rangle = 4\delta_{x',x}\delta_{y',y} - \delta_{x',x}\delta_{y',y-1} - \delta_{x',x-1}\delta_{y',y}$$
$$- \delta_{x',x+1}\delta_{y',y} - \delta_{x',x}\delta_{y',y+1} \tag{6.56}$$

この極値の条件の等式の導出は, $\mathcal{H}(\boldsymbol{z})$ は行列 $\boldsymbol{C}$ を用いて

$$\mathcal{H}(\boldsymbol{z}) = \boldsymbol{z}^{\mathrm{T}}\boldsymbol{C}\boldsymbol{z} \tag{6.57}$$

という形に書き換えられることを使うと容易に理解できる. 得られた極値の条件を拘束条件 $\|\boldsymbol{g}-\boldsymbol{z}\|^2=MN\sigma^2$ に代入することでラグランジュの未定乗数 β を決める式は, 次のように導出される.

$$\left\|\bigl(\boldsymbol{I}-\beta(\beta\boldsymbol{I}+\boldsymbol{C})^{-1}\bigr)\boldsymbol{g}\right\|^2 = MN\sigma^2 \tag{6.58}$$

ここで MN 行 MN 列の行列 $\boldsymbol{U}$ を導入する.

$$\langle x,y|\boldsymbol{U}|p,q\rangle \equiv \frac{1}{\sqrt{MN}}\exp\Bigl(-\mathrm{i}\frac{2\pi px}{M}-\mathrm{i}\frac{2\pi qy}{N}\Bigr) \tag{6.59}$$

行列 $\boldsymbol{U}$ の逆行列は

$$\langle p,q|\boldsymbol{U}^{-1}|x,y\rangle \equiv \frac{1}{\sqrt{MN}}\exp\Bigl(\mathrm{i}\frac{2\pi px}{M}+\mathrm{i}\frac{2\pi qy}{N}\Bigr) \tag{6.60}$$

により与えられる (付録 C の式 (C.27)-(C.31) 参照). [*3] この行列 $\boldsymbol{U}$ を用いて

$$\boldsymbol{U}^{-1}\boldsymbol{C}\boldsymbol{U} = \boldsymbol{\Lambda} \tag{6.61}$$

$$\langle p,q|\boldsymbol{\Lambda}|p',q'\rangle \equiv \delta_{p,p'}\delta_{q,q'}\Bigl(4-2\cos\Bigl(\frac{2\pi p}{M}\Bigr)-2\cos\Bigl(\frac{2\pi q}{N}\Bigr)\Bigr) \tag{6.62}$$

[*3] このことは $\langle x,y|\boldsymbol{U}\boldsymbol{U}^{-1}|x',y'\rangle = \sum_{p=0}^{M-1}\sum_{q=0}^{N-1}\langle x,y|\boldsymbol{U}|p,q\rangle\langle p,q|\boldsymbol{U}^{-1}|x',y'\rangle$ を具体的に計算すると $\delta_{x,x'},\delta_{y,y'}$ となることから確かめられる.

という形に対角化される (付録 C の式 (C.36)-(C.38) 参照). この関係式から

$$\widehat{\bm{f}} = \beta(\beta\bm{I} + \bm{\Lambda})^{-1}\bm{g} \tag{6.63}$$

$$(\bm{U}\bm{g})^{\mathrm{T}}\left(\bm{I} - \beta(\beta\bm{I} + \bm{\Lambda})^{-1}\right)^2 \bm{U}\bm{g} = MN\sigma^2 \tag{6.64}$$

と書き換えられる. さらに具体的には

$$\begin{aligned}
\widehat{f}_{x,y} &= \frac{1}{\sqrt{MN}} \sum_{p=0}^{M-1}\sum_{q=0}^{N-1} \left(\frac{\beta}{\beta + \lambda(p,q)}\right) G(p,q) \exp\left(\mathrm{i}\frac{2\pi px}{M} + \mathrm{i}\frac{2\pi qy}{N}\right) \\
&= \frac{1}{\sqrt{MN}} \sum_{p=0}^{M-1}\sum_{q=0}^{N-1} \left(\frac{\beta}{\beta + \lambda(p,q)}\right) \Bigl(\cos\Bigl(\frac{2\pi px}{M} + \frac{2\pi qy}{N}\Bigr)\mathrm{Re}(G(p,q)) \\
&\quad + \sin\Bigl(\frac{2\pi px}{M} + \frac{2\pi qy}{N}\Bigr)\mathrm{Im}(G(p,q))\Bigr)
\end{aligned} \tag{6.65}$$

$$\frac{1}{MN}\sum_{p=0}^{M-1}\sum_{q=0}^{N-1}\left(\frac{\lambda(p,q)}{\beta + \lambda(p,q)}\right)^2 G(p,q)^2 = \sigma^2 \tag{6.66}$$

$$\lambda(p,q) \equiv 4 - 2\cos\left(\frac{2\pi p}{M}\right) - 2\cos\left(\frac{2\pi q}{N}\right) \tag{6.67}$$

$$G(p,q) \equiv \frac{1}{\sqrt{MN}}\sum_{x=1}^{M}\sum_{y=1}^{N}g_{x,y}\exp\left(-\mathrm{i}\frac{2\pi px}{M} - \mathrm{i}\frac{2\pi qy}{N}\right) \tag{6.68}$$

という形にまとめられる. $G(p,q)$ は $g_{x,y}$ の 2 次元の**離散フーリエ変換**(Descrete Fourier Transformation ; DFT) である (付録 C 参照).

このフィルターはノイズ除去に用いられる. ノイズ除去とは, 原画像に何らかのノイズが加えられることで劣化されてしまった劣化画像から逆に原画像を推定する処理である. 劣化画像が $\bm{g}$, 原画像が $\bm{f}$, 原画像の推定値が $\widehat{\bm{f}}$ に対応する. ただし, 実際の画像は各画素ごとの階調値は $0, 1, 2, \cdots, 255$ の整数値をとる. このため, 原画像の推定値が $\widehat{\bm{f}}$ は式 (6.65) の右辺を計算した上で, その値から $0, 1, 2, \cdots, 255$ のいずれかに整数化する必要がある. このことを考慮した上で, 本節の拘束条件付き最小二乗フィルターのアルゴリズムは次のように与えられる.

[拘束条件付き最小二乗フィルターのアルゴリズム]

Step 1: 与えられた劣化画像 $\bm{g}$ に対する離散フーリエ変換 $G(p,q)$ を式 (6.68) により計算する. また, $\lambda(p,q)$ を式 (6.67) により計算する. 初期値を $r \leftarrow 0, a(0) \leftarrow 1$ と設定する.

Step 2: $r \leftarrow r+1$ と更新した後, $a(r)$ を次の式で計算する.

$$a(r) \leftarrow \sigma^{-1} \sqrt{\frac{1}{MN} \sum_{p=0}^{M-1} \sum_{q=0}^{N-1} \left(\frac{a(r)\lambda(p,q)}{a(r)+\lambda(p,q)}\right)^2 G(p,q)^2} \quad (6.69)$$

Step 3: β, R の値を $\beta \leftarrow \sqrt{a(r)}, R \leftarrow r$ により更新する.

$$\left|\frac{a(r)-a(r-1)}{a(r-1)}\right| < \varepsilon \quad (6.70)$$

を満足すれば **Step 4** へ進み, 満足しなければ **Step 2** に戻る.

Step 4: 得られた β に対して修復画像 $\widehat{f}$ を次の更新式で生成し, 終了する.

$$\begin{aligned}
\mu_{x,y} \leftarrow &\frac{1}{\sqrt{MN}} \sum_{p=0}^{M-1} \sum_{q=0}^{N-1} \left(\frac{\beta}{\beta+\lambda(p,q)}\right) \\
&\times \left(\cos\left(\frac{2\pi px}{M}+\frac{2\pi qy}{N}\right)\mathrm{Re}(G(p,q))\right.\\
&\left.+ \sin\left(\frac{2\pi px}{M}+\frac{2\pi qy}{N}\right)\mathrm{Im}(G(p,q))\right) \quad (6.71)
\end{aligned}$$

$$\widehat{f}_{x,y} \leftarrow \arg \min_{n=0,1,\cdots,255} (n-\mu_{x,y})^2 \quad (6.72)$$

図 6.2 の劣化画像 g に, 拘束条件付き最小二乗フィルターにより構成されたこの確率的画像処理アルゴリズムを適用することによって得られる出力画像 $\widehat{f}$ を図 6.9 に与える.

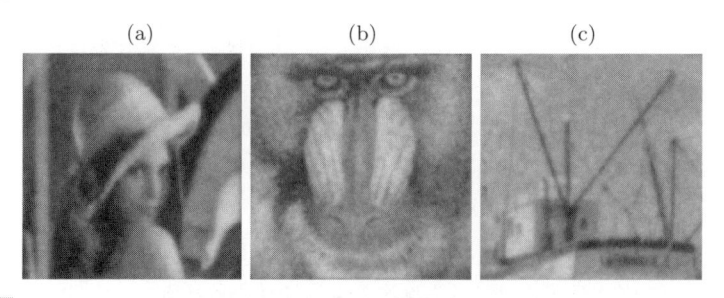

図 6.9 図 6.2 の劣化画像 g に拘束条件付き最小二乗フィルターを適用することによって得られる出力画像 $\widehat{f}$.

図 6.9 に与えられた原画像の推定値としての出力結果 $\widehat{f}$ に対するラグランジュの未定乗数 $\widehat{\beta}$, および平均二乗誤差 $\mathrm{MSE}(f,\widehat{f})$, SN 比における改善率 Δ_{SNR} [dB] の値を表 6.5 に与える.

表 6.5　図 6.9 の拘束条件付き最小二乗フィルターによる原画像の推定値 $\widehat{f}$ に対する平均二乗誤差 MSE$(f,\widehat{f})$ と SN 比における改善率 Δ_{SNR} [dB].

	$\widehat{\beta}$	MSE$(f,\widehat{f})$	Δ_{SNR} [dB]
図 6.9(a)	32.825	425	5.177
図 6.9(b)	16.928	367	6.143
図 6.9(c)	25.733	280	7.374

6.5　本章のまとめ

　本章では，加法的白色ガウスノイズにより画像が劣化されるというデータ過程の確率モデルによる表現と，それにより生成された劣化画像のノイズを除去するために用いられるディジタル信号処理の代表的フィルターについて説明した．

　加法的白色ガウスノイズは，各画素ごとに独立にそれぞれが 1 次元ガウス分布に従って発生されるものである．ディジタル信号処理では画像処理に限らず，まず最初にこれを学ぶことが多い．ノイズ除去のフィルターとしては平滑化フィルター，メジアンフィルターの結果を示し，さらに，適応フィルターの基礎としてウィーナーフィルター (最小二乗フィルター) についても述べている．また，離散フーリエ変換と組み合わせる形で拘束条件付き最小二乗フィルターについても説明を与え，いくつかの数値実験例を示した．[*4]

[*4] 本章で紹介した内容は，現在の最新のディジタル信号処理を基礎とする画像処理技術の中ではごく基礎的なものに限定している．より発展的内容に興味のある読者は文献 [2] などを参照していただきたい．

第7章

線形フィルターと確率的画像処理

本章では，確率モデルによる画像処理の定式化と線形モデルの1つであるガウシアングラフィカルモデルによる具体的なアルゴリズムについて説明する．ガウシアングラフィカルモデルは第3章で説明したとおり，多次元ガウス積分の公式により完全に解析的な取り扱いができる確率モデルである．近似解析を伴わないアルゴリズムにおける確率的画像処理にふれることが目的である．

7.1 ベイズ統計による線形フィルター設計のシナリオ

本節ではベイズの公式 (3.23) からウィーナーフィルターにおける式 (6.20) の線形フィルターを導いてみる．第 6.3 節のシナリオは原画像の推定値は式 (6.20) により与えられることが前提となり，その拡張も線形変換の高次項をどのように導入するかという視点で考えられる [2]．これに対してベイズ統計は，線形変換が必ずしも前提ではないより一般の枠組みへの拡張が可能である．

原画像および劣化画像の確率場を F および G，実現値を f および g で表すこととし，原画像の確率場についての確率密度関数が $\rho(F=f)$，原画像 f が与えられたという条件の下での劣化画像の確率場についての確率密度関数が $\rho(G=g|F=f)$ であるとする．ベイズの公式 (3.23) から劣化画像 g が与えられたという条件の下での，原画像の確率場についての確率密度関数 $\rho(F=f|G=g)$ は

$$\rho(F=f|G=g) = \frac{\rho(G=g|F=f)\rho(F=f)}{\rho(G=g)} \tag{7.1}$$

により与えられる．このとき $\rho(F=f)$ は事前確率密度関数，$\rho(F=f|G=g)$ は事後確率密度関数と呼ばれる．事後確率密度関数を用いて原画像の推定値 $\widehat{f}$ は

$$\widehat{f} = \int z\rho(F=z|G=g)dz \tag{7.2}$$

により与えられる．

そこで本章では，原画像の確率場 F に対する確率密度関数 $\rho(F=f)$ が正定値

の実対称行列 C を用いて

$$\rho(F=f) = \rho(F=f|\alpha) \equiv \sqrt{\frac{\det(\alpha C)}{(2\pi)^{MN}}} \exp\left(-\frac{1}{2}\alpha f^{\mathrm{T}} C f\right) \tag{7.3}$$

により与えられ, $\rho(G=g|F=f)$ が式 (6.1) により与えられる場合を考える. この場合, $\rho(F=f|\alpha)$ は平均 0, 共分散行列 $\alpha^{-1}C^{-1}$ に従う多次元ガウス分布に対応する. 行列 C のすべての固有値を $\lambda(p,q)$ $(p=0,1,\cdots,M-1, q=0,1,\cdots,N-1)$, 対応する MN 次元の右固有ベクトルを $u(p,q)$ とし, 対角行列 Λ およびユニタリ行列 (付録 C 参照) U を

$$\langle p,q|\Lambda|p',q'\rangle \equiv \lambda(p,q)\delta_{p,p'}\delta_{q,q'} \tag{7.4}$$

$$\langle x,y|U|p,q\rangle \equiv \langle x,y|u(p,q)\rangle \tag{7.5}$$

により導入すると[*1], C が実対称行列であることから $U^{-1}=U^{\dagger}$ が成り立ち, 等式

$$C = U\Lambda U^{-1} = U\Lambda U^{\dagger} \tag{7.6}$$

が線形代数学における行列の固有値と対角化から導かれる. ただし, $U^{\dagger}$ は行列 U の各成分をその共役複素数で置き換え, かつ転置された行列を表している. 式 (7.6) と式 (3.57)-(3.58) を用いることにより, 確率密度関数 $\rho(F=f|\alpha)$ が規格化条件 $\int \rho(F=f|\alpha)df = 1$ を満足することと, 等式

$$\int ff^{\mathrm{T}}\rho(F=f|\alpha)df = \alpha^{-1}C^{-1} \tag{7.7}$$

が成り立つことが確かめられる (付録 A 参照).

式 (7.1) から事後確率密度関数 $\rho(F=f|G=g)$ は

$$\rho(F=f|G=g) = \rho(F=f|G=g,\alpha,\sigma)$$
$$\equiv \frac{\exp(-H(f|g,\alpha,\sigma))}{\int \exp(-H(f|g,\alpha,\sigma))df} \tag{7.8}$$

$$\begin{aligned}H(f|g,\alpha,\sigma) &\equiv \frac{1}{2\sigma^2}\|f-g\|^2 + \frac{1}{2}\alpha f^{\mathrm{T}} C f\\
&= \frac{1}{2\sigma^2}\Big(f-(I+\alpha\sigma^2 C)^{-1}g\Big)^{\mathrm{T}}\Big(I+\alpha\sigma^2 C\Big)\Big(f-(I+\alpha\sigma^2 C)^{-1}g\Big)\\
&\quad + \frac{1}{2}\alpha g^{\mathrm{T}} C(I+\alpha\sigma^2 C)^{-1}g\end{aligned} \tag{7.9}$$

と与えられる[*2]. 任意の MN 次元ベクトル m に対して

[*1] $\langle x,y|u_{p,q}\rangle$ は MN 次元縦ベクトル $u(p,q)$ の第 (x,y) 成分を意味する.
[*2] ここで I は $MN\times MN$ の単位行列である.

$$\int (z-m)\exp\Bigl(-\frac{1}{2\sigma^2}(z-m)^{\mathrm{T}}\bigl(I+\alpha\sigma^2 C\bigr)(z-m)\Bigr)dz = 0 \qquad (7.10)$$

が成り立つことは式 (7.7) の導出と同様の考え方から示すことができる (付録 A 参照). 0 は MN 次元零ベクトルである. したがって, 式 (6.1) および式 (7.3) を劣化過程および原画像の事前確率密度関数であると仮定した状況における事後確率密度関数の最適な原画像の推定値は, 次の式により与えられる.

$$\widehat{f} = \int z\rho(F=z|G=g,\alpha,\sigma)dz = (I+\alpha\sigma^2 C)^{-1}g \qquad (7.11)$$

式 (6.25) と式 (7.7) を比較すると $R = \alpha^{-1}C^{-1}$ であることがわかる. したがって, 式 (6.1) および式 (7.3) を加法的ノイズおよび原画像の生成確率であると仮定した状況における最適な線形フィルターは式 (7.11) により与えられることがわかる. すなわち, 加法的白色ガウスノイズのもとで原画像の確率場に対する確率密度関数を式 (7.3) に仮定したとき, 最適線形フィルターとベイズ統計おける推定値が等価となることを示している.

7.2 最尤推定とハイパパラメータ

前節では, 事前確率密度関数 $\rho(F=f|\alpha)$ および事後確率密度関数 $\rho(G=g|F=f,\sigma)$ において α と σ の値がわかっているという前提で話をしてきた. しかし, 実際の画像処理の現場では確率密度関数の関数形はそのように仮定したとしても α と σ の値まで勝手に指定するわけにはゆかず, 多くの場合はたった 1 枚の劣化画像からこの両者の値を推定しなければならない. 統計学では g をデータ, f をパラメータと呼び, そして確率密度関数の関数形をコントロールするモデルパラメータである α と σ は**ハイパパラメータ**(hyperparameter) と呼ばれる. このハイパパラメータをデータから推定する枠組みが最尤推定の拡張版の形で与えられている. この最尤推定とハイパパラメータについては 4.1 節で基本的な部分についてすでに説明している. 本節では画像処理という問題にあわせてこのハイパパラメータのデータからの推定のシナリオについて説明する.

最尤推定では α と σ の値が 1 つ固定されたときの劣化画像の確率場に対する確率密度関数

$$\rho(G=g|\alpha,\sigma) \equiv \int \rho(F=z,G=g|\alpha,\sigma)dz.$$
$$= \int \rho(G=g|F=z,\sigma)\rho(F=z|\alpha)dz \qquad (7.12)$$

を考え，これを劣化画像 $\boldsymbol{g}$ というデータが与えられたときの α と σ に対する尤もらしさを表す関数であると見なして，これを最大化するように α と σ の推定値が決定される．

$$(\widehat{\alpha}, \widehat{\sigma}) = \arg \max_{(\alpha, \sigma)} \rho(\boldsymbol{G} = \boldsymbol{g} | \alpha, \sigma), \quad (7.13)$$

このとき $\rho(\boldsymbol{G} = \boldsymbol{g} | \alpha, \sigma)$ は $\boldsymbol{f}$ については周辺化されていることから**周辺尤度**(marginal likelihood) と呼ばれ，これを最大化するので式 (7.13) は**周辺尤度最大化**(maximization of marginal likelihood) と呼ばれる．$\ln\bigl(\rho(\boldsymbol{G} = \boldsymbol{g} | \alpha, \sigma)\bigr)$ の極値条件は

$$\sum_{x=0}^{M-1} \sum_{y=0}^{N-1} \int (z_{x,y} - g_{x,y})^2 \rho(\boldsymbol{F} = \boldsymbol{z} | \boldsymbol{G} = \boldsymbol{g}, \widehat{\alpha}, \widehat{\sigma}) d\boldsymbol{z} = MN\widehat{\sigma}^2 \quad (7.14)$$

$$\sum_{x=0}^{M-1} \sum_{y=0}^{N-1} \int \bigl((z_{x,y} - z_{x+1,y})^2 + (z_{x,y} - z_{x,y+1})^2\bigr) \rho(\boldsymbol{F} = \boldsymbol{z} | \boldsymbol{G} = \boldsymbol{g}, \widehat{\alpha}, \widehat{\sigma}) d\boldsymbol{z}$$

$$= \sum_{x=0}^{M-1} \sum_{y=0}^{N-1} \int \bigl((z_{x,y} - z_{x+1,y})^2 + (z_{x,y} - z_{x,y+1})^2\bigr) \rho(\boldsymbol{F} = \boldsymbol{z} | \widehat{\alpha}) d\boldsymbol{z} \quad (7.15)$$

により与えられる．式 (7.14) と式 (7.15) を満たす $(\widehat{\alpha}, \widehat{\sigma})$ を数値的に求めればよいというわけである．以下では，さらに具体的なアルゴリズムを構成するために周辺尤度 $\rho(\boldsymbol{G} = \boldsymbol{g} | \alpha, \sigma)$，および極値条件 (7.14)-(7.15) を α と σ と $\boldsymbol{g}$ による具体的な表式として書き下してみることにする．

確率密度関数 $\rho(\boldsymbol{G} = \boldsymbol{g} | \boldsymbol{F} = \boldsymbol{f}, \sigma)$ および $\rho(\boldsymbol{F} = \boldsymbol{f} | \alpha)$ が式 (6.1) および式 (7.3) により与えられるとき，周辺尤度 $\rho(\boldsymbol{G} = \boldsymbol{g} | \alpha, \sigma)$ は次のように与えられる．

$$\ln\bigl(\rho(\boldsymbol{G} = \boldsymbol{g} | \alpha, \sigma)\bigr) = \ln\bigl(\mathcal{Z}_{\text{posterior}}(\boldsymbol{g}, \alpha, \sigma)\bigr)$$
$$- \ln\bigl(\mathcal{Z}_{\text{prior}}(\boldsymbol{g}, \alpha)\bigr) - \ln\bigl((\sqrt{2\pi}\sigma)^{MN}\bigr) \quad (7.16)$$

$$\mathcal{Z}_{\text{prior}}(\boldsymbol{g}, \alpha) \equiv \int \exp\Bigl(-\frac{1}{2}\alpha \boldsymbol{z}^{\mathrm{T}} \boldsymbol{C} \boldsymbol{z}\Bigr) d\boldsymbol{z} \quad (7.17)$$

$$\mathcal{Z}_{\text{posterior}}(\boldsymbol{g}, \alpha, \sigma) \equiv \int \exp\bigl(-H(\boldsymbol{z} | \boldsymbol{g}, \alpha, \sigma)\bigr) d\boldsymbol{z} \quad (7.18)$$

ここで $\mathcal{Z}_{\text{prior}}(\boldsymbol{g}, \alpha)$ と $\mathcal{Z}_{\text{posterior}}(\boldsymbol{g}, \alpha, \sigma)$ は式 (7.7) の導出と同様の方針により，多重積分は次のように計算される (付録 A 参照)．

$$\mathcal{Z}_{\text{prior}}(\boldsymbol{g}, \alpha) = \sqrt{\frac{(2\pi)^{MN}}{\det(\alpha \boldsymbol{C})}} \quad (7.19)$$

第 7 章 線形フィルターと確率的画像処理

$$\mathcal{Z}_{\text{posterior}}(\bm{g},\alpha,\sigma) = \sqrt{\frac{(2\pi\sigma^2)^{MN}}{\det(\bm{I}+\alpha\sigma^2\bm{C})}}$$

$$\times \exp\Big(-\frac{1}{2}\alpha\bm{g}^{\mathrm{T}}\bm{C}(\bm{I}+\alpha\sigma^2\bm{C})^{-1}\bm{g}\Big) \tag{7.20}$$

式 (7.19) と式 (7.20) を式 (7.16) に代入することにより，対数周辺尤度 $\ln\big(\rho(\bm{G}=\bm{g}|\alpha,\sigma)\big)$ は次のように与えられる．

$$\ln\big(\rho(\bm{G}=\bm{g}|\alpha,\sigma)\big)$$
$$= -\frac{MN}{2}\ln(2\pi) + \frac{MN}{2}\ln(\alpha) + \frac{1}{2}\ln(\det(\bm{C}))$$
$$-\frac{1}{2}\ln(\det(\bm{I}+\alpha\sigma^2\bm{C})) - \frac{1}{2}\alpha\bm{g}^{\mathrm{T}}\bm{C}(\bm{I}+\alpha\sigma^2\bm{C})^{-1}\bm{g} \tag{7.21}$$

式 (7.4) および式 (7.5) で定義される行列 $\bm{\Lambda}$ および $\bm{U}$ を用いて，行列 $\bm{C}$ が $\bm{C}=\bm{U}\bm{\Lambda}\bm{U}^{-1}$ と表されること (付録 C) を使うと，対数周辺尤度 $\ln\big(\rho(\bm{G}=\bm{g}|\alpha,\sigma)\big)$ は次のように書き換えられる．

$$\ln\big(\rho(\bm{G}=\bm{g}|\alpha,\sigma)\big)$$
$$= -\frac{MN}{2}\ln(2\pi) + \frac{MN}{2}\ln(\alpha) + \frac{1}{2}\sum_{p=0}^{M-1}\sum_{q=0}^{N-1}\ln\big(\lambda(p,q)\big)$$
$$-\frac{1}{2}\sum_{p=0}^{M-1}\sum_{q=0}^{N-1}\ln\big(1+\alpha\sigma^2\lambda(p,q)\big) - \frac{1}{2}\sum_{p=0}^{M-1}\sum_{q=0}^{N-1}|G(p,q)|^2\frac{\alpha\lambda(p,q)}{1+\alpha\sigma^2\lambda(p,q)}$$
$$\tag{7.22}$$

ここで $G(p,q)$ は

$$G(p,q) \equiv \sum_{x=0}^{M-1}\sum_{y=0}^{N-1} g_{x,y}\langle x,y|\bm{U}|p,q\rangle \tag{7.23}$$

により定義される．

ハイパパラメータ (α,σ) の推定値 $(\widehat{\alpha},\widehat{\sigma})$ に対する決定方程式は，対数周辺尤度 $\ln\big(\rho(\bm{G}=\bm{g}|\alpha,\sigma)\big)$ の極値条件 $\big[\frac{\partial}{\partial\alpha}\ln\big(\rho(\bm{G}=\bm{g}|\alpha,\sigma)\big)\big]_{\alpha=\widehat{\alpha},\sigma=\widehat{\sigma}}=0$, $\big[\frac{\partial}{\partial\sigma}\ln\big(\rho(\bm{G}=\bm{g}^*|\alpha,\sigma)\big)\big]_{\alpha=\widehat{\alpha},\sigma=\widehat{\sigma}}=0$ により，次のように与えられる．

$$\frac{1}{\widehat{\alpha}} = \frac{1}{MN}\sum_{p=0}^{M-1}\sum_{q=0}^{N-1}\frac{\widehat{\sigma}^2\lambda(p,q)}{1+\widehat{\alpha}\widehat{\sigma}^2\lambda(p,q)}$$
$$+\frac{1}{MN}\sum_{p=0}^{M-1}\sum_{q=0}^{N-1}|G(p,q)|^2\frac{\lambda(p,q)}{(1+\widehat{\alpha}\widehat{\sigma}^2\lambda(p,q))^2} \tag{7.24}$$

$$\widehat{\sigma}^2 = \frac{1}{MN}\sum_{p=0}^{M-1}\sum_{q=0}^{N-1}\frac{\widehat{\sigma}^2}{1+\widehat{\alpha}\widehat{\sigma}^2\lambda(p,q)}$$
$$+ \frac{1}{MN}\sum_{p=0}^{M-1}\sum_{q=0}^{N-1}|G(p,q)|^2\frac{\widehat{\alpha}^2\widehat{\sigma}^4\lambda(p,q)^2}{(1+\widehat{\alpha}\widehat{\sigma}^2\lambda(p,q))^2} \quad (7.25)$$

さらに, $\mathrm{Tr}\,\boldsymbol{C} = \sum_{p=0}^{M-1}\sum_{q=0}^{N-1}\lambda(p,q)$ を使うと式 (7.24) および式 (7.25) は次のようにも書き下すことができる.

$$\frac{1}{\widehat{\alpha}} = \frac{1}{MN}\mathrm{Tr}\Big(\widehat{\sigma}^2\boldsymbol{C}\big(\boldsymbol{I}+\widehat{\alpha}\widehat{\sigma}^2\boldsymbol{C}\big)^{-1}\Big) + \frac{1}{MN}\boldsymbol{g}^\mathrm{T}\boldsymbol{C}\big(\boldsymbol{I}+\widehat{\alpha}\widehat{\sigma}^2\boldsymbol{C}\big)^{-1}\boldsymbol{g} \quad (7.26)$$

$$\widehat{\sigma}^2 = \frac{1}{MN}\mathrm{Tr}\Big(\widehat{\sigma}^2\big(\boldsymbol{I}+\widehat{\alpha}\widehat{\sigma}^2\boldsymbol{C}\big)^{-1}\Big)$$
$$+ \frac{1}{MN}\boldsymbol{g}^\mathrm{T}\widehat{\alpha}^2\widehat{\sigma}^4\boldsymbol{C}^2\Big(\big(\boldsymbol{I}+\widehat{\alpha}\widehat{\sigma}^2\boldsymbol{C}\big)^{-1}\Big)^2\boldsymbol{g} \quad (7.27)$$

式 (7.24)-(7.25) および式 (7.26)-(7.27) は, いずれも $(\widehat{\alpha},\widehat{\sigma})$ についての固定点方程式になっていることはすぐわかる. 固定点方程式は反復法 (付録 B 参照) により数値的に解くことができる.

上述のアルゴリズムは, 式 (7.13) の $(\widehat{\alpha},\widehat{\sigma})$ をその定義に基づいて周辺尤度 $\rho(\boldsymbol{G}=\boldsymbol{g}|\alpha,\sigma)$ の α,σ についての極値条件を解くアルゴリズムとして構成されている. 第 4.2 節ですでにふれたように, 周辺尤度最大化は EM アルゴリズムを用いても実現することができる. この場合, まず, 式 (4.31) で定義される $\mathcal{Q}$-関数は

$$\mathcal{Q}(\alpha,\sigma|\alpha',\sigma',\boldsymbol{g}) \equiv \int \rho(\boldsymbol{F}=\boldsymbol{z}|\boldsymbol{G}=\boldsymbol{g},\alpha',\sigma')$$
$$\times \ln\big(\rho(\boldsymbol{F}=\boldsymbol{z},\boldsymbol{G}=\boldsymbol{g}|\alpha,\sigma)\big)d\boldsymbol{z} \quad (7.28)$$

により与えられる. その (α,σ) についての極値条件は

$$\rho(\boldsymbol{F}=\boldsymbol{f},\boldsymbol{G}=\boldsymbol{g}|\alpha,\sigma) = \rho(\boldsymbol{G}=\boldsymbol{g}|\boldsymbol{F}=\boldsymbol{f},\sigma)\rho(\boldsymbol{F}=\boldsymbol{f}|\alpha) \quad (7.29)$$

であることに注意しながら $\mathcal{Q}(\alpha,\sigma|\alpha',\sigma',\boldsymbol{g})$ を α と σ で偏微分することにより, 次のように得られる.

$$\sum_{x=0}^{M-1}\sum_{y=0}^{N-1}\int (z_{x,y}-g_{x,y})^2\rho(\boldsymbol{F}=\boldsymbol{z}|\boldsymbol{G}=\boldsymbol{g},\alpha',\sigma')d\boldsymbol{z} = MN\sigma^2 \quad (7.30)$$

$$\sum_{x=0}^{M-1}\sum_{y=0}^{N-1}\int \big((z_{x,y}-z_{x+1,y})^2+(z_{x,y}-z_{x,y+1})^2\big)\rho(\boldsymbol{F}=\boldsymbol{z}|\boldsymbol{G}=\boldsymbol{g},\alpha',\sigma')d\boldsymbol{z}$$

$$= \sum_{x=0}^{M-1}\sum_{y=0}^{N-1}\int \left((z_{x,y}-z_{x+1,y})^2 + (z_{x,y}-z_{x,y+1})^2\right)\rho(\boldsymbol{F}=\boldsymbol{z}|\alpha)d\boldsymbol{z} \quad (7.31)$$

式 (7.30) と式 (7.31) に式 (7.3) と式 (7.8) を代入することにより，具体的な等式が得られる．

$$\frac{1}{\alpha} = \frac{1}{MN}\sum_{p=0}^{M-1}\sum_{q=0}^{N-1}\frac{(\sigma')^2\lambda(p,q)}{1+\alpha'(\sigma')^2\lambda(p,q)}$$
$$+ \frac{1}{MN}\sum_{p=0}^{M-1}\sum_{q=0}^{N-1}|G(p,q)|^2\frac{\lambda(p,q)}{(1+\alpha'\sigma'^2\lambda(p,q))^2} \quad (7.32)$$

$$\sigma^2 = \frac{1}{MN}\sum_{p=0}^{M-1}\sum_{q=0}^{N-1}\frac{(\sigma')^2}{1+\alpha'(\sigma')^2\lambda(p,q)}$$
$$+ \frac{1}{MN}\sum_{p=0}^{M-1}\sum_{q=0}^{N-1}|G(p,q)|^2\frac{\alpha'^2\sigma'^4\lambda(p,q)^2}{(1+\alpha'\sigma'^2\lambda(p,q))^2} \quad (7.33)$$

式 (7.32)-(7.33) は $\alpha = \alpha' = \widehat{\alpha}$, $\sigma = \sigma' = \widehat{\sigma}$ とおくと式 (7.24)-(7.27) に帰着される．つまり EM アルゴリズムが，周辺尤度 $\rho(\boldsymbol{G}=\boldsymbol{g}|\alpha,\sigma)$ の α と σ に関する極値条件 (7.14)-(7.15) を満たす $\widehat{\alpha}$ と $\widehat{\sigma}$ を得るアルゴリズムとなっていることを具体的に示している．

7.3　ガウシアングラフィカルモデルに対する確率的画像処理アルゴリズム

式 (7.11) および式 (7.26)-(7.27) は MN 行 MN 列の行列 $\boldsymbol{I}+\widehat{\alpha}\widehat{\sigma}^2\boldsymbol{C}$ の逆行列，行列式および行列の対角化の計算が含まれている．原理的には数値計算にのせられないわけではないが，実際には例えば 256×256 の画像では $256^2\times256^2$ の行列を取り扱うことになり，現状ではパーソナルコンピュータ上にこのような巨大な配列を確保すること自体が難しい．本節では式 (7.3) のガウシアングラフィカルモデルと，そこに現れる行列 $\boldsymbol{C}$ を並進対称性を持つ場合に限定し，式 (6.59) のユニタリ行列 $\boldsymbol{U}$ と式 (6.68) の離散フーリエ変換を導入することにより，前節までの確率的画像処理の枠組みをもとに具体的なアルゴリズムを与える．

式 (7.3) における行列 $\boldsymbol{C}$ を式 (6.56) により定義する．このとき式 (6.51) の関数 $\mathcal{H}(\boldsymbol{f})$ を用いると等式 (6.57) が成り立つことから，式 (7.3) の事前確率密度関数 $\rho(\boldsymbol{F}=\boldsymbol{f})$ は

$$\rho(\boldsymbol{F}=\boldsymbol{f}) = \rho(\boldsymbol{F}=\boldsymbol{f}|\alpha) \equiv \frac{\exp\bigl(-\tfrac{1}{2}\alpha\mathcal{H}(\boldsymbol{f})\bigr)}{\int \exp\bigl(-\tfrac{1}{2}\alpha\mathcal{H}(\boldsymbol{z})\bigr)d\boldsymbol{z}}$$

$$= \frac{1}{\mathcal{Z}_{\mathrm{prior}}(\boldsymbol{g},\alpha)} \exp\Bigl(-\tfrac{1}{2}\alpha\bigl((f_{x,y}-f_{x+1,y})^2 + (f_{x,y}-f_{x,y+1})^2\bigr)\Bigr) \tag{7.34}$$

$$\rho(\boldsymbol{F}=\boldsymbol{f}|\boldsymbol{G}=\boldsymbol{g}) = \rho(\boldsymbol{F}=\boldsymbol{f}|\boldsymbol{G}=\boldsymbol{g},\alpha,\sigma)$$

$$\equiv \frac{\exp\bigl(-\tfrac{1}{2\sigma^2}(f_{x,y}-g_{x,y})^2 - \tfrac{1}{2}\alpha\mathcal{H}(\boldsymbol{f})\bigr)}{\int \exp\bigl(-\tfrac{1}{2\sigma^2}(z_{x,y}-g_{x,y})^2 - \tfrac{1}{2}\alpha\mathcal{H}(\boldsymbol{z})\bigr)d\boldsymbol{z}}$$

$$= \frac{1}{\mathcal{Z}_{\mathrm{posterior}}(\boldsymbol{g},\alpha,\sigma)} \exp\Bigl(-\frac{1}{2\sigma^2}(f_{x,y}-g_{x,y})^2$$

$$-\tfrac{1}{2}\alpha\bigl((f_{x,y}-f_{x+1,y})^2 + (f_{x,y}-f_{x,y+1})^2\bigr)\Bigr) \tag{7.35}$$

と書き換えられる．この確率モデルはガウシアングラフィカルモデルの中でも**条件付き自己回帰**(Conditional Autoregressive; CAR) **モデル**と呼ばれている．

行列 $\boldsymbol{C}$ はユニタリ行列 $\boldsymbol{U}$ を式 (6.59) により定義することにより，式 (6.61) および式 (6.62) のように対角化され，固有値 $\lambda(p,q)$ は式 (6.67) により与えられる．式 (7.23) に式 (6.59) を代入することにより，$G(p,q)$ は式 (6.68) の離散フーリエ変換で与えられることがわかる．得られたハイパパラメータの推定値 $(\widehat{\alpha},\widehat{\sigma})$ を用いて，原画像の推定値は式 (7.11) から

$$\widehat{\boldsymbol{f}} = (\boldsymbol{I} + \widehat{\alpha}\widehat{\sigma}^2\boldsymbol{C})^{-1}\boldsymbol{g} \tag{7.36}$$

と与えられる．式 (6.61) および式 (6.62) を使うと，式 (6.65) と同様に次のようなアルゴリズムとして構成しやすい表式に書き換えることができる．

$$\widehat{f}_{x,y} = \frac{1}{\sqrt{MN}} \sum_{p=0}^{M-1}\sum_{q=0}^{N-1} \Bigl(\frac{1}{1+\widehat{\alpha}\widehat{\sigma}^2\lambda(p,q)}\Bigr) G(p,q)\exp\Bigl(\mathrm{i}\frac{2\pi px}{M} + \mathrm{i}\frac{2\pi qy}{N}\Bigr)$$

$$= \frac{1}{\sqrt{MN}} \sum_{p=0}^{M-1}\sum_{q=0}^{N-1} \Bigl(\frac{1}{1+\widehat{\alpha}\widehat{\sigma}^2\lambda(p,q)}\Bigr) \Bigl(\cos\Bigl(\frac{2\pi px}{M}+\frac{2\pi qy}{N}\Bigr)\mathrm{Re}\bigl(G(p,q)\bigr)$$

$$+ \sin\Bigl(\frac{2\pi px}{M}+\frac{2\pi qy}{N}\Bigr)\mathrm{Im}\bigl(G(p,q)\bigr)\Bigr) \tag{7.37}$$

実際の画像では，各画素ごとの階調値は $0,1,2,\cdots,255$ の整数値をとる．このため，原画像の推定値が $\widehat{\boldsymbol{f}}$ は式 (7.37) の右辺を計算した上で，その値から $0,1,2,\cdots,255$ のいずれかに整数化する必要がある．このことを考慮した上で，本節の周辺尤度最大化とベイズ統計によるノイズ除去のアルゴリズムは，第 4.2 節の EM アルゴリズ

ムを用いて構成される．その具体的なアルゴリズムは，式 (7.32)-(7.33) から次のように与えられる．

[周辺尤度最大化によるノイズ除去のアルゴリズム]

Step 1: 与えられた劣化画像 g に対する離散フーリエ変換 $G(p,q)$ を式 (6.68) により計算する．また，$\lambda(p,q)$ を式 (6.67) により計算する．

Step 2: 初期値を $t \Leftarrow 0, a(1) \Leftarrow 0.0001, b(1) \Leftarrow 10000$ と設定する．

Step 3: $t \Leftarrow t+1$ と更新した後，$a(t+1)$ と $b(t+1)$ を次の式で計算する．

$$a(t+1) \Leftarrow \Big(\frac{1}{MN}\sum_{p=0}^{M-1}\sum_{q=0}^{N-1}\frac{b(t)\lambda(p,q)}{1+a(t)b(t)\lambda(p,q)}$$
$$+ \frac{1}{MN}\sum_{p=0}^{M-1}\sum_{q=0}^{N-1}|G(p,q)|^2\frac{\lambda(p,q)}{(1+a(t)b(t)\lambda(p,q))^2}\Big)^{-1} \quad (7.38)$$

$$b(t+1) \Leftarrow \frac{1}{MN}\sum_{p=0}^{M-1}\sum_{q=0}^{N-1}\frac{b(t)}{1+a(t)b(t)\lambda(p,q)}$$
$$+ \frac{1}{MN}\sum_{p=0}^{M-1}\sum_{q=0}^{N-1}|G(p,q)|^2\frac{a(t)^2b(t)^2\lambda(p,q)^2}{(1+a(t)b(t)\lambda(p,q))^2} \quad (7.39)$$

Step 4: 収束判定条件

$$\big|a(t+1) - a(t)\big| + \big|b(t+1)^{-1} - b(t)^{-1}\big| < \varepsilon \quad (7.40)$$

を満足しなければ **Step 3** に戻り，満足すれば，$\widehat{\sigma}, \widehat{\alpha}$ の値を $\widehat{\sigma} \Leftarrow \sqrt{b(t)}$，$\widehat{\alpha} \Leftarrow a(t)$ と設定する．

Step 5: $\widehat{\alpha}$ と $\widehat{\sigma}$ の値に対して修復画像 $\widehat{f}$ を

$$\mu_{x,y} \Leftarrow \frac{1}{\sqrt{MN}}\sum_{p=0}^{M-1}\sum_{q=0}^{N-1}\Big(\frac{1}{1+\widehat{\alpha}\widehat{\sigma}^2\lambda(p,q)}\Big)$$
$$\times \Big(\cos\Big(\frac{2\pi px}{M}+\frac{2\pi qy}{N}\Big)\mathrm{Re}\big(G(p,q)\big)$$
$$+ \sin\Big(\frac{2\pi px}{M}+\frac{2\pi qy}{N}\Big)\mathrm{Im}\big(G(p,q)\big)\Big) \quad (7.41)$$

$$\widehat{f}_{x,y} \Leftarrow \arg\min_{n=0,1,\cdots,255}\big(n-\mu_{x,y}\big)^2 \quad (7.42)$$

により生成し，終了する．

7.3 ガウシアングラフィカルモデルに対する確率的画像処理アルゴリズム

このアルゴリズムの具体的なプログラムは付録 F に与える.

図 6.2 の劣化画像 g に,ガウシアングラフィカルモデルと最尤推定により構成されたこの確率的画像処理アルゴリズムを適用することによって得られる出力画像 $\widehat{f}$ を図 7.1 に与える.図 7.1 に与えられた原画像の推定値としての出力結果 $\widehat{f}$ に対する,ハイパパラメータの推定値 $(\widehat{\alpha}, \widehat{\sigma})$ および平均二乗誤差 $\mathrm{MSE}(f, \widehat{f})$,SN 比における改善率 Δ_{SNR} [dB] の値を表 7.1 に与える.

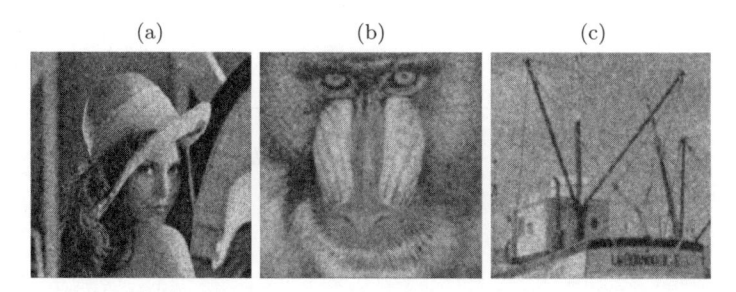

(a) (b) (c)

図 7.1 図 6.2 の劣化画像 g にガウシアングラフィカルモデルと最尤推定により構成された確率的画像処理アルゴリズムを適用することによって得られる出力画像 $\widehat{f}$.

表 7.1 図 7.1 のガウシアングラフィカルモデルと最尤推定により構成された確率的画像処理アルゴリズムによるハイパパラメータの推定値 $(\widehat{\alpha}, \widehat{\sigma})$,原画像の推定値 $\widehat{f}$ に対する平均二乗誤差 $\mathrm{MSE}(f, \widehat{f})$ と SN 比における改善率 Δ_{SNR} [dB].

	$\widehat{\alpha}$	$\widehat{\sigma}$	$\mathrm{MSE}(f, \widehat{f})$	Δ_{SNR} [dB]
図 7.1(a)	0.000521	31.845	307	6.592
図 7.1(b)	0.000732	37.765	313	6.839
図 7.1(c)	0.000640	34.915	237	8.103

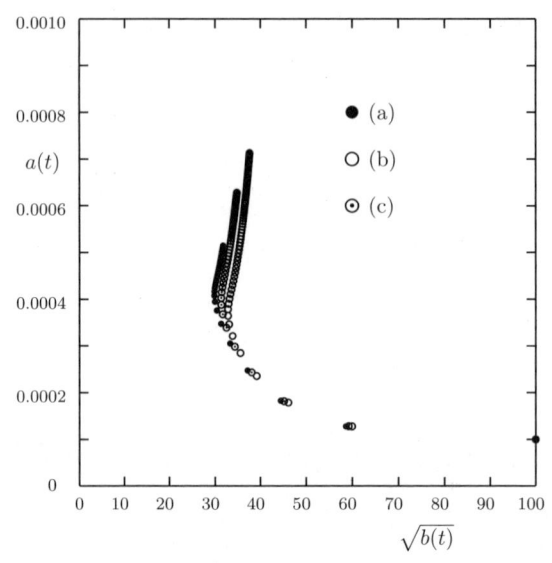

図 7.2 式 (7.38)-(7.39) から構成された EM アルゴリズムに図 6.2 の劣化画像 g を適用した場合の $\left(\sqrt{b(t)}, a(t)\right)$ $(t = 1, 2, 3, \cdots)$.

7.4 本章のまとめ

本章では，ガウシアングラフィカルモデルによる確率的画像処理アルゴリズムを EM アルゴリズムによるハイパパラメータの推定も含めて説明した．式 (6.55) と式 (7.11) を比較すると，$\beta^{-1} = \alpha \sigma^2$ が成り立つときは拘束条件付き最小二乗フィルターとガウシアングラフィカルモデルによるベイズ統計の推定値 $\widehat{f}$ が等価となる．そしてその両者の違いはハイパパラメータの推定基準にあることがわかる．

第8章

グラフィカルモデルと確率伝搬法

　本章では，大規模確率モデルの近似アルゴリズムの1つである確率伝搬法について説明する．前半では，その数理構造について段階的にとらえることを目指す．後半では，ガウシアングラフィカルモデルによる画像修復について厳密解との比較などいくつかの数値実験例を紹介する．

　確率伝搬法(信念伝搬法; belief propagation) はもともとは人工知能の分野で提案されたものであるが，その後，符号理論において高性能の復号アルゴリズムを構成する理論として脚光を浴びることとなる．そして第5章でふれたベーテ近似と数理構造が等価であるため，物理学者からも注目されている．

8.1　確率伝搬法と情報処理

　前章では，多次元ガウス積分と離散フーリエ変換により様々な統計量が解析的に計算されてしまう場合に限定して話を進めてきた．しかしながら確率的画像処理の実用化を目指す以上，そのようなガウシアングラフィカルモデルに代表される線形モデルのみを扱っていたのでは限界がある．その一方で，確率的画像処理の枠組みをガウシアングラフィカルモデルを超えて拡張しようとすると，大規模確率モデルにおける計算困難の問題が立ちはだかる．

　大規模確率モデルの統計量を厳密に取り扱おうという立場に立つ限り，より実用的な確率的画像処理への拡張は難しいが，近似アルゴリズムを構成し，その統計量の近似値が得られればよいという立場に立てば，そこに多くの発展が期待される．本節では，大規模確率モデルにおける近似アルゴリズムとして最近注目されている確率伝搬法とその画像処理への応用について説明する [6, 10]．

8.2 木構造を持つグラフィカルモデルの確率伝搬法

K 次元の確率ベクトル変数 $\boldsymbol{A} = (A_1, A_2, \cdots, A_K)^{\mathrm{T}}$ とその実現値 $\boldsymbol{a} = (a_1, a_2, \cdots, a_K)^{\mathrm{T}}$ に対する結合確率分布 $\mathrm{Pr}\{\boldsymbol{A} = \boldsymbol{a}\} = P(\boldsymbol{a})$ が

$$P(\boldsymbol{a}) = \frac{\prod_{i=1}^{K-1} W_{i,i+1}(a_i, a_{i+1})}{\sum_{\boldsymbol{z}} \prod_{i=1}^{K-1} W_{i,i+1}(z_i, z_{i+1})} \tag{8.1}$$

により与えられる場合を考える．$\sum_{\boldsymbol{z}}$ は $\boldsymbol{z} = (z_1, z_2, \cdots, z_K)^{\mathrm{T}}$ のすべての z_i に対する和を意味し，式 (3.12) と同様のやり方で定義される．例えば $K=7$ の場合のグラフ表現は図 8.1 のように与えられる．

図 8.1 1 次元鎖構造を持つ確率的推論機構のグラフ表現の例．

この確率モデルに対して $\mathcal{L}_{i-1 \to i}(a_i)$ および $\mathcal{R}_{i+1 \to i}(a_i)$ という 2 つの量を次のように導入する．

$$\mathcal{L}_{i-1 \to i}(a_i) = \sum_{z_1=1}^{M_1} \sum_{z_2=1}^{M_2} \cdots \sum_{z_i=1}^{M_i} \delta_{a_i,z_i} \prod_{j=1}^{i-1} W_{j,j+1}(z_j, z_{j+1}) \tag{8.2}$$

$$\mathcal{R}_{i+1 \to i}(a_i) = \sum_{z_i=1}^{M_i} \sum_{z_{i+1}=1}^{M_{i+1}} \cdots \sum_{z_K=1}^{M_K} \delta_{a_i,z_i} \prod_{j=i}^{K-1} W_{j,j+1}(z_j, z_{j+1}) \tag{8.3}$$

ここで δ_{a_i,z_i} はクロネッカーのデルタである．$\mathcal{L}_{i \to i+1}(a_{i+1})$ および $\mathcal{R}_{i \to i-1}(a_{i-1})$ が次の漸化式を満たすことは容易に確かめられる．

$$\mathcal{L}_{1 \to 2}(a_2) = \sum_{z_1=1}^{M_1} \sum_{z_2=1}^{M_2} \delta_{a_2,z_2} W_{1,2}(z_1, z_2) \tag{8.4}$$

$$\mathcal{R}_{K \to K-1}(a_{K-1}) = \sum_{z_{K-1}=1}^{M_{K-1}} \sum_{z_K=1}^{M_K} \delta_{a_{K-1},z_{K-1}} W_{K-1,K}(z_{K-1}, z_K) \tag{8.5}$$

$$\mathcal{L}_{i \to i+1}(a_{i+1}) = \sum_{z_i=1}^{M_i} \sum_{z_{i+1}=1}^{M_{i+1}} \delta_{a_{i+1},z_{i+1}} \mathcal{L}_{i-1 \to i}(z_i) W_{i,i+1}(z_i, z_{i+1})$$
$$(i = 2, 3, \cdots, K-1) \tag{8.6}$$

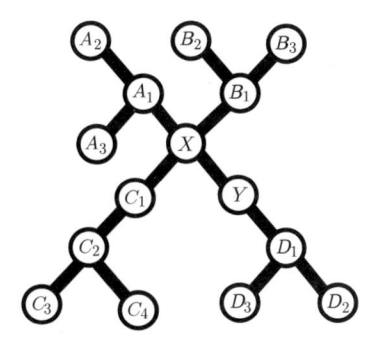

図 8.2 木構造として表された確率モデルのグラフ表現.

$$\mathcal{R}_{i \to i-1}(a_{i-1}) = \sum_{z_{i-1}=1}^{M_{i-1}} \sum_{z_i=1}^{M_i} \delta_{a_{i-1},z_{i-1}} \mathcal{R}_{i+1 \to i}(z_i) W_{i-1,i}(z_{i-1}, z_i)$$
$$(i = K-1, K-2, \cdots, 2) \quad (8.7)$$

漸化式 (8.6) および (8.7) を用いて逐次的に得られた $\mathcal{L}_{i-1 \to i}(a_i)$ および $\mathcal{R}_{i-1 \to i}(a_i)$ から, 周辺確率分布は

$$P_i(a_i) = \frac{\mathcal{L}_{i-1 \to i}(a_i)\mathcal{R}_{i+1 \to i}(a_i)}{\sum_{z_i=1}^{M_i} \mathcal{L}_{i-1 \to i}(z_i)\mathcal{R}_{i+1 \to i}(z_i)} \quad (8.8)$$

$$P_{i,i+1}(a_i, a_{i+1}) = \frac{\mathcal{L}_{i-1 \to i}(a_i)W_{i,i+1}(a_i, a_{i+1})\mathcal{R}_{i+2 \to i+1}(a_{i+1})}{\sum_{z_i=1}^{M_i}\sum_{z_{i+1}=1}^{M_{i+1}} \mathcal{L}_{i-1 \to i}(z_i)W_{i,i+1}(z_i, z_{i+1})\mathcal{R}_{i+2 \to i+1}(z_{i+1})} \quad (8.9)$$

と与えられ, これにより周辺確率分布が求められることになる. 以上が 1 次元鎖のグラフィカルモデルに対する確率伝搬法の計算プロセスである.[*1]

$\mathcal{L}_{i-1 \to i}(a_i)$ と $\mathcal{R}_{i+1 \to i}(a_i)$ は, 確率伝搬法では確率変数 A_i へのメッセージ(message)と呼ばれる. すなわち $\mathcal{L}_{i-1 \to i}(a_i)$ は確率変数 A_{i-1} から A_i へ伝搬するメッセージとみなすことで, アルゴリズムの動作はメッセージの伝搬として理解される.

次に, 木構造を持つ場合の例で考えてみる. 例えば $K = 15$ の場合のグラフ表現は図 8.2 のように与えられる. 確率ベクトル変数

[*1] 1 次元鎖のグラフィカルモデルに対する確率伝搬法は統計力学では**転送行列法**(transfer matrix method) という名前でよく知られている伝統的計算技法と全く等価である. 本書の第 5 章では転送行列法の説明は省略しているが, 1 次元鎖上で与えられたイジングモデルに対する転送行列法の詳細が文献 [29] の 7.1 節に与えられているので興味のある読者は比較参照してみてほしい.

$$\boldsymbol{A} = (X, Y, A_1, A_2, A_3, B_1, B_2, B_3, C_1, C_2, C_3, C_4, D_1, D_2, D_3)^\mathrm{T} \quad (8.10)$$

とその実現値

$$\boldsymbol{a} = (x, y, a_1, a_2, a_3, b_1, b_2, b_3, c_1, c_2, c_3, c_4, d_1, d_2, d_3)^\mathrm{T} \quad (8.11)$$

に対する結合確率分布 $\Pr\{\boldsymbol{A} = \boldsymbol{a}\} = P(\boldsymbol{a})$ が

$$P(\boldsymbol{a}) = \frac{1}{\mathcal{Z}} W_A(x, a_1, a_2, a_3) W_B(x, b_1, b_2, b_3) \\ \times W_C(x, c_1, c_2, c_3, c_4) W_{XY}(x, y) W_D(y, d_1, d_2, d_3) \quad (8.12)$$

$$\mathcal{Z} \equiv \sum_{\boldsymbol{a}} W_A(x, a_1, a_2, a_3) W_B(x, b_1, b_2, b_3) \\ \times W_C(x, c_1, c_2, c_3, c_4) W_{XY}(x, y) W_D(y, d_1, d_2, d_3) \quad (8.13)$$

により与えられる場合を考える．確率変数 X から Y へのメッセージ $\mathcal{T}_{X \to Y}(y)$ を

$$\mathcal{T}_{X \to Y}(y) \equiv \sum_x \sum_y \sum_{a_1,a_2,a_3} \sum_{b_1,b_2,b_3} \sum_{c_1,c_2,c_3,c_4} W_{XY}(x,y) W_A(x,a_1,a_2,a_3) \\ \times W_B(x,b_1,b_2,b_3) W_C(x,c_1,c_2,c_3,c_4) \quad (8.14)$$

により定義すると

$$\mathcal{T}_{X \to Y}(y) = \sum_x W_{XY}(x,y) \left(\sum_{a_1,a_2,a_3} W_A(x,a_1,a_2,a_3) \right) \\ \times \left(\sum_{b_1,b_2,b_3} W_B(x,b_1,b_2,b_3) \right) \left(\sum_{c_1,c_2,c_3,c_4} W_C(x,c_1,c_2,c_3,c_4) \right) \quad (8.15)$$

すなわち

$$\mathcal{T}_{X \to Y}(y) = \sum_x W_{XY}(x,y) \mathcal{T}_{A_1 \to X}(x) \mathcal{T}_{B_1 \to X}(x) \mathcal{T}_{C_1 \to X}(x) \quad (8.16)$$

$$\mathcal{T}_{A_1 \to X}(x) \equiv \sum_{a_1,a_2,a_3} W_A(x,a_1,a_2,a_3) \quad (8.17)$$

$$\mathcal{T}_{B_1 \to X}(x) \equiv \sum_{b_1,b_2,b_3} W_B(x,b_1,b_2,b_3) \quad (8.18)$$

$$\mathcal{T}_{C_1 \to X}(x) \equiv \sum_{c_1,c_2,c_3,c_4} W_C(x,c_1,c_2,c_3,c_4) \quad (8.19)$$

という形に書き換えられる．同様にして，確率変数 Y から X へのメッセージ $\mathcal{T}_{Y \to X}(x)$ を

$$\mathcal{T}_{Y \to X}(x) \equiv \sum_{x,d_1,d_2,d_3} W_{XY}(x,y) W_D(y,d_1,d_2,d_3) \quad (8.20)$$

と定義すると

8.2 木構造を持つグラフィカルモデルの確率伝搬法

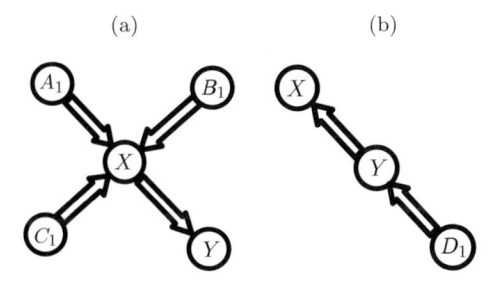

(a) (b)

図 8.3 メッセージ伝搬規則のグラフ表現. (a) 式 (8.16). (b) 式 (8.21).

$$\mathcal{T}_{Y \to X}(x) = \sum_y W_{XY}(x,y) \mathcal{T}_{D_1 \to y}(y) \tag{8.21}$$

$$\mathcal{T}_{D_1 \to Y}(y) \equiv \sum_{d_1,d_2,d_3} W_D(y,d_1,d_2,d_3) \tag{8.22}$$

という形に書き換えられる. 他の確率変数間においても式 (8.16) および式 (8.21) と同様の関係式が成り立つ. つまり, 例えば X から Y へのメッセージは Y 以外の隣接頂点の確率変数 A_1, B_1, C_1 から X に伝搬されるメッセージによって表され, 確率変数 A_1, B_1, C_1 から X に伝搬されるメッセージは A_1, B_1, C_1 のそれぞれの X 以外の隣接頂点から A_1, B_1, C_1 にそれぞれに伝搬されるメッセージにより表されるという構造を持っている. すなわち, メッセージをグラフの端から順番に逐次的に計算してゆけばすべてのメッセージが計算される構造を持っている. 式 (8.16) および式 (8.21) のメッセージ伝搬規則のグラフ表現を図 8.3 に与える.

さらに, 確率変数 X および Y に対する周辺確率分布

$$P_{XY}(x,y) \equiv \sum_{a_1,a_2,a_3,b_1,b_2,b_3,c_1,c_2,c_3,c_4,d_1,d_2,d_3} P(\boldsymbol{a}) \tag{8.23}$$

は

$$\sum_{a_1,a_2,a_3,b_1,b_2,b_3,c_1,c_2,c_3,c_4,d_1,d_2,d_3} W_A(x,a_1,a_2,a_3) W_B(x,b_1,b_2,b_3)$$
$$\times W_C(x,c_1,c_2,c_3,c_4) W_{XY}(x,y) W_D(y,d_1,d_2,d_3)$$
$$= W_{XY}(x,y) \bigg(\sum_{a_1,a_2,a_3} W_A(x,a_1,a_2,a_3) \bigg) \bigg(\sum_{b_1,b_2,b_3} W_B(x,b_1,b_2,b_3) \bigg)$$
$$\times \bigg(\sum_{c_1,c_2,c_3,c_4} W_C(x,c_1,c_2,c_3,c_4) \bigg) \bigg(\sum_{d_1,d_2,d_3} W_D(y,d_1,d_2,d_3) \bigg)$$
$$= \mathcal{T}_{A_1 \to X}(x) \mathcal{T}_{B_1 \to X}(x) \mathcal{T}_{C_1 \to X}(x) W_{XY}(x,y) \mathcal{T}_{D_1 \to Y}(y) \tag{8.24}$$

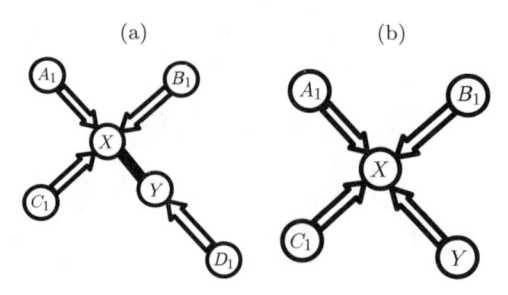

図 8.4　周辺確率分布のメッセージによるグラフ表現. (a) 式 (8.25). (b) 式 (8.27).

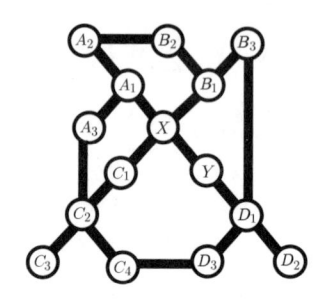

図 8.5　閉路を有するグラフ構造として表された確率モデルの例.

という等式が成り立つことから，メッセージを用いて

$$P_{XY}(x,y) = \frac{\mathcal{T}_{A_1\to X}(x)\mathcal{T}_{B_1\to X}(x)\mathcal{T}_{C_1\to X}(x)W_{XY}(x,y)\mathcal{T}_{D_1\to Y}(y)}{\sum_x \sum_y \mathcal{T}_{A_1\to X}(x)\mathcal{T}_{B_1\to X}(x)\mathcal{T}_{C_1\to X}(x)W_{XY}(x,y)\mathcal{T}_{D_1\to Y}(y)}$$

(8.25)

と表される．同様に，確率変数 X に対する周辺確率分布

$$P_X(x) \equiv \sum_{y,a_1,a_2,a_3,b_1,b_2,b_3,c_1,c_2,c_3,c_4,d_1,d_2,d_3} P(\boldsymbol{a}) \tag{8.26}$$

もメッセージを用いて

$$P_X(x) = \frac{\mathcal{T}_{A_1\to X}(x)\mathcal{T}_{B_1\to X}(x)\mathcal{T}_{C_1\to X}(x)\mathcal{T}_{Y\to X}(x)}{\sum_x \mathcal{T}_{A_1\to X}(x)\mathcal{T}_{B_1\to X}(x)\mathcal{T}_{C_1\to X}(x)\mathcal{T}_{Y\to X}(x)} \tag{8.27}$$

と表される．式 (8.25) および式 (8.27) のグラフ表現を図 8.4 に与える．これが木構造を持つグラフ上で与えられたグラフィカルモデルに対する確率伝搬法であり，より複雑な木構造を持つ場合にも同様のやり方で計算することができる．要は式 (8.14) から式 (8.15) へのような変形が可能であるかどうかが重要である．実際，図 8.5 のようなグラフ表現に対応する確率モデルでは同様の計算は難しくなる．

8.3 閉路のあるグラフィカルモデルの確率伝搬法

では，閉路のあるグラフ表現に対応する確率モデルは取り扱いができないのであろうか？ もちろん，一部の特殊な例を除いて解析的計算方法すなわち厳密解が見つかっていないのは事実であるが，「一般に不可能である」ことが証明されたわけではないので，できないというのは言い過ぎである．しかし，見つかっていない以上，困難なことは間違いない．近年のベイジアンネットワークによる確率推論では解析的取り扱いをあきらめ，近似解析手法を採用することで，より一般的グラフ表現を持つ確率モデルに対する計算技法を定式化する戦略が用いられつつある．本節では，閉路のあるグラフ表現を持つ確率モデルの確率伝搬法について解説する．

まず，できるだけ明確に表すために，結合確率分布の構造とグラフ表現との関係をより一般的に定義する．まず確率ベクトル変数 $\boldsymbol{A} = (A_1, A_2, \cdots, A_K)^{\mathrm{T}}$ に対して K 個の頂点の集合 $\Omega = \{1, 2, \cdots, K\}$ を考える．この頂点のうちのいくつかの対を選んで線分で結ぶ．線分で結ばれた頂点対を最近接頂点対 (nearest neighbour pair of nodes) と呼ぶことにし，すべての最近接頂点対の集合を B により表すことにする．この確率ベクトル変数 $\boldsymbol{A}$ とその実現値 $\boldsymbol{a} = (a_1, a_2, \cdots, a_K)^{\mathrm{T}}$ および集合 B に対して，結合確率分布 $\Pr\{\boldsymbol{A} = \boldsymbol{a}\} = P(\boldsymbol{a})$ が

$$P(\boldsymbol{a}) = \frac{\prod_{ij \in B} W_{i,j}(a_i, a_j)}{\sum_{\boldsymbol{z}} \prod_{ij \in B} W_{i,j}(z_i, z_j)} \tag{8.28}$$

と表される場合を考える．仮に B が

$$B = \{ij | i = 1, 2, \cdots, K-1, \ j = i+1\} \tag{8.29}$$

により与えられるとき，式 (8.28) は式 (8.1) と等価となる．式 (8.29) に付随して与えられるグラフ表現を **1 次元鎖**(chain) と呼ぶことにする．6 個の頂点からなる 1 次元鎖の例を図 8.6 に与える．また，与えられたグラフの任意の 2 つの頂点間が 1 つまたは複数の線分によって結ばれているとき，そのグラフを**単連結**グラフ (singly-connected graph) という．B の要素の 1 つである最近接頂点対 ij を B

図 **8.6** 1 次元鎖のグラフの例

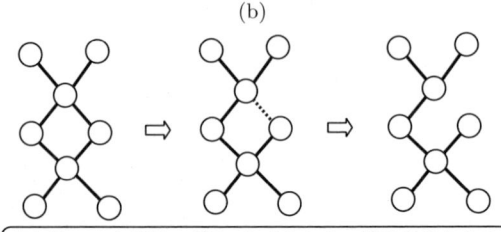

図 8.7 木構造を持つグラフと持たない単連結グラフの例.
(a) 木構造を持つグラフではどの線分を取り除いても複数のグラフに分かれてしまう. (b) 木構造を持たないグラフでは取り除いてもグラフが分かれない線分が存在する.

から取り除いた集合 $B\backslash\{ij\}$ を考える. この B と $B\backslash\{ij\}$ に対して, B に付随するグラフが単連結グラフであり, かつ任意の $ij \in B$ に対して $B\backslash\{ij\}$ に付随するグラフは常に 2 つの単連結グラフに分かれてしまうとき, B に付随するグラフは**木構造を持つ**という (図 8.7 参照). 仮に, B に付随するグラフが木構造を持つとき, 式 (8.28) で与えられた確率モデルに対する頂点 A_i および最近接頂点対 (A_i, A_j) の周辺確率分布は式 (8.25) および式 (8.27) を一般化する形で次のように与えられる.

$$P_i(a_i) \simeq \frac{1}{\mathcal{Z}_i} \prod_{i' \in c_i} \mathcal{T}_{i' \to i}(a_i) \quad (i \in \Omega) \tag{8.30}$$

$$P_{ij}(a_i, a_j) \simeq \frac{1}{\mathcal{Z}_{ij}} \bigg(\prod_{i' \in c_i \backslash \{j\}} \mathcal{T}_{i' \to i}(a_i) \bigg) W_{ij}(a_i, a_j)$$
$$\times \bigg(\prod_{j' \in c_j \backslash \{i\}} \mathcal{T}_{j' \to j}(a_j) \bigg) \quad (ij \in B) \tag{8.31}$$

c_i は頂点 i のすべての最近接頂点の集合を意味し, $c_i \backslash \{j\}$ は c_i から頂点 j を除いた集合を表す.[*2] $\mathcal{Z}_i$ と $\mathcal{Z}_{ij}$ は次の式で定義される定数である.

[*2] 例えば, 式 (8.29) で B が与えられた場合, $c_i = \{i-1, i+1\}$, $c_i \backslash \{i \pm 1\} = \{i \mp 1\}$ となる.

$$\mathcal{Z}_i \equiv \sum_{z_i} \prod_{i' \in c_i} \mathcal{T}_{i' \to i}(z_i) \quad (i \in \Omega) \tag{8.32}$$

$$\mathcal{Z}_{ij} \equiv \sum_{z_i}\sum_{z_j} \Big(\prod_{i' \in c_i\setminus\{j\}} \mathcal{T}_{i' \to i}(z_i)\Big) W_{ij}(z_i, z_j) \Big(\prod_{j' \in c_j\setminus\{i\}} \mathcal{T}_{j' \to j}(z_j)\Big)$$
$$(ij \in B) \tag{8.33}$$

式 (8.30) および式 (8.31) は B に付随するグラフが木構造を持たない場合にも式 (8.28) により与えられる確率モデル一般に近似的に成り立つと仮定する。周辺確率分布 $P_i(a_i)$ と $P_{ij}(a_i, a_j)$ の間には，その定義から

$$P_i(a_i) = \sum_{z_j} P_{ij}(a_i, z_j), \qquad P_j(a_j) = \sum_{z_i} P_{ij}(z_i, a_j) \tag{8.34}$$

という関係式が成り立つことが拘束条件として要請されるべきなので，式 (8.34) に式 (8.30) および式 (8.31) を代入することにより $\mathcal{T}_{i' \to i}(a_i)$ に対する決定方程式が次のように得られる．

$$\mathcal{T}_{j \to i}(a_i) = \frac{\mathcal{Z}_i}{\mathcal{Z}_{ij}} \sum_{z_j} W_{ij}(a_i, z_j) \prod_{k \in c_j\setminus\{i\}} \mathcal{T}_{k \to j}(z_j) \quad (i \in \Omega,\, j \in c_i) \tag{8.35}$$

$$\mathcal{T}_{i \to j}(a_j) = \frac{\mathcal{Z}_j}{\mathcal{Z}_{ij}} \sum_{z_i} W_{ij}(z_i, a_j) \prod_{k \in c_i\setminus\{j\}} \mathcal{T}_{k \to i}(z_i) \quad (j \in \Omega,\, i \in c_j) \tag{8.36}$$

ここで

$$\mathcal{M}_{i \to j}(a_j) \equiv \frac{\mathcal{T}_{i \to j}(a_j)}{\sum_{z_j} \mathcal{T}_{i \to j}(z_j)}, \qquad \mathcal{M}_{j \to i}(a_i) \equiv \frac{\mathcal{T}_{j \to i}(a_i)}{\sum_{z_i} \mathcal{T}_{j \to i}(z_i)} \tag{8.37}$$

という新しい量を導入する．式 (8.37) に式 (8.35) と式 (8.36) を代入し，さらに式 (8.30) と式 (8.31) を書き直すことにより次の等式が得られる．

$$P_i(a_i) \simeq \frac{\prod\limits_{i' \in c_i} \mathcal{M}_{i' \to i}(a_i)}{\sum\limits_{z_i} \prod\limits_{i' \in c_i} \mathcal{M}_{i' \to i}(z_i)} \quad (i \in \Omega) \tag{8.38}$$

$$P_{ij}(a_i, a_j) \simeq \frac{\Big(\prod\limits_{i' \in c_i\setminus\{j\}} \mathcal{M}_{i' \to i}(a_i)\Big) W_{ij}(a_i, a_j) \Big(\prod\limits_{j' \in c_j\setminus\{i\}} \mathcal{M}_{j' \to j}(a_j)\Big)}{\sum\limits_{z_i}\sum\limits_{z_j} \Big(\prod\limits_{i' \in c_i\setminus\{j\}} \mathcal{M}_{i' \to i}(z_i)\Big) W_{ij}(z_i, z_j) \Big(\prod\limits_{j' \in c_j\setminus\{i\}} \mathcal{M}_{j' \to j}(z_j)\Big)}$$
$$(ij \in B) \tag{8.39}$$

$$\mathcal{M}_{j\to i}(a_i) = \frac{\sum_{z_j} W_{ij}(a_i, z_j) \prod_{k \in c_j \setminus \{i\}} \mathcal{M}_{k\to j}(z_j)}{\sum_{z_i}\sum_{z_j} W_{ij}(z_i, z_j) \prod_{k \in c_j \setminus \{i\}} \mathcal{M}_{k\to j}(z_j)} \quad (ij \in B) \qquad (8.40)$$

$$\mathcal{M}_{i\to j}(a_j) = \frac{\sum_{z_i} W_{ij}(z_i, a_j) \prod_{k \in c_i \setminus \{j\}} \mathcal{M}_{k\to i}(z_i)}{\sum_{z_i}\sum_{z_j} W_{ij}(z_i, z_j) \prod_{k \in c_i \setminus \{j\}} \mathcal{M}_{k\to i}(z_i)} \quad (ij \in B) \qquad (8.41)$$

$\{\mathcal{M}_{j\to i}(a_i), \mathcal{M}_{i\to j}(a_j) | ij \in B\}$ は式 (8.40) および式 (8.41) から逐次的に計算される. また, この場合も $\mathcal{M}_{i'\to i}(a_i)$ から平均 m_i, 分散 V_i が求められることになる.

ここまでの確率モデルの構造をまとめると, 式 (8.28) に与えられる確率分布において最近接頂点対の集合 B に付随するグラフ構造が 1 次元鎖または木構造である場合, そのグラフ上で与えられるある局所的な漸化式に従って逐次的に計算する問題へと帰着されるということになる. この 2 つの場合は式 (8.6)-(8.7) および式 (8.40)-(8.41) において, $\mathcal{L}_{i-1\to i}(a_i), \mathcal{R}_{i+1\to i}(a_i), \mathcal{M}_{j\to i}(a_i), \mathcal{M}_{i\to j}(a_j)$ を数値的に計算したとしても, 基本的には (数値計算の際に桁落ち等で生じる誤差を除いては) 厳密な取り扱いをしていると見なすことができる. 問題は, これらのより一般的な確率モデルをどのように扱えば良いかということになる.

グラフが木構造を持つということは閉路がないということを意味しているが, 閉路を有するグラフの場合は本節の定式化の範囲では取り扱い切れなくなってしまう. 確率推論の分野ではこの閉路の問題を, 一部の確率モデルに対しては局所的なある種の変換を施すことにより, 木構造を持つグラフに変換することで解決してきた. しかし, 1 つのグラフのなかに存在する閉路の個数が多くなってくると, このような変換だけでは対応しきれない場合がでてくる.

確率的情報処理では, 厳密な取り扱いの難しい確率モデルに対しては厳密な取り扱いをあきらめて近似を導入し, 統計量を得るためのできるだけ近似精度のよいアルゴリズムを構成するという視点で, 確率推論のための近似アルゴリズムの 1 つとして確率伝搬法が採用されている. 式 (8.40)-(8.41) は図 8.5 のように一般に最近接頂点対の集合 B に付随するグラフが木構造を持たない場合でも, 書き下すことはでき, 反復法 (付録 B 参照) を用いて計算される. この場合, 式 (8.40) および式 (8.41) は $\{\mathcal{M}_{i\to j}(a_j), \mathcal{M}_{i\to j}(a_j) | ij \in B\}$ に対する固定点方程式と見なしている. 式 (8.38)-(8.41) に基づく確率伝搬法アルゴリズムは次のように与えられる.

[確率伝搬法のアルゴリズム]

Step 1: $\{W_{i,j}(a_i, a_j) | ij \in B\}$ を読み込む.

Step 2: $\{\mathcal{M}_{j \to i}(a_i) | i \in \Omega, \ j \in c_i\}$ の初期値を設定する.

Step 3: $\widetilde{\mathcal{M}}_{j \to i}(a_i) \Leftarrow \mathcal{M}_{j \to i}(a_i) \ (i \in \Omega, \ j \in c_i)$ と設定する.

Step 4: $\{\mathcal{M}_{j \to i}(a_i) | i \in \Omega, \ j \in c_i\}$ の値を次の更新則により更新する.

$$\mathcal{M}_{j \to i}(a_i) \Leftarrow \frac{\sum_{z_j} W_{ij}(a_i, z_j) \prod_{k \in c_j \setminus \{i\}} \widetilde{\mathcal{M}}_{k \to j}(z_j)}{\sum_{z_i}\sum_{z_j} W_{ij}(z_i, z_j) \prod_{k \in c_j \setminus \{i\}} \widetilde{\mathcal{M}}_{k \to j}(z_j)} \quad (ij \in B) \quad (8.42)$$

$$\mathcal{M}_{i \to j}(a_j) \Leftarrow \frac{\sum_{z_i} W_{ij}(z_i, a_j) \prod_{k \in c_i \setminus \{j\}} \widetilde{\mathcal{M}}_{k \to i}(z_i)}{\sum_{z_j}\sum_{z_i} W_{ij}(z_i, z_j) \prod_{k \in c_i \setminus \{j\}} \widetilde{\mathcal{M}}_{k \to i}(z_i)} \quad (ij \in B) \quad (8.43)$$

Step 5: 収束判定条件

$$\frac{1}{|\Omega|} \sum_{i \in \Omega} \sum_{k \in c_i} \sum_{z_i = 1}^{M_i} |\widetilde{\mathcal{M}}_{k \to i}(z_i) - \mathcal{M}_{k \to i}(z_i)| < 10^{-6}$$

を満足しなければ **Step 3** に戻り, 満足すれば

$$\mathcal{Z}_i \Leftarrow \sum_{z_i} \prod_{k \in c_i} \mathcal{M}_{k \to i}(z_i) \ (i \in \Omega) \quad (8.44)$$

$$\mathcal{Z}_{ij} \Leftarrow \sum_{z_i} \sum_{z_j} W_{ij}(z_i, z_j) \Big(\prod_{k \in c_i \setminus \{j\}} \mathcal{M}_{k \to i}(z_i) \Big)$$
$$\times \Big(\prod_{l \in c_j \setminus \{i\}} \mathcal{M}_{l \to j}(z_j) \Big) \ (ij \in B) \quad (8.45)$$

$$P_i(a_i) \Leftarrow \frac{1}{\mathcal{Z}_i} \prod_{k \in c_i} \mathcal{M}_{k \to i}(a_i) \ (i \in \Omega) \quad (8.46)$$

$$P_{ij}(a_i, a_j) \Leftarrow \frac{1}{\mathcal{Z}_{ij}} W_{ij}(a_i, a_j) \Big(\prod_{k \in c_i \setminus \{j\}} \mathcal{M}_{k \to i}(a_i) \Big)$$
$$\times \Big(\prod_{l \in c_j \setminus \{i\}} \mathcal{M}_{l \to j}(a_j) \Big) \ (ij \in B) \quad (8.47)$$

により $P_i(a_i)$ と $P_{ij}(a_i, a_j)$ を計算して終了する.

8.4 確率伝搬法の情報論的解釈

式 (8.28) で与えられる確率分布 $P(\bm{a})$ と試行関数 $Q(\bm{a})$ に対するカルバック・ライブラー情報量 $\mathrm{KL}[P||Q]$ を考える.

$$\mathrm{KL}[P||Q] \equiv \mathcal{E}[Q] - \mathcal{S}[Q] + \ln\left(\sum_{\bm{z}} \prod_{ij \in B} W_{i,j}(z_i, z_j)\right) \tag{8.48}$$

$$\mathcal{E}[Q] \equiv -\sum_{\bm{z}} \sum_{ij \in B} Q(\bm{z}) \ln\left(W_{ij}(z_i, z_j)\right) \tag{8.49}$$

$$\mathcal{S}[Q] \equiv -\sum_{\bm{z}} Q(\bm{z}) \ln Q(\bm{z}) \tag{8.50}$$

ここで, 試行関数 $Q(\bm{a})$ に対して周辺確率分布

$$Q_i(a_i) \equiv \sum_{\bm{z}} \delta_{a_i, z_i} Q(\bm{z}) \tag{8.51}$$

$$Q_{ij}(a_i, a_j) = Q_{ji}(a_j, a_i) \equiv \sum_{\bm{z}} \delta_{a_i, z_i} \delta_{a_j, z_j} Q(\bm{z}) \tag{8.52}$$

を導入する. 式 (8.51) および式 (8.52) を式 (8.49) に代入することにより

$$\mathcal{E}[Q] = -\sum_{ij \in B} \sum_{\zeta} \sum_{\zeta'} Q_{ij}(\zeta, \zeta') \ln W_{ij}(\zeta, \zeta') \tag{8.53}$$

という式が導かれる. すなわち, これで汎関数 $\mathcal{E}[Q]$ は周辺確率分布 $Q_i(a_i)$, $Q_{ij}(a_i, a_j)$ のみにより表されたことになる. ここで, $\mathcal{S}[Q]$ についても同様の書き換えができれば, $\mathrm{KL}[P||Q]$ が周辺確率分布 $Q_i(a_i)$ および $Q_{ij}(a_i, a_j)$ のみにより表されたことになるが, 厳密にそのような書き換えを実行することは難しい.

そこで $Q(\bm{a})$ をその周辺確率分布を用いて

$$Q(\bm{a}) = \left(\prod_{i \in \Omega} Q_i(a_i)\right) \left(\prod_{ij \in B} \frac{Q_{ij}(a_i, a_j)}{Q_i(a_i) Q_j(a_j)}\right) \tag{8.54}$$

という形に表された関数系に制限して, その範囲で $\mathrm{KL}[P||Q]$ を最小にするという尺度をもって試行関数 $Q(\bm{f})$ ができるだけ式 (8.28) で与えられた確率分布 $P(\bm{a})$ に近くなるように, 周辺確率分布を決定するという戦略を採用する.

式 (8.54) を式 (8.50) の $\ln Q(\bm{a})$ の部分に代入し, その上で式 (8.51) および式 (8.52) を用いることにより, $\mathcal{S}[Q]$ を次のような近似的な表式で置き換えることができる.

$$\mathcal{S}[Q] \simeq \sum_{i \in \Omega} \mathcal{S}_i + \sum_{ij \in B} (\mathcal{S}_{ij} - \mathcal{S}_i - \mathcal{S}_j) \tag{8.55}$$

$$\mathcal{S}_i \equiv -\sum_{z_i} Q_i(z_i) \ln(Q_i(z_i)) \tag{8.56}$$

$$\mathcal{S}_{ij} \equiv -\sum_{z_i}\sum_{z_j} Q_{ij}(z_i, z_j) \ln(Q_{ij}(z_i, z_j)) \tag{8.57}$$

この表式の解釈は次の通りである．$\mathcal{S}[Q]$ をより小数の頂点からなる周辺確率分布を用いて表そうとすると，まず現れるのが各頂点ごとの $\mathcal{S}_i$ の和であると考えることは自然であろう．最近接頂点対からの寄与の項を，すべての最近接頂点対から頂点の寄与を差し引いた量 $\mathcal{S}_{ij} - \mathcal{S}_i - \mathcal{S}_j$ として考慮している．頂点の寄与をわざわざ引いているのは，第1項ですでに足しているから差し引かなければ足しすぎになるという考え方からくるものである．

次の式で定義される $\mathcal{F}_{\text{Bethe}}[\{Q_i, Q_{ij} | i \in \Omega, ij \in B\}]$ を新たに導入する．

$$\mathcal{F}_{\text{Bethe}}[\{Q_i, Q_{ij} | i \in \Omega, ij \in B\}] \equiv -\sum_{ij \in B}\sum_{z_i}\sum_{z_j} Q_{ij}(z_i, z_j) \ln W_{ij}(z_i, z_j)$$
$$-\sum_{i \in \Omega} \mathcal{S}_i - \sum_{ij \in B}(\mathcal{S}_{ij} - \mathcal{S}_i - \mathcal{S}_j) \tag{8.58}$$

式 (8.53) と式 (8.55) から $\mathcal{E}[Q] - \mathcal{S}[Q]$ は $\mathcal{F}_{\text{Bethe}}[\{Q_i, Q_{ij} | i \in \Omega, ij \in B\}]$ を用いて次のように近似される．

$$\mathcal{E}[Q] - \mathcal{S}[Q] \simeq \mathcal{F}_{\text{Bethe}}[\{Q_i, Q_{ij} | i \in \Omega, ij \in B\}] \tag{8.59}$$

周辺確率分布の定義 (8.51), (8.52) から次の等式が導かれる．

$$Q_i(a_i) = \sum_{z_j} Q_{ij}(a_i, z_j), \quad Q_j(a_j) = \sum_{z_i} Q_{ij}(z_i, a_j) \quad (ij \in B) \tag{8.60}$$

そこで，$Q_i(a_i), Q_{ij}(a_i, a_j)$ はその規格化条件および等式 (8.60) を拘束条件として $\mathcal{F}_{\text{Bethe}}[\{Q_i, Q_{ij} | i \in \Omega, ij \in B\}]$ の最小化に対する変分原理をとることにより決定される（変分法については基礎知識は付録 D にまとめている）．

$$\{\widehat{Q}_i, \widehat{Q}_{ij} | i \in \Omega, ij \in B\}$$
$$= \arg\min_{\{Q_i, Q_{ij} | i \in \Omega, ij \in B\}} \Big\{ \mathcal{F}_{\text{Bethe}}[\{Q_i, Q_{ij} | i \in \Omega, ij \in B\}] \Big|$$
$$Q_i(a_i) = \sum_{z_j} Q_{ij}(a_i, z_j), \ Q_j(a_j) = \sum_{z_i} Q_{ij}(z_i, a_j)$$
$$\sum_{z_i} Q_i(z_i) = \sum_{z_i}\sum_{z_j} Q_{ij}(z_i, z_j) = 1 \Big\} \tag{8.61}$$

拘束条件に対してラグランジュの未定乗数 $\Lambda_{ij,i}(a_i)$, $\Lambda_{ij,j}(a_j)$, ν_i, ν_{ij} を次のように導入する．

$$\begin{aligned}
&\mathcal{L}_{\text{Bethe}}\big[\{Q_i, Q_{ij} | i \in \Omega, ij \in B\}\big] \\
&\equiv \mathcal{F}_{\text{Bethe}}\big[\{Q_i, Q_{ij} | i \in \Omega, ij \in B\}\big] \\
&\quad - \sum_{ij \in B} \sum_{z_i} \Lambda_{ij,j}(z_i) \bigg(Q_i(z_i) - \sum_{z_j} Q_{ij}(z_i, z_j) \bigg) \\
&\quad - \sum_{ij \in B} \sum_{z_j} \Lambda_{ij,i}(z_j) \bigg(Q_j(z_j) - \sum_{z_i} Q_{ij}(z_i, z_j) \bigg) \\
&\quad - \sum_{i \in \Omega} \nu_i \bigg(\sum_{z_i} Q_i(z_i) - 1 \bigg) - \sum_{ij \in B} \nu_{ij} \bigg(\sum_{z_i} \sum_{z_j} Q_{ij}(z_i, z_j) - 1 \bigg) \quad (8.62)
\end{aligned}$$

汎関数 $\mathcal{L}_{\text{Bethe}}\big[\{Q_i, Q_{ij} | i \in \Omega, ij \in B\}\big]$ の極値条件から $\widehat{Q}_i(a_i)$ および $\widehat{Q}_{ij}(a_i, a_j)$ が次のように導かれる．

$$\widehat{Q}_i(a_i) = \frac{\prod_{k \in c_i} \exp\big(\frac{1}{|c_i|-1} \Lambda_{ik,i}(a_i)\big)}{\sum_{z_i} \prod_{k \in c_i} \exp\big(\frac{1}{|c_i|-1} \Lambda_{ik,i}(z_i)\big)} \quad (i \in \Omega) \quad (8.63)$$

$$\widehat{Q}_{ij}(a_i, a_j) = \frac{W_{ij}(a_i, a_j) \exp\big(\Lambda_{ij,i}(a_i) + \Lambda_{ij,j}(a_j)\big)}{\sum_{z_i} \sum_{z_j} W_{ij}(z_i, z_j) \exp\big(\Lambda_{ij,i}(z_i) + \Lambda_{ij,j}(z_j)\big)} \quad (ij \in B) \quad (8.64)$$

そのラグランジュの未定乗数は，周辺確率分布についての規格化条件および等式 (8.60) を満たすように決定されるという形の非線形方程式に帰着される．この時点では式 (8.30) および式 (8.31) との関係が見えてこないが，

$$\exp\big(\Lambda_{ij,i}(a_i)\big) = \prod_{k \in c_i \setminus \{j\}} \lambda_{k \to i}(a_i) \quad (8.65)$$

という線形方程式の解として $\Lambda_{ij,i}(a_i)$ から定義される量 $\lambda_{k \to i}(a_i)$ を導入すると，式 (8.63) および式 (8.34) から次の式が導かれる．

$$\widehat{Q}_i(a_i) = \frac{1}{\mathcal{Z}_i} \prod_{i' \in c_i} \lambda_{i' \to i}(a_i) \quad (i \in \Omega) \quad (8.66)$$

$$\begin{aligned}
\widehat{Q}_{ij}(a_i, a_j) = \frac{1}{\mathcal{Z}_{ij}} &\bigg(\prod_{i' \in c_i \setminus \{j\}} \lambda_{i' \to i}(a_i) \bigg) W_{ij}(a_i, a_j) \\
&\times \bigg(\prod_{j' \in c_j \setminus \{i\}} \lambda_{j' \to j}(a_j) \bigg) \quad (ij \in B) \quad (8.67)
\end{aligned}$$

$\mathcal{Z}_i$ と $\mathcal{Z}_{ij}$ は次の式で定義される定数である．

$$\mathcal{Z}_i \equiv \sum_{z_i} \prod_{i' \in c_i} \lambda_{i' \to i}(z_i) \ (i \in \Omega) \tag{8.68}$$

$$\mathcal{Z}_{ij} \equiv \sum_{z_i}\sum_{z_j} \Big(\prod_{i' \in c_i \setminus \{j\}} \lambda_{i' \to i}(z_i) \Big) W_{ij}(z_i, z_j)$$
$$\times \Big(\prod_{j' \in c_j \setminus \{i\}} \lambda_{j' \to j}(z_j) \Big) \ (ij \in B) \tag{8.69}$$

式 (8.66) および式 (8.67) は式 (8.30) および式 (8.31) と基本的に等価であることがわかる．$\lambda_{j \to i}(a_i)$ を決めるのは式 (8.60) に式 (8.66) および式 (8.67) を代入し，共通因子を消去した上でさらに式 (8.37) に代入することにより，式 (8.40)-(8.41) が導かれる．また，式 (8.66) および式 (8.67) に式 (8.37) を用いることで式 (8.30)-(8.31) が導かれる．

8.5　ガウシアングラフィカルモデル

本節では，ガウシアングラフィカルモデルを用いたノイズ除去に対する確率伝搬法のアルゴリズムについて説明する．このガウシアングラフィカルモデルによるアルゴリズムは，多次元ガウス積分と離散フーリエ変換を用いた厳密解を用いて構成することが可能であり，これについてはすでに前章で説明している．本節は前章と同じガウシアングラフィカルモデル，ベイズ統計，最尤推定の枠組みをもとにしたノイズ除去アルゴリズムを，厳密解ではなく確率伝搬法を用いて構成し，厳密解によりアルゴリズムの結果と比較することで，その精度と性能について解説する [32]．

ガウシアングラフィカルモデルは，与えられた頂点 i の集合 Ω とその頂点間を結ぶ線分 ij の集合 B に対して，モデルパラメータ $\alpha\,(>0)$, $\beta\,(\geq 0)$ およびベクトル $\bm{g} = (g_1, g_2, \cdots, g_{|\Omega|})$ を指定することにより，次の確率密度関数 $P(\bm{a})$ により定義される．

$$P(\bm{a}|\bm{g}, \alpha, \beta) = \frac{1}{\mathcal{Z}(\bm{g}, \alpha, \beta)} \exp\Big(-\frac{1}{2}\beta \sum_{i \in \Omega}(a_i - g_i)^2 - \frac{1}{2}\alpha \sum_{ij \in B}(a_i - a_j)^2 \Big) \tag{8.70}$$

$$\mathcal{Z}(\bm{g}, \alpha, \beta) \equiv \int \exp\Big(-\frac{1}{2}\beta \sum_{i \in \Omega}(z_i - g_i)^2 - \frac{1}{2}\alpha \sum_{ij \in B}(z_i - z_j)^2 \Big) d\bm{z} \tag{8.71}$$

ここで, $\boldsymbol{a} = (a_1, a_2, \cdots, a_{|\Omega|})^{\mathrm{T}}$ は確率ベクトル変数 $\boldsymbol{A} = (A_1, A_2, \cdots, A_{|\Omega|})^{\mathrm{T}}$ に対する実現値である. 確率密度関数 $P(\boldsymbol{a}|\boldsymbol{g}, \alpha, \beta)$ は次のように書き直される.

$$P(\boldsymbol{a}|\boldsymbol{g}, \alpha, \beta) = \frac{\prod_{i \in B} W_{ij}(a_i, a_j)}{\int \Big(\prod_{i \in B} W_{ij}(z_i, z_j)\Big) d\boldsymbol{z}} \tag{8.72}$$

$W_{ij}(a_i, a_j)$
$$\equiv \exp\Big(-\frac{1}{2|c_i|}\beta(a_i - g_i)^2 - \frac{1}{2|c_j|}\beta(a_j - g_j)^2 - \frac{1}{2}\alpha(a_i - a_j)^2\Big) \tag{8.73}$$

この形は式 (8.28) を離散確率変数から連続確率変数に読み替えたものと等価である. 連続確率変数に対して周辺確率密度関数は

$$P_i(a_i|\boldsymbol{g}, \alpha, \beta) \equiv \int \delta(z_i - a_i) P(\boldsymbol{z}) d\boldsymbol{z} \tag{8.74}$$

$$P_{ij}(a_i, a_j|\boldsymbol{g}, \alpha, \beta) \equiv \int \delta(z_i - a_i)\delta(z_j - a_j) P(\boldsymbol{z}) d\boldsymbol{z} \tag{8.75}$$

により定義される. ここで $\delta(z)$ はデルタ関数であり, 積分 $\int (\cdots) d\boldsymbol{z}$ は

$$\int (\cdots) d\boldsymbol{z} \equiv \int_{-\infty}^{+\infty} \int_{-\infty}^{+\infty} \cdots \int_{-\infty}^{+\infty} (\cdots) dz_1 dz_2 \cdots dz_{|\Omega|} \tag{8.76}$$

により定義される. 式 (8.30)-(8.69) において確率ベクトル変数 $\boldsymbol{A}$ が離散確率変数であることを考えて, 読みかえを行うと, 周辺確率密度関数は次のように与えられる.

$$P_i(a_i|\boldsymbol{g}, \alpha, \beta) \simeq \frac{1}{\mathcal{Z}_i} \prod_{i' \in c_i} \mathcal{M}_{i' \to i}(a_i) \quad (i \in \Omega) \tag{8.77}$$

$P_{ij}(a_i, a_j|\boldsymbol{g}, \alpha, \beta)$
$$\simeq \frac{1}{\mathcal{Z}_{ij}} \Big(\prod_{i' \in c_i \backslash \{j\}} \mathcal{M}_{i' \to i}(a_i) \Big) W_{ij}(a_i, a_j) \Big(\prod_{j' \in c_j \backslash \{i\}} \mathcal{M}_{j' \to j}(a_j) \Big) \quad (ij \in B) \tag{8.78}$$

ここで $\mathcal{Z}_i, \mathcal{Z}_{ij}$ は次の式で定義される定数である.

$$Z_i(a_i|\boldsymbol{g}, \alpha, \beta) \equiv \int_{-\infty}^{+\infty} \Big(\prod_{i' \in c_i} \mathcal{M}_{i' \to i}(z_i) \Big) dz_i \quad (i \in \Omega) \tag{8.79}$$

$$Z_{ij} \equiv \int_{-\infty}^{+\infty} \int_{-\infty}^{+\infty} \Big(\prod_{i' \in c_i \backslash \{j\}} \mathcal{M}_{i' \to i}(z_i) \Big) W_{ij}(z_i, z_j) \Big(\prod_{j' \in c_j \backslash \{i\}} \mathcal{M}_{j' \to j}(z_j) \Big) dz_i dz_j$$
$$(ij \in B) \tag{8.80}$$

$\{\mathcal{M}_{j \to i}(a_i), \mathcal{M}_{i \to j}(a_j) | ij \in B\}$ は次のメッセージの伝搬規則を満たすように決定される.

$$\mathcal{M}_{j \to i}(a_i) = \frac{\int_{-\infty}^{+\infty} W_{ij}(a_i, z_j) \Big(\prod_{k \in c_j \setminus \{i\}} \mathcal{M}_{k \to j}(z_j) \Big) dz_j}{\int_{-\infty}^{+\infty} \int_{-\infty}^{+\infty} W_{ij}(z_i, z_j) \Big(\prod_{k \in c_j \setminus \{i\}} \mathcal{M}_{k \to j}(z_j) \Big) dz_i dz_j}$$
$(ij \in B)$ \hfill (8.81)

$$\mathcal{M}_{i \to j}(a_j) = \frac{\int_{-\infty}^{+\infty} W_{ij}(z_i, a_j) \Big(\prod_{k \in c_i \setminus \{j\}} \mathcal{M}_{k \to i}(z_i) \Big) dz_i}{\int_{-\infty}^{+\infty} \int_{-\infty}^{+\infty} W_{ij}(z_i, z_j) \Big(\prod_{k \in c_i \setminus \{j\}} \mathcal{M}_{k \to i}(z_i) \Big) dz_i dz_j}$$
$(ij \in B)$ \hfill (8.82)

ここで $P(\boldsymbol{a}|\boldsymbol{g}, \alpha, \beta)$ がガウシアングラフィカルモデルであることから, メッセージも

$$\mathcal{M}_{j \to i}(a_i) \simeq \sqrt{\frac{\lambda_{j \to i}}{2\pi}} \exp\Big(- \frac{\lambda_{j \to i}}{2}(a_i - \mu_{j \to i})^2 \Big) \quad (8.83)$$

という関数形により与えられるものと仮定し, 式 (8.81) に代入した上でその両辺に a_i^2 および a_i を掛けて a_i で積分することにより $\{\lambda_{j \to i}, \mu_{j \to i} | j \in c_i, i \in \Omega\}$ に対する決定方程式が以下のように与えられる.

$$\frac{1}{\lambda_{j \to i}} = \frac{1}{\alpha} + \frac{1}{\beta + \sum_{k \in c_j \setminus \{i\}} \lambda_{k \to j}} \quad (8.84)$$

$$\mu_{j \to i} = \frac{\beta g_j + \sum_{k \in c_j \setminus \{i\}} \mu_{k \to j} \lambda_{k \to j}}{\beta + \sum_{k \in c_j \setminus \{i\}} \lambda_{k \to j}} \quad (8.85)$$

式 (8.83) を式 (8.77) および式 (8.78) に代入することにより周辺確率密度関数は $\{\lambda_{j \to i}, \mu_{j \to i} | j \in c_i, i \in \Omega\}$ を用いて次のように与えられる.

$$P_i(a_i|\boldsymbol{g}, \alpha, \beta) \simeq \sqrt{\frac{\beta + \sum_{j \in c_i} \lambda_{j \to i}}{2\pi}} \exp\Big(-\frac{1}{2}\Big(\beta + \sum_{j \in c_i} \lambda_{j \to i}\Big)(a_i - m_i)^2 \Big)$$
\hfill (8.86)

$$P_{ij}(a_i,a_j|\boldsymbol{g},\alpha,\beta) \simeq \sqrt{\frac{\det(\boldsymbol{R}_{ij})}{(2\pi)^2}}\exp\left(-\frac{1}{2}\begin{pmatrix}a_i-m_i\\a_j-m_j\end{pmatrix}^{\mathrm{T}}\boldsymbol{R}_{ij}\begin{pmatrix}a_i-m_i\\a_j-m_j\end{pmatrix}\right) \tag{8.87}$$

$$\boldsymbol{R}_{ij} \equiv \begin{pmatrix}\beta+\alpha+\sum_{k\in c_i\setminus\{j\}}\lambda_{k\to i} & -\alpha \\ -\alpha & \beta+\alpha+\sum_{k\in c_j\setminus\{i\}}\lambda_{k\to j}\end{pmatrix} \tag{8.88}$$

$$m_i \equiv \frac{\beta g_i + \sum_{j\in c_i}\mu_{j\to i}\lambda_{j\to i}}{\beta + \sum_{j\in c_i}\lambda_{j\to i}} \tag{8.89}$$

具体的なガウシアングラフィカルモデルにおける確率伝搬法のアルゴリズムは以下のように与えられる．

[確率伝搬法アルゴリズム LBP$[\boldsymbol{g},\alpha,\beta]$]

Step 1: $\boldsymbol{g}$, α, β を入力として設定する．

Step 2: $r \Leftarrow 0$ とし，$\{\lambda_{j\to i},\mu_{j\to i}|j\in c_i,i\in\Omega\}$ を適当な初期値に設定する．

Step 3: $\tilde{\lambda}_{j\to i}\Leftarrow\lambda_{j\to i},\tilde{\mu}_{j\to i}\Leftarrow\mu_{j\to i}$ $(j\in c_i,i\in\Omega)$

Step 4: $r\Leftarrow r+1$ とし，次のように $\{\lambda_{j\to i},\mu_{j\to i}|j\in c_i,i\in\Omega\}$ を更新する．

$$\lambda_{j\to i} \Leftarrow \left(\frac{1}{\alpha}+\frac{1}{\beta+\sum_{k\in c_j\setminus\{i\}}\tilde{\lambda}_{k\to j}}\right)^{-1} \quad (j\in c_i,\ i\in\Omega) \tag{8.90}$$

$$\mu_{j\to i} \Leftarrow \frac{\beta g_j + \sum_{k\in c_j\setminus\{i\}}\tilde{\lambda}_{k\to j}\tilde{\mu}_{k\to j}}{\beta+\sum_{k\in c_j\setminus\{i\}}\tilde{\lambda}_{k\to j}} \quad (j\in c_i,\ i\in\Omega) \tag{8.91}$$

Step 5: $R\Leftarrow r$ と設定する．

$$\sum_{i\in\Omega}\sum_{j\in c_i}\left(|\lambda_{j\to i}-\tilde{\lambda}_{j\to i}|+|\mu_{j\to i}-\tilde{\mu}_{j\to i}|\right) > \varepsilon \tag{8.92}$$

であれば **Step 3** へ戻り，そうでなければ $\{\lambda_{j\to i},\mu_{j\to i}|j\in c_i,i\in\Omega\}$ を式 (8.86)-(8.87) に代入し，$P_i(a_i|\boldsymbol{g},\alpha,\beta)$ および $P_{ij}(a_i,a_j|\boldsymbol{g},\alpha,\beta)$ を計算し，これを出力として設定して終了する．

通常, ε は 10^{-6} と設定すれば十分である. 式 (8.90)-(8.91) で, $\sum_{k \in c_j \setminus \{i\}} \tilde{\lambda}_{k \to j}$ および $\sum_{k \in c_j \setminus \{i\}} \tilde{\lambda}_{k \to j} \tilde{\mu}_{k \to j}$ は隣接頂点毎に計算量は $\mathcal{O}(1)$ であり, $|c_j \setminus \{i\}|$ は 3 である. したがって, 固定点方程式 (8.84)-(8.85) は 1 更新あたり $\mathcal{O}(|\Omega|)$ の計算量を要することになる. 得られた周辺確率密度関数 $P_i(a_i)$, $P_{ij}(a_i, a_j)$ から

$$\int z_i P(\boldsymbol{z}|\boldsymbol{g}, \alpha, \beta) d\boldsymbol{z} = \int_{-\infty}^{+\infty} z_i P_i(z_i|\boldsymbol{g}, \alpha, \beta) dz_i \quad (i \in \Omega) \tag{8.93}$$

$$\int (z_i - z_j)^2 P(\boldsymbol{z}|\boldsymbol{g}, \alpha, \beta) d\boldsymbol{z}$$
$$= \int_{-\infty}^{+\infty} \int_{-\infty}^{+\infty} (z_i - z_j)^2 P_{ij}(z_i, z_j|\boldsymbol{g}, \alpha, \beta) dz_i dz_j \quad (ij \in B) \tag{8.94}$$

という形で統計量が計算される.

特別な場合として $\beta = 0$ のときを考えてみよう. このとき, 空間的な並進対称性を持つため $\lambda_{i \to j}$, $\mu_{i \to j}$ および m_i はすべて i にも j にも依存しなくなってしまう. このことを考慮して式 (8.84) を解くと $\lambda_{i \to j}$ は

$$\lambda_{i \to j} = \lambda_{j \to i} = \frac{2}{3} \alpha \tag{8.95}$$

と与えられる. さらにこの表式を式 (8.87) および式 (8.88) に代入することにより

$$\int_{-\infty}^{+\infty} \int_{-\infty}^{+\infty} (\zeta - \zeta')^2 P_{ij}(\zeta, \zeta'|\boldsymbol{g}, \alpha, \beta=0) d\zeta d\zeta' = \frac{1}{2\alpha} \tag{8.96}$$

が得られる.

ガウシアングラフィカルモデルを用いた確率的画像処理に確率伝搬法を適用しようとする際, まず頂点 i を画素 (x, y) に置き換え, $\Omega = \{(x, y) | x = 0, 1, \cdots, M-1,\ y = 0, 1, \cdots, N-1\}$ として, 頂点 i の隣接画素の集合 c_i は画素 (x, y) の最近接画素の集合 $c_{x,y} = \{(x \pm 1, y), (x, y \pm 1)\}$ とする. 頂点に対する確率ベクトル変数 $\boldsymbol{A}$ を式 (6.7) の原画像の確率場 $\boldsymbol{F}$, その実現値 $\boldsymbol{a}$ を式 (2.2) の $\boldsymbol{f}$ と読み替える. その上で式 (8.70) を $M \times N$ の正方格子上で

$$P(\boldsymbol{f}|\boldsymbol{g}, \alpha, \beta) \equiv \frac{1}{\mathcal{Z}(\boldsymbol{g}, \alpha, \beta)} \exp \left(-\frac{1}{2} \beta \sum_{x=0}^{M-1} \sum_{y=0}^{N-1} (f_{x,y} - g_{x,y})^2 \right.$$
$$\left. -\frac{1}{2} \alpha \sum_{x=0}^{M-1} \sum_{y=0}^{N-1} \left((f_{x,y} - f_{x+1,y})^2 + (f_{x,y} - f_{x,y+1})^2 \right) \right) \tag{8.97}$$

により与えられるものとする.

ベイズ統計と最尤推定のもとで劣化過程を式 (6.1) の加法的白色ガウスノイズ (平

均 0, 分散 σ^2) に，事前確率密度関数を式 (7.34) にそれぞれ仮定したときの確率的画像処理を考えると，事後確率密度関数 $\rho(\boldsymbol{F} = \boldsymbol{f}|\boldsymbol{G} = \boldsymbol{g}, \alpha, \sigma)$ および周辺尤度 $\rho(\boldsymbol{G} = \boldsymbol{g}|\alpha, \sigma)$ は式 (7.35) および式 (7.16) により次のように与えられる．

$$\rho(\boldsymbol{F} = \boldsymbol{f}|\boldsymbol{G} = \boldsymbol{g}, \alpha, \sigma) = P(\boldsymbol{f}|\boldsymbol{g}, \alpha, \beta = \sigma^{-2}) \tag{8.98}$$

$$\ln\left(\rho(\boldsymbol{G} = \boldsymbol{g}|\alpha, \sigma)\right) = \ln\left(\mathcal{Z}(\boldsymbol{g}, \alpha, \beta = \sigma^{-2})\right)$$
$$- \ln\left(\mathcal{Z}(\boldsymbol{g}, \alpha, \beta = 0)\right) - \ln\left(\left(\sqrt{2\pi}\sigma\right)^{MN}\right) \tag{8.99}$$

ハイパパラメータ (α, σ) の推定値 $(\widehat{\alpha}, \widehat{\sigma})$ は周辺尤度最大化

$$(\widehat{\alpha}, \widehat{\sigma}) = \arg\max_{(\alpha, \sigma)} \rho(\boldsymbol{G} = \boldsymbol{g}|\alpha, \sigma) \tag{8.100}$$

により与えられる．この周辺尤度最大化 (8.100) を達成するための EM アルゴリズムは確率伝搬法と組み合わせることで構成することが可能である．第 4.2 節で与えられた EM アルゴリズムの M-Step において，(α', σ') を固定したときの式 (4.38) または式 (7.28) の Q-関数 $Q(\alpha, \sigma|\alpha', \sigma', \boldsymbol{g})$ の (α, σ) についての最大化が行われるが，式 (4.40)-(4.41) に対応する極値条件は次のように与えられる．

$$\frac{1}{|\Omega|} \sum_{i \in \Omega} \int_{-\infty}^{+\infty} (\zeta - g_i)^2 P_i(\zeta|\boldsymbol{g}, \alpha = \alpha', \beta = \sigma'^{-2}) d\zeta = \sigma^2 \tag{8.101}$$

$$\frac{1}{|B|} \sum_{ij \in B} \int_{-\infty}^{+\infty} \int_{-\infty}^{+\infty} (\zeta - \zeta')^2 P_{ij}(\zeta, \zeta'|\boldsymbol{g}, \alpha = \alpha', \beta = \sigma'^{-2}) d\zeta d\zeta' = \frac{1}{2\alpha}$$
$$\tag{8.102}$$

式 (8.101)-(8.102) から周辺尤度最大化 (8.100) のを達成するための EM アルゴリズムは次のように与えられる．

[確率伝搬法を用いた周辺尤度最大化のための EM アルゴリズム]

Step 1: $a(0), b(0)$ に初期値を設定し，$t \Leftarrow 0$ とする．

Step 2: 確率伝搬法のアルゴリズム $\mathrm{LBP}(\boldsymbol{g}, a(t), b(t)^{-1})$ により $P_i(\zeta|\boldsymbol{g}, a(t), b(t)^{-1})$ と $P_{ij}(\zeta, \zeta'|\boldsymbol{g}, a(t), b(t)^{-1})$ を計算する．

Step 3: $a(t+1)$ と $b(t+1)$ を次の式で更新する．

$$a(t+1) \Leftarrow \left(\frac{2}{|B|} \sum_{ij \in B} \int_{-\infty}^{+\infty} \int_{-\infty}^{+\infty} (\zeta - \zeta')^2 P_{ij}(\zeta, \zeta'|\boldsymbol{g}, a(t), b(t)^{-1}) d\zeta d\zeta'\right)^{-1}$$
$$\tag{8.103}$$

$$b(t+1) \Leftarrow \frac{1}{|\Omega|} \sum_{i \in \Omega} \int_{-\infty}^{+\infty} (\zeta - g_i)^2 P_i(\zeta|\bm{g}, a(t), b(t)^{-1}) d\zeta \quad (8.104)$$

Step 4: $|a(t+1) - a(t)| + |b(t+1)^{-1} - b(t)^{-1}| < \varepsilon$ を満足すれば $\widehat{\alpha} \Leftarrow a(t)$, $\widehat{\sigma} \Leftarrow \sqrt{b(t)}$ として LBP$(\bm{g}, \widehat{\alpha}, \widehat{\sigma}^{-2})$ により $P_i(\zeta|\bm{g}, \widehat{\alpha}, \widehat{\sigma}^{-2})$ を求め,

$$\widehat{f}_i \Leftarrow \int \zeta P_i(\zeta|\bm{g}, \widehat{\alpha}, \widehat{\sigma}^{-2}) d\zeta \quad (8.105)$$

を計算した上で終了し, 満足しなければ $t \Leftarrow t+1$ と更新して **Step 2** に戻る.

具体的なプログラムは付録 G に与える. 通常, ε は 10^{-6} と設定すれば十分である.

図 6.2 の劣化画像 $\bm{g} = (g_1, g_2, \cdots, g_{|\Omega|})^{\mathrm{T}}$ にガウシアングラフィカルモデルと最尤推定をもとに構成した確率伝搬法のアルゴリズムを適用することによって得られる出力画像 $\widehat{\bm{f}} = (\widehat{f}_1, \widehat{f}_2, \cdots, \widehat{f}_{|\Omega|})^{\mathrm{T}}$ を図 8.8 に与える.

図 8.8 に与えられた原画像の推定値としての出力結果 $\widehat{\bm{f}}$ に対するハイパパラメータ $\widehat{\sigma}$, $\widehat{\alpha}$ および平均二乗誤差 MSE$(\bm{f}, \widehat{\bm{f}})$, SN 比における改善率 Δ_{SNR} [dB] の値を表 8.1 に与える.

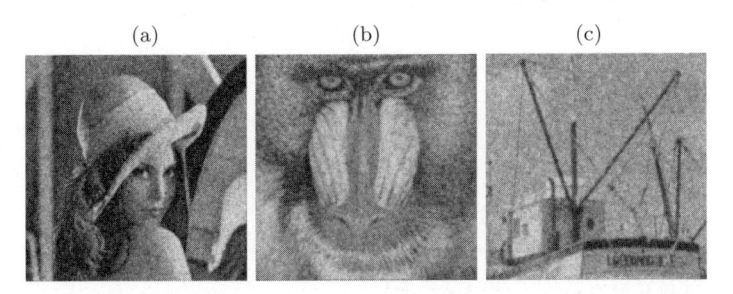

(a)　　　　(b)　　　　(c)

図 8.8 図 6.2 の劣化画像 $\bm{g}$ にガウシアングラフィカルモデル (8.97) における EM アルゴリズムと確率伝搬法を組み合わせた周辺尤度最大化の近似アルゴリズムを適用することによって得られる出力画像 $\widehat{\bm{f}}$.

8.6　反復条件付き最大化法

ベイジアンネットワークにおけるアルゴリズムとして**反復条件付き最大化**(Iterated Conditional Modes; ICM) 法と呼ばれる方法がある [3]. これは考え方が非常に単純であり, 確率的画像処理を中心に「与えられた確率分布を最大化する実現値」を

表 8.1　図 8.8 のガウシアングラフィカルモデルと最尤推定をもとに構成した確率伝搬法のアルゴリズムによるハイパパラメータの推定値 $(\widehat{\alpha}, \widehat{\sigma})$, 原画像の推定値 $\widehat{\boldsymbol{f}}$ に対する平均二乗誤差 $\mathrm{MSE}(\boldsymbol{f}, \widehat{\boldsymbol{f}})$ と SN 比における改善率 Δ_{SNR} [dB].

	$\widehat{\alpha}$	$\widehat{\sigma}$	$\mathrm{MSE}(\boldsymbol{f}, \widehat{\boldsymbol{f}})$	Δ_{SNR} [dB]
図 8.8(a)	0.000488	31.205	325	6.352
図 8.8(b)	0.000595	36.366	326	6.667
図 8.8(c)	0.000565	33.950	260	7.686

探索することを目的とする状況ではよく用いられる．本節ではこの反復条件付き最大化法について，その拡張も含めて説明し，確率伝搬法との構造的共通点について触れてみることにする．

$|\Omega|$ 個の確率変数 A_i $(i \in \Omega)$ からなる確率ベクトル変数 $\boldsymbol{A} = (A_1, A_2, \cdots, A_{|\Omega|})^{\mathrm{T}}$ とその実現値 $\boldsymbol{a} = (a_1, a_2, \cdots, a_{|\Omega|})^{\mathrm{T}}$ に対する結合確率分布 $\Pr\{\boldsymbol{A} = \boldsymbol{a}\} = P(\boldsymbol{a}) = P(a_1, a_2, \cdots, a_{|\Omega|})$ における出現確率を最大にする実現値

$$\widehat{\boldsymbol{a}} = \arg\max_{\boldsymbol{z}} P(\boldsymbol{z}) \tag{8.106}$$

を求めたいという状況を考えた場合，やはり確率変数の個数が $|\Omega|$ 個であればその計算には $\mathcal{O}(\exp(|\Omega|))$ のオーダーの計算量が必要となってしまう．ところが式 (8.106) を満たす $\widehat{\boldsymbol{a}} = (\widehat{a}_1, \widehat{a}_2, \cdots, \widehat{a}_{|\Omega|})^{\mathrm{T}}$ がただ 1 つだけ存在すれば，

$$\widehat{a}_i = \arg\max_{z_i} P(\widehat{a}_1, \widehat{a}_2, \cdots, \widehat{a}_{i-1}, z_i, \widehat{a}_{i+1}, \widehat{a}_{i+2}, \cdots, \widehat{a}_{|\Omega|}) \tag{8.107}$$

という等式が成り立つ．このことを用いると $\widehat{\boldsymbol{a}} = (a_1, a_2, \cdots, a_{|\Omega|})^{\mathrm{T}}$ を求めるアルゴリズムが次のように構成される．

[反復条件付き最大化のアルゴリズム]

Step 1: $\widehat{\boldsymbol{a}} = (\widehat{a}_1, \widehat{a}_2, \cdots, \widehat{a}_{|\Omega|})^{\mathrm{T}}$ の初期値を設定する．

Step 2: $\tilde{a}_i \Leftarrow \widehat{a}_i$ $(i \in \Omega)$ と設定する．

Step 3: $\tilde{\boldsymbol{a}} = (\tilde{a}_1, \tilde{a}_2, \cdots, \tilde{a}_{|\Omega|})^{\mathrm{T}}$ の値を次の更新則により更新する．

$$\widehat{a}_i \Leftarrow \arg\max_{z_i} P(\widehat{a}_1, \widehat{a}_2, \cdots, \widehat{a}_{i-1}, z_i, \widehat{a}_{i+1}, \cdots, \widehat{a}_{|\Omega|}) \ (i \in \Omega) \tag{8.108}$$

Step 4: 収束判定条件

$$\sum_{i \in \Omega} |\tilde{a}_i - \widehat{a}_i| = 0 \tag{8.109}$$

を満足しなければ **Step 2** に戻り，満足すれば終了する．

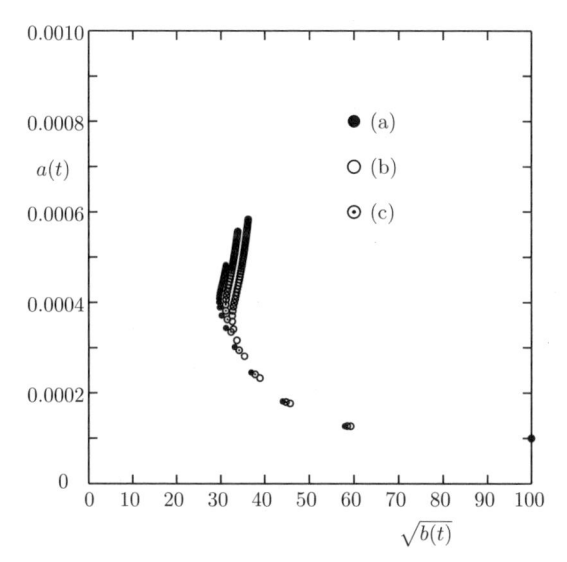

図 8.9 ガウシアングラフィカルモデル (8.97) における EM アルゴリズムと確率伝搬法を組み合わせた周辺尤度最大化の近似アルゴリズムに図 6.2 の劣化画像 g を適用した場合の $(\sqrt{b(t)}, a(t))$ $(t = 1, 2, 3, \cdots)$. 初期値を $a(0) = 0.0001, b(t) = 10000$ と設定している.

式 (8.107) は次のように拡張することができる.

$$(\widehat{a}_i, \widehat{a}_j) = \arg \max_{(z_i, z_j)} P(\widehat{a}_1, \widehat{a}_2, \cdots, \widehat{a}_{i-1}, z_i, \widehat{a}_{i+1}, \widehat{a}_{i+2}, \\ \cdots, \widehat{a}_{j-1}, z_j, \widehat{a}_{j+1}, \widehat{a}_{j+2}, \cdots, \widehat{a}_{|\Omega|}) \quad (8.110)$$

$$(\widehat{a}_i, \widehat{a}_j, \widehat{a}_k, \widehat{a}_l) = \arg \max_{(z_i, z_j, z_k, z_l)} P(\widehat{a}_1, \cdots, \widehat{a}_{i-1}, z_i, \widehat{a}_{i+1}, \widehat{a}_{i+2}, \\ \cdots, \widehat{a}_{j-1}, z_j, \widehat{a}_{j+1}, \widehat{a}_{j+2}, \cdots, \widehat{a}_{k-1}, z_k, \\ \widehat{a}_{k+1}, \widehat{a}_{k+2}, \cdots, \widehat{a}_{l-1}, z_l, \widehat{a}_{l+1}, \widehat{a}_{l+2}, \cdots, \widehat{a}_{|\Omega|}) \quad (8.111)$$

これらの式から更新式 (8.108) にかわる更新式を構成することにより, 新たな反復条件付き最大化アルゴリズムが設計されることとなる.

式 (8.110) および式 (8.111) は式 (8.107) と同様に式 (8.106) の解を含んでいるが, 同時にそれ以外の解も含んでいることが多い. しかも一度式 (8.106) 以外の固定点としての解に落ち込んでしまうと, その後は何度更新しても更新結果が動かなくなってしまう. しかしながら更新式を式 (8.107) から式 (8.110) へ, そして式 (8.110) から式 (8.111) へと置き換えることで, 一度の更新の際に探索する空間が広くなり, その分だけより式 (8.106) の解 (真の解) に近い固定点としての近似解

を得ることが期待される.

式 (8.28) の結合確率分布 $P(\boldsymbol{a})$ を考え, 式 (8.107) に代入することにより

$$\widehat{a}_i = \arg \max_{z_i} \prod_{k \in c_i} W_{i,k}(z_i, \widehat{a}_k) \tag{8.112}$$

という等式が得られる. 式 (8.112) を

$$\widehat{a}_j = \arg \max_{z_j} W_{i,j}(\widehat{a}_i, z_j) \left(\prod_{l \in c_j \setminus \{i\}} W_{j,l}(z_j, \widehat{a}_l) \right) \tag{8.113}$$

と書き換えてやると $W_{j,l}(z_j, \widehat{a}_l)$ が j への入力メッセージの役割を果たし, $W_{i,j}(z_i, \widehat{a}_j)$ が更新式 (8.113) における j から i への出力メッセージを表している. さらに式 (8.28) を式 (8.110) に代入することにより

$$(\widehat{a}_i, \widehat{a}_j) = \arg \max_{(z_i, z_j)} \left(\prod_{k \in c_i \setminus \{j\}} W_{k,i}(\widehat{a}_k, z_i) \right) W_{i,j}(z_i, z_j) \left(\prod_{l \in c_j \setminus \{i\}} W_{j,l}(z_j, \widehat{a}_l) \right)$$
$$(ij \in B) \tag{8.114}$$

という等式が得られるが, この式における $W_{k,i}(\widehat{a}_k, z_i)$ と $W_{j,l}(z_j, \widehat{a}_l)$ がそれぞれ i および j への入力メッセージを表している.

8.7 本章のまとめ

本章では, グラフィカルモデルとして与えられた大規模確率モデルに対する近似アルゴリズムとしての確率伝搬法の数理構造について説明した.

まず, 木構造を持つグラフィカルモデルに対しての確率伝搬法の導出を行った. これは確率伝搬法が厳密解を与えてくれる場合である. 木構造を持つグラフィカルモデルに対する確率伝搬法を, 閉路を持つグラフィカルモデルに対して近似アルゴリズムとして適用している. 閉路を持つグラフィカルモデルに対する確率伝搬法の定式化に対するカルバック・ライブラー情報量と変分法からの解釈を与えた. この解釈は, 実は統計力学におけるベーテ近似の自由エネルギー最小化の変分からの解釈と等価であることを説明した.

構成された確率伝搬法をガウシアングラフィカルモデルによる確率的画像修復に適用し, EM アルゴリズムを用いた周辺尤度最大化によるハイパパラメータ推定も含めての定式化とアルゴリズムを与えた. 最後に反復条件最大化と呼ばれる最適化アルゴリズムについて紹介し, 確率伝搬法のアルゴリズムとの比較を与えている.

第9章

基本的確率モデルとノイズ除去

本章では，基本的確率モデルと確率的画像処理について説明する．256 階調の濃淡画像では確率モデルの画像に与える影響が顕著な形で現れない．そこで 4 階調の画像での画像処理について確率伝搬法による数値実験例を示しながら，確率モデルと画像との関連について説明する [33]．

9.1 画像と確率モデル

画像の空間的な構造と確率モデルの関係について説明する．

K 階調の画像を扱うこととし，階調値は $\{0, 1, \cdots, K-1\}$ のいずれかの値をとる場合を想定をする．例として，図 2.3 を 4 値化した画像を図 9.1 に与える．これらの画像の空間的特徴を反映する確率モデルとして，次の確率分布を考える．

$$\Pr\{\boldsymbol{F} = \boldsymbol{f} | \alpha\} \equiv \frac{1}{\mathcal{Z}_{\mathrm{prior}}(\alpha)}$$
$$\times \prod_{x=0}^{M-1} \prod_{y=0}^{N-1} \exp\Big(-\frac{1}{2}\alpha \Psi(f_{x,y}, f_{x+1,y}) - \frac{1}{2}\alpha \Psi(f_{x,y}, f_{x,y+1}) \Big) \quad (9.1)$$

$$\mathcal{Z}_{\mathrm{prior}} \equiv \sum_{\boldsymbol{z}} \prod_{x=0}^{M-1} \prod_{y=0}^{N-1} \exp\Big(-\frac{1}{2}\alpha \Psi(z_{x,y}, z_{x+1,y}) - \frac{1}{2}\alpha \Psi(z_{x,y}, z_{x,y+1}) \Big) \quad (9.2)$$

$\boldsymbol{F}$ は，全画素の階調値に対する確率変数 $F_{x,y}$ を用いて，式 (6.7) により構成される確率ベクトル変数である．$\sum_{\boldsymbol{z}}$ は $\boldsymbol{z}$ のすべての $z_{x,y}$ について $0, 1, \cdots, K-1$ の和をとることを意味する．「事前確率分布に従って画像が確率的に生成される」という言い回しを定義せずに使って説明してきた．このことがどのようなものであるかを具体的に理解するために，5.3 節でふれたマルコフ連鎖モンテカルロ法を用いて，実際に式 (9.1) の確率分布に対して画像を生成させてみよう．

マルコフ連鎖モンテカルロ法は，与えられた確率分布の平均，分散などの統計量を乱数を用いて計算する確率的アルゴリズムであり，その際，たくさんの互いに独立な

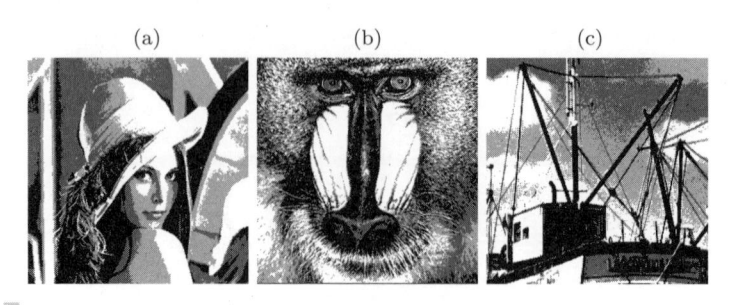

図 9.1　図 2.3 の標準画像を 4 値化した画像 (サイズは 256×256).

サンプルを与えられた確率分布に従ってランダムに生成する方法である．ここでは，与えられた確率分布のサンプルを 1 つだけランダムに生成するという目的で，マルコフ連鎖モンテカルロ法の手続きの一部を用いた画像生成の手順について説明する．

ある 1 つの画素 (x,y) に着目し，それ以外のすべての画素の階調値が与えられたという条件の下での画素 (x,y) における階調値に対する確率を考えると，これは次の式で表される．

$$\Pr\bigl\{F_{x,y}=f_{x,y}\bigm|\boldsymbol{F}\backslash\{F_{x,y}\}=\boldsymbol{f}\backslash\{f_{x,y}\}\bigr\}$$

$$=\frac{\Pr\{\boldsymbol{F}=\boldsymbol{f}\}}{\displaystyle\sum_{f_{x,y}=0}^{K-1}\Pr\{\boldsymbol{F}=\boldsymbol{f}\}}=\frac{\exp\Bigl(-\alpha\displaystyle\sum_{(x',y')\in c_{x,y}}\Psi(f_{x,y},f_{x',y'})\Bigr)}{\displaystyle\sum_{f_{x,y}}\exp\Bigl(-\alpha\displaystyle\sum_{(x',y')\in c_{x,y}}\Psi(f_{x,y},f_{x',y'})\Bigr)} \quad (9.3)$$

ここで $\boldsymbol{F}\backslash\{F_{x,y}\}$ は，確率ベクトル変数 $\boldsymbol{F}$ から確率変数 $F_{x,y}$ を除いて構成された確率ベクトル変数を表している．$\Pr\{F_{x,y}=f_{x,y}|\boldsymbol{F}\backslash\{F_{x,y}\}=\boldsymbol{f}\backslash\{f_{x,y}\}\}$ が最近接画素の値のみによって決定されていることがわかる．この性質を満たす確率場は，**マルコフ確率場**(Markov random field) と呼ばれている．[*1]

画素 (x,y) を除くすべての画素の階調値を固定し，(x,y) の値を現時点での階調値 $f_{x,y}$ を $f_{x,y}$ 以外の階調値 $\{0,1,\cdots,K-1\}\backslash\{f_{x,y}\}$ のなかからランダム (random) に 1 つ選び出してこれを $f'_{x,y}$ とする．その上で区間 $[0,1]$ で一様乱数 a を発生させ

$$\frac{\Pr\bigl\{F_{x,y}=f'_{x,y}\bigm|\boldsymbol{F}\backslash\{F_{x,y}\}=\boldsymbol{f}\backslash\{f_{x,y}\}\bigr\}}{\displaystyle\sum_{\zeta=f_{x,y},f'_{x,y}}\Pr\bigl\{F_{x,y}=\zeta\bigm|\boldsymbol{F}\backslash\{F_{x,y}\}=\boldsymbol{f}\backslash\{f_{x,y}\}\bigr\}}>a \quad (9.4)$$

[*1] ガウシアングラフィカルモデルもマルコフ確率場である．ガウシアングラフィカルモデルに従う確率場を特にガウス・マルコフ確率場 (Gauss-Markov Random Field；GMRF) と呼ぶことがある．

であるときにのみ, (x,y) の階調値を $f'_{x,y}$ に更新する操作を繰り返すことによって, 事前確率分布 (9.1) に従うある 1 つの画像がランダムに生成される. このスキームを具体的にアルゴリズムとして与えると次のようになる.

[マルコフ確率場による画像生成アルゴリズム]

Step 1: $M, N, K, \alpha, R_1, R_2, R_3$ の値を設定する. (M, N, K, R_1, R_2, R_3 は自然数でなければならない.)

Step 2: 区間 $[0,1]$ で一様乱数を R_1 回発生させる. (R_1 は自然数とする.)

Step 3: 各画素 (x,y) ($x = 0, 1, \cdots, M-1, y = 0, 1, \cdots, N-1$) ごとに区間 $[0, K)$ で一様乱数 $a_{x,y}$ を発生させ, $a_{x,y}$ の整数部分を $f_{x,y}$ の階調値として設定する.

Step 4: 区間 $[0,1]$ で一様乱数を R_2 回発生させる.

Step 5: 初期値 $r \Leftarrow 0$ と設定する.

Step 6: $r \Leftarrow r + 1$ とし, 各画素 (x,y) ごとに $\{0, 1, \cdots, K-1\} \setminus \{f_{x,y}\}$ からランダムに 1 つ階調値を選び出し, その値を $f'_{x,y}$ として設定する. 区間 $[0,1]$ で一様乱数 $a_{x,y}$ を発生させ,

$$\frac{\exp\bigl(-H_{x,y}(f'_{x,y})\bigr)}{\exp\bigl(-H_{x,y}(f_{x,y})\bigr) + \exp\bigl(-H_{x,y}(f'_{x,y})\bigr)} > a_{x,y} \qquad (9.5)$$

$$H_{x,y}(\zeta) \equiv \alpha \sum_{(x',y') \in c_{x,y}} \Psi(\zeta, f_{x',y'}) \qquad (9.6)$$

を満たす場合にのみ $f_{x,y} \Leftarrow f'_{x,y}$ と更新する.

Step 7: $r < R_3$ であれば **Step 6** に戻り, $r = R_3$ を満たせば終了する.

式 (9.1) において

$$\Psi(a, b) \equiv (a - b)^2 \qquad (9.7)$$

および

$$\Psi(a, b) \equiv 1 - \delta_{a,b} \qquad (9.8)$$

と設定した上で, 上記のアルゴリズムに従って生成した画像を図 9.2 および図 9.3 にそれぞれ与える. 式 (9.7) は空間的な滑らかさが顕著な画像ほど高い確率を与え, 式 (9.8) は空間的に平坦な部分の多い画像ほど高い確率を与える. ハイパパラメータ α が大きいほどその性質は顕著に表れる. 式 (9.7) に選んだ事前確率分布は Q-イジングモデル (Q-Ising model), 式 (9.8) に選んだ事前確率分布はポッツモデル

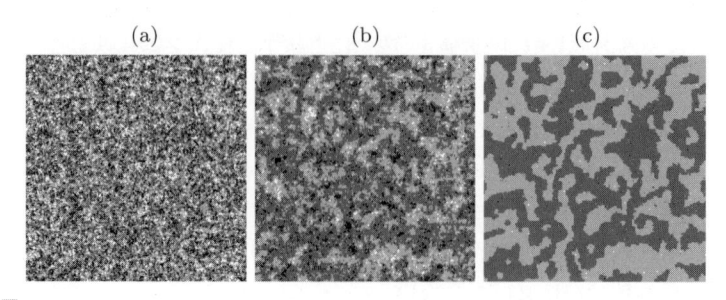

図 9.2 式 (9.1) および式 (9.7) に従って生成された 4 階調の標準画像の例. ($K = 4$, サイズは 256×256). (a) $\alpha = 0.5$. (b) $\alpha = 1.5$. (c) $\alpha = 3.0$.

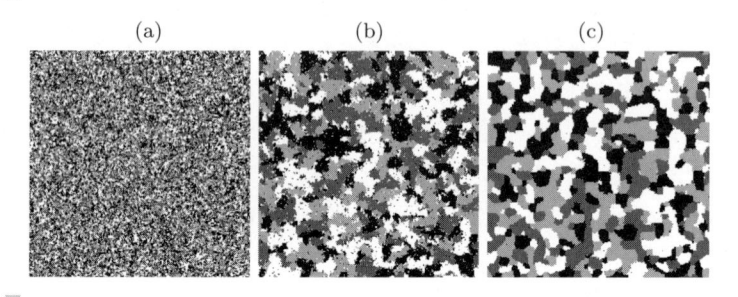

図 9.3 式 (9.1) および式 (9.8) に従って生成された 4 階調の標準画像の例. ($K = 4$, サイズは 256×256). (a) $\alpha = 1.0$. (b) $\alpha = 2.0$. (c) $\alpha = 4.0$.

(Potts model) と呼ばれている. $K = 2$ の場合は式 (9.7) と式 (9.8) は全く等価な式となる. さらに $K = 2$, $\alpha = 1/k_\mathrm{B}T$ と設定した上で $a_{x,y} = 2f_{x,y} - 1$ と変数変換することにより, 式 (9.7), 式 (9.8) のいずれの場合にも式 (9.1) が式 (5.29)-(5.30) のイジングモデルと等価であることが確かめられる.

事前確率分布 (9.1) は周期境界条件と並進対称性を持つため, 確率伝搬法 (8.39)-(8.41) を用いる際のメッセージ $\mathcal{M}_{j \to i}(\xi)$ が実は i, j にはよらなくなり, $\mathcal{M}(\xi)$ と表すことができる. 式 (8.39)-(8.41) から最近接頂点対の周辺確率分布

$$\Pr\{F_{x,y} = \xi, F_{x',y'} = \zeta | \alpha\} \\ \equiv \sum_{\boldsymbol{z}} \delta_{\xi, z_{x,y}} \delta_{\zeta, z_{x',y'}} \Pr\{\boldsymbol{F} = \boldsymbol{z} | \alpha\} \quad \bigl((x', y') \in c_{x,y}\bigr) \tag{9.9}$$

を近似的に求めるための確率伝搬法の表式は次の式に帰着される.

$$\Pr\{F_{x,y} = \xi, F_{x',y'} = \zeta | \alpha\} \simeq \frac{\mathcal{M}(\xi)^3 \exp\bigl(-\tfrac{1}{2}\alpha \Psi(\xi, \zeta)\bigr) \mathcal{M}(\zeta)^3}{\displaystyle\sum_{\xi=0}^{K-1} \sum_{\zeta=0}^{K-1} \mathcal{M}(\xi)^3 \exp\bigl(-\tfrac{1}{2}\alpha \Psi(\xi, \zeta)\bigr) \mathcal{M}(\zeta)^3} \\ \bigl((x', y') \in c_{x,y}\bigr) \tag{9.10}$$

$$\mathcal{M}(\xi) = \frac{\sum_{\zeta=0}^{K-1} \exp\bigl(-\frac{1}{2}\alpha\Psi(\xi,\zeta)\bigr)\mathcal{M}(\zeta)^3}{\sum_{\xi=0}^{K-1}\sum_{\zeta=0}^{K-1} \exp\bigl(-\frac{1}{2}\alpha\Psi(\xi,\zeta)\bigr)\mathcal{M}(\zeta)^3} \tag{9.11}$$

この 2 つの表式事前確率分布 (9.1) の最近接画素対に対する周辺確率分布 $\Pr\{F_{x,y} = \xi, F_{x',y'} = \zeta | \alpha\}$ を求める確率伝搬法のアルゴリズムは, 次のように与えられる.

[事前確率分布 (9.1) に対する確率伝搬法のアルゴリズム]

Step 1: $W(\xi,\zeta) = \exp\bigl(-\frac{1}{2}\alpha\Psi(\xi,\zeta)\bigr)$ を読み込む.

Step 2: $\mathcal{M}(\xi)$ の初期値を設定する.

Step 3: $\widetilde{\mathcal{M}}(\xi) \Leftarrow \mathcal{M}(\xi)$ と設定する.

Step 4: $\mathcal{M}(\xi)$ の値を次の更新則により更新する.

$$\mathcal{M}(\xi) \Leftarrow \frac{\sum_{\zeta=0}^{K-1} W(\xi,\zeta)\widetilde{\mathcal{M}}(\zeta)^3}{\sum_{\xi=0}^{K-1}\sum_{\zeta=0}^{K-1} W(\xi,\zeta)\widetilde{\mathcal{M}}(\zeta)^3} \tag{9.12}$$

Step 5: 収束判定条件

$$\sum_{\xi=0}^{K-1} |\widetilde{\mathcal{M}}(\xi) - \mathcal{M}(\xi)| < \varepsilon \tag{9.13}$$

を満足しなければ **Step 3** に戻り, 満足すれば

$$\Pr\{F_{x,y} = \xi, F_{x',y'} = \zeta | \alpha\} \Leftarrow \frac{\mathcal{M}(\xi)^3 W(\xi,\zeta)\mathcal{M}(\zeta)^3}{\sum_{\xi=0}^{K-1}\sum_{\zeta=0}^{K-1} \mathcal{M}(\xi)^3 W(\xi,\zeta)\mathcal{M}(\zeta)^3}$$
$$\bigl((x',y') \in c_{x,y}\bigr) \tag{9.14}$$

により周辺確率分布を計算して終了する.

通常, ε は 10^{-6} と設定すれば十分である.

9.2 対称通信路

本節では,階調値が離散値をとる場合の最も基本的でかつ理論的に取り扱いやすい劣化過程として対称通信路を仮定する.例えば,0 と 1 の 2 状態のみをとる 1 ビットだけの情報をある通信路を通して送信したという状況を考えてみよう.この 1 ビットの状態が送信前は 0 であり,通信路を通して伝送される際にノイズがはいることにより 1 に置き換えられてしまうという確率を p とすると,1 に置き換えられず 0 のままである確率は $1-p$ ということになる.逆にその 1 ビットの状態が 1 であり,ノイズによりこれが 0 に置き換えられてしまう確率も p とすると 0 に置き換えられず 1 のままである確率は $1-p$ ということになる.さらに N 個のビットの情報が伝送されるという状況では,0 から 1, 1 から 0 への置換が各ビットごとに互いに独立に起こると仮定する.このような形で N ビットの情報が伝送される際にノイズにより異なる情報に置き換えられることを想定した通信路は,**2 元対称通信路** (Binary Symmetric Channel; BSC) と呼ばれる.本節では,基本要素がビットであり 0, 1 の 2 状態のみで考えられた 2 元対称通信路を $0, 1, \cdots, K-1$ の K 状態に拡張することを考え,この通信路を**対称通信路**と呼ぶことにする.ある基本要素の状態が 0 であり,ノイズがはいることによってこれが 0 以外の状態に置き換えられてしまうという確率を p とすると,0 のままであるという確率は $1-(K-1)p$ ということになる.この場合も N 個の基本要素の情報が伝送されるという状況では,この置換は各基本要素ごとに互いに独立に起こると仮定する.例えば,4 階調の画像の画素 (x,y) の階調値が対称通信路を通して $f_{x,y}$ から $g_{x,y}$ に置き換えられる確率を,図 9.4 により与える.

対称通信路において原画像 f から劣化画像 g が生成される確率は,次の条件付

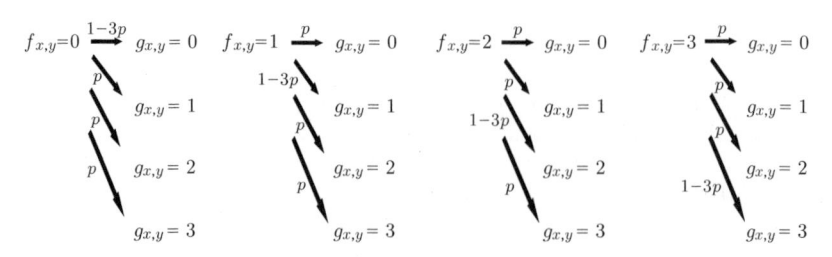

図 9.4 $0, 1, 2, 3$ の 4 階調の画素 (x, y) の階調値が $f_{x,y}$ から $g_{x,y}$ に置き換えられる対称通信路の構造 ($K=4$).

き確率分布として与えられる.

$$\Pr\{\boldsymbol{G} = \boldsymbol{g}|\boldsymbol{F} = \boldsymbol{f}, p\}$$
$$= \prod_{x=0}^{M-1}\prod_{y=0}^{N-1}\Big(p(1-\delta_{f_{x,y},g_{x,y}}) + (1-(K-1)p)\delta_{f_{x,y},g_{x,y}}\Big) \quad (9.15)$$

与えられた原画像 $\boldsymbol{f}$ から,この確率分布に従って具体的に劣化画像 $\boldsymbol{g}$ を生成するアルゴリズムは以下の通りである.

[対称通信路によるノイズ生成アルゴリズム]

Step 1: 原画像 $\boldsymbol{f}$ とそのサイズ M, N および階調数 K の値を読み込み, p, R の値を設定する.(R は自然数でなければならない.)

Step 2: 区間 $[0,1]$ で一様乱数を R 回発生させる.

Step 3: 各画素 (x,y) ごとに区間 $[0,1]$ で一様乱数 $a_{x,y}$ を発生させ, $a_{x,y} \geq (K-1)p$ ならば $g_{x,y} \Leftarrow f_{x,y}$ とし, $a_{x,y} < (K-1)p$ ならば $\{0,1,2,\ldots,K-1\}\setminus\{f_{x,y}\}$ のなかのいずれかの値を等確率で選び,その値に $g_{x,y}$ を設定する.

Step 4: ハミング距離 $d(\boldsymbol{f},\boldsymbol{g})$ と平均二乗誤差 $\mathrm{MSE}(\boldsymbol{f},\boldsymbol{g})$ を計算し,終了する.

$$d(\boldsymbol{f},\boldsymbol{g}) \Leftarrow \frac{1}{MN}\sum_{x=0}^{M-1}\sum_{y=0}^{N-1}(1-\delta_{f_{x,y},g_{x,y}}) \quad (9.16)$$

$$\mathrm{MSE}(\boldsymbol{f},\boldsymbol{g}) \Leftarrow \frac{1}{MN}\sum_{x=0}^{M-1}\sum_{y=0}^{N-1}(f_{x,y}-g_{x,y})^2 \quad (9.17)$$

図 9.1 に $K=4, p=0.1$ と設定した対称通信路により生成される劣化画像 $\boldsymbol{g}$ を図 9.5 に与える.与えられた原画像 $\boldsymbol{f}$ と劣化画像 $\boldsymbol{g}$ におけるハミング距離 $d(\boldsymbol{f},\boldsymbol{g})$,平均二乗誤差 $\mathrm{MSE}(\boldsymbol{f},\boldsymbol{g})$ および式 (6.13) で定義される SN 比を表 9.1 に与える.

表 **9.1** 図 9.1 の原画像 $\boldsymbol{f}$ と図 9.5 の劣化画像 $\boldsymbol{g}$ におけるハミング距離 $d(\boldsymbol{f},\boldsymbol{g})$,平均二乗誤差 $\mathrm{MSE}(\boldsymbol{f},\boldsymbol{g})$ と SN 比 [dB].

$\boldsymbol{f}$	$\boldsymbol{g}$	$d(\boldsymbol{f},\boldsymbol{g})$	$\mathrm{MSE}(\boldsymbol{f},\boldsymbol{g})$	SN 比 [dB]
図 9.1(a)	図 9.5(a)	0.29802	0.98575	0.95186
図 9.1(b)	図 9.5(b)	0.29897	0.99715	0.99901
図 9.1(b)	図 9.5(c)	0.29797	0.99403	1.04984

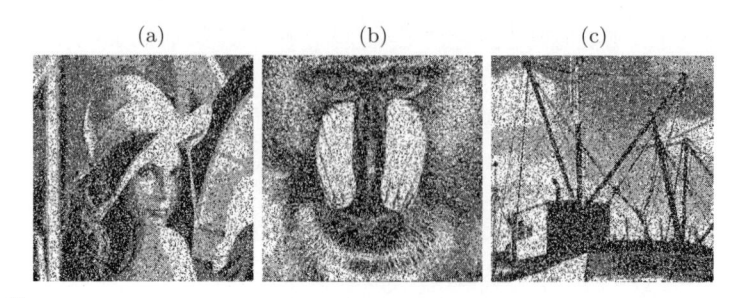

図 9.5 図 9.1 から式 (9.15) の劣化過程に従って生成された劣化画像 g ($K = 4$, $p = 0.1$). 全画素の約 30% の画素の階調値が原画像と異なる値に変換されている.

9.3 確率伝搬法による確率的ノイズ除去アルゴリズム

劣化画像 g が与えられたという条件の下での原画像の確率場についての事後確率分布 $\Pr\{F = f | G = g, \alpha, p\}$ は, 式 (9.1) の事前確率分布と式 (9.15) の対称通信路の確率分布をベイズの公式 (3.23), すなわち

$$\Pr\{F = f | G = g, \alpha, p\} = \frac{\Pr\{G = g | F = f, p\} \Pr\{F = f | \alpha\}}{\Pr\{G = g | \alpha, p\}} \quad (9.18)$$

に代入することにより次のように与えられる.

$$\Pr\{F = f | G = g, \alpha, p\} = \frac{1}{\mathcal{Z}_{\text{posterior}}(g, \alpha, p)}$$
$$\times \prod_{x=0}^{M-1} \prod_{y=0}^{N-1} \Bigl(\bigl(p + (1 - Kp) \delta_{f_{x,y}, g_{x,y}} \bigr) $$
$$\times \exp\Bigl(-\frac{1}{2} \alpha \Psi(f_{x,y}, f_{x+1,y}) - \frac{1}{2} \alpha \Psi(f_{x,y}, f_{x,y+1}) \Bigr) \Bigr) \quad (9.19)$$

ハイパパラメータ α と p の値は最尤推定では, 劣化画像の確率場 G に対する確率分布

$$\Pr\{G = g | \alpha, p\} \equiv \sum_{z} \Pr\{F = z, G = g | \alpha, p\}$$
$$= \sum_{z} \Pr\{G = g | F = z, p\} \Pr\{F = z | \alpha\} \quad (9.20)$$

を考え, これを劣化画像 g というデータが与えられたときの α と p に対する尤もらしさを表す関数であると見なして, これを最大化するように α と p の推定値が決定される.

$$(\widehat{\alpha}, \widehat{p}) = \arg \max_{(\alpha, p)} \Pr\{\boldsymbol{G} = \boldsymbol{g} | \alpha, p\} \tag{9.21}$$

$\Pr\{\boldsymbol{G} = \boldsymbol{g}|\alpha, p\}$ は式 (7.13) と同様に, $\boldsymbol{F}$ については周辺化されていることから, 周辺尤度に対応する.

ハイパパラメータ (α, σ) の推定値 $(\widehat{\alpha}, \widehat{p})$ は $\ln\left(\Pr\{\boldsymbol{G} = \boldsymbol{g}|\alpha, p\}\right)$ の極値条件

$$\sum_{x=0}^{M-1}\sum_{y=0}^{N-1}\sum_{\xi=0}^{K-1}(1-\delta_{\xi,g_{x,y}})^2 \Pr\{F_{x,y} = \xi | \boldsymbol{G} = \boldsymbol{g}, \widehat{\alpha}, \widehat{p}\}$$
$$= MN(K-1)\widehat{p} \tag{9.22}$$

$$\sum_{x=0}^{M-1}\sum_{y=0}^{N-1}\sum_{\xi=0}^{K-1}\sum_{\zeta=0}^{K-1} \Psi(\xi,\zeta)\Big(\Pr\{F_{x,y} = \xi, F_{x+1,y} = \zeta | \boldsymbol{G} = \boldsymbol{g}, \widehat{\alpha}, \widehat{p}\}$$
$$+ \Pr\{F_{x,y} = \xi, F_{x,y+1} = \zeta | \boldsymbol{G} = \boldsymbol{g}, \widehat{\alpha}, \widehat{p}\}\Big)$$
$$= \sum_{x=0}^{M-1}\sum_{y=0}^{N-1}\sum_{\xi=0}^{K-1}\sum_{\zeta=0}^{K-1} \Psi(\xi,\zeta)\Big(\Pr\{F_{x,y} = \xi, F_{x+1,y} = \zeta | \widehat{\alpha}\}$$
$$+ \Pr\{F_{x,y} = \xi, F_{x,y+1} = \zeta | \widehat{\alpha}\}\Big) \tag{9.23}$$

により与えられる. ここで $\Pr\{F_{x,y} = \xi, F_{x',y'} = \zeta | \alpha\}$ は式 (9.9) により定義され, $\Pr\{F_{x,y} = \xi | \boldsymbol{G} = \boldsymbol{g}, \alpha, p\}$ と $\Pr\{F_{x,y} = \xi, F_{x',y'} = \xi | \boldsymbol{G} = \boldsymbol{g}, \alpha, p\}$ は次の式で事後確率分布から定義される周辺確率分布である.

$$\Pr\{F_{x,y} = \xi | \boldsymbol{G} = \boldsymbol{g}, \alpha, p\} \equiv \sum_{\boldsymbol{z}} \delta_{z_{x,y},\xi} \Pr\{\boldsymbol{F} = \boldsymbol{z} | \boldsymbol{G} = \boldsymbol{g}, \alpha, p\} \tag{9.24}$$

$$\Pr\{F_{x,y} = \xi, F_{x',y'} = \zeta | \boldsymbol{G} = \boldsymbol{g}, \alpha, p\}$$
$$\equiv \sum_{\boldsymbol{z}} \delta_{z_{x,y},\xi}\delta_{z_{x',y'},\zeta} \Pr\{\boldsymbol{F} = \boldsymbol{z} | \boldsymbol{G} = \boldsymbol{g}, \alpha, p\} \tag{9.25}$$

推定された $\widehat{p}$ と $\widehat{\alpha}$ に対して, 事後確率分布 $\Pr\{F_{x,y} = f_{x,y} | \boldsymbol{G} = \boldsymbol{g}, \widehat{p}, \widehat{\alpha}\}$ における各画素 (x, y) ごとの周辺確率分布

$$\Pr\{F_{x,y} = f_{x,y} | \boldsymbol{G} = \boldsymbol{g}, \widehat{p}, \widehat{\alpha}\} \equiv \sum_{\boldsymbol{z}\setminus\{z_{x,y}\}} \Pr\{\boldsymbol{F} = \boldsymbol{f} | \boldsymbol{G} = \boldsymbol{g}, \widehat{p}, \widehat{\alpha}\} \tag{9.26}$$

を求めることにより, 原画像の推定値 $\widehat{\boldsymbol{f}}$ は

$$\widehat{f}_{x,y} = \arg \max_{\zeta=0,1,2,\ldots,K-1} \Pr\{F_{x,y} = \zeta | \boldsymbol{G} = \boldsymbol{g}, \widehat{p}, \widehat{\alpha}\} \tag{9.27}$$

から決定される.

式 (9.22) と式 (9.23) の極値条件を満たす $\widehat{p}$ と $\widehat{\alpha}$ を求めるためには, 様々な p と α

の値に対して $\Pr\{F_{x,y} = \xi | \boldsymbol{G} = \boldsymbol{g}, \alpha, p\}$, $\Pr\{F_{x,y} = \xi, F_{x',y'} = \zeta | \boldsymbol{G} = \boldsymbol{g}, \alpha, p\}$ および $\Pr\{F_{x,y} = \xi, F_{x',y'} = \zeta | \alpha\}$ を計算しなければならない．$\Pr\{F_{x,y} = \xi, F_{x',y'} = \zeta | \alpha\}$ については，事前確率分布 (9.1) に対する確率伝搬法のアルゴリズムにより計算することができる．$\Pr\{F_{x,y} = \xi | \boldsymbol{G} = \boldsymbol{g}, \alpha, p\}$ と $\Pr\{F_{x,y} = \xi, F_{x',y'} = \zeta | \boldsymbol{G} = \boldsymbol{g}, \alpha, p\}$ については以下の確率伝搬法のアルゴリズムにより計算される．

[事後確率分布 (9.19) に対する確率伝搬法のアルゴリズム]

Step 1: すべての画素 (x, y) について $W_{x,y}^{x',y'}(\xi, \zeta)$ $((x', y') \in c_{x,y})$ を読み込む．

$$W_{x,y}^{x',y'}(\xi, \zeta) \Leftarrow \bigl(p + (1 - Kp)\delta_{\xi, g_{x,y}}\bigr)^{1/4} \exp\Bigl(-\frac{1}{2}\alpha \Psi(\xi, \zeta)\Bigr)$$
$$\times \bigl(p + (1 - Kp)\delta_{\zeta, g_{x',y'}}\bigr)^{1/4} \tag{9.28}$$

Step 2: すべての画素 (x, y) について $\{\mathcal{M}_{x,y}^{x',y'}(\xi) | (x', y') \in c_{x,y}\}$ の初期値を設定する．

Step 3: すべての画素 (x, y) について
$$\widetilde{\mathcal{M}}_{x,y}^{x',y'}(\xi) \Leftarrow \mathcal{M}_{x,y}^{x',y'}(\xi) \ ((x', y') \in c_{x,y}) \ \text{と設定する．}$$

Step 4: すべての画素 (x, y) について $\{\mathcal{M}_{x,y}^{x',y'}(\xi) | (x', y') \in c_{x,y}\}$ の値を次の更新則により更新する．

$$\mathcal{M}_{x,y}^{x',y'}(\xi) \Leftarrow \frac{\displaystyle\sum_{\zeta=0}^{K-1} W_{x,y}^{x',y'}(\xi, \zeta) \prod_{(x'',y'') \in c_{x',y'} \setminus \{(x,y)\}} \widetilde{\mathcal{M}}_{x',y'}^{x'',y''}(\zeta)}{\displaystyle\sum_{\xi=0}^{K-1}\sum_{\zeta=0}^{K-1} W_{x,y}^{x',y'}(\xi, \zeta) \prod_{(x'',y'') \in c_{x',y'} \setminus \{(x,y)\}} \widetilde{\mathcal{M}}_{x',y'}^{x'',y''}(\zeta)}$$
$$((x', y') \in c_{x,y}) \quad (9.29)$$

Step 5: 収束判定条件

$$\frac{1}{MN} \sum_{x=0}^{M-1}\sum_{y=0}^{N-1}\sum_{\xi=1}^{K-1} |\widetilde{\mathcal{M}}_{x,y}^{x',y'}(\xi) - \mathcal{M}_{x,y}^{x',y'}(\xi)| < \varepsilon$$

を満足しなければ **Step 3** に戻り，満足すれば，すべての画素 (x, y) について

$$\mathcal{Z}_{x,y} \Leftarrow \sum_{\xi=0}^{K-1} \prod_{(x'',y'') \in c_{x,y}} \mathcal{M}_{x,y}^{x'',y''}(\xi) \tag{9.30}$$

$$\mathcal{Z}_{x,y}^{x',y'} \Leftarrow \sum_{\xi=0}^{K-1}\sum_{\zeta=0}^{K-1}\bigg(\prod_{(x'',y'')\,\in\,c_{x,y}\backslash\{(x',y')\}}\mathcal{M}_{x,y}^{x'',y''}(\xi)\bigg)W_{x,y}^{(x',y')}(\xi,\zeta)$$

$$\times\bigg(\prod_{(x'',y'')\,\in\,c_{x',y'}\backslash\{(x,y)\}}\mathcal{M}_{x',y'}^{x'',y''}(\zeta)\bigg)\big((x',y')\in c_{x,y}\big) \quad (9.31)$$

$$\Pr\{F_{x,y}=\xi|\boldsymbol{G}=\boldsymbol{g},\alpha,p\} \Leftarrow \frac{1}{\mathcal{Z}_{x,y}}\prod_{(x'',y'')\,\in\,c_{x,y}}\mathcal{M}_{x,y}^{x'',y''}(\xi) \quad (9.32)$$

$$\Pr\{F_{x,y}=\xi,F_{x',y'}=\zeta|\boldsymbol{G}=\boldsymbol{g},\alpha,p\}$$
$$\Leftarrow \frac{1}{\mathcal{Z}_{x,y}^{x',y'}}\bigg(\prod_{(x'',y'')\,\in\,c_{x,y}\backslash\{(x',y')\}}\mathcal{M}_{x,y}^{x'',y''}(\xi)\bigg)$$
$$\times W_{x,y}^{x',y'}(\xi,\zeta)\bigg(\prod_{(x'',y'')\,\in\,c_{x',y'}\backslash\{(x,y)\}}\mathcal{M}_{x',y'}^{x'',y''}(\zeta)\bigg)$$
$$\big((x',y')\in c_{x,y}\big) \quad (9.33)$$

により周辺確率分布を計算して終了する.

通常, ε は 10^{-6} と設定すれば十分である.

極値条件 (9.22)-(9.23) の解 $(\widehat{\alpha},\widehat{p})$ を求める具体的なアルゴリズムは, EM アルゴリズムにより以下のように与えられる.

[確率伝搬法を用いた周辺尤度最大化のための EM アルゴリズム]

Step 1: $a(0)$, $b(0)$ に初期値を設定し, $t \Leftarrow 0$ とする.

Step 2: 事後確率分布 (9.19) に対する確率伝搬法のアルゴリズムにより $\Pr\{F_{x,y}=\zeta|\boldsymbol{G}=\boldsymbol{g},a(t),b(t)\}$ と $\Pr\{F_{x,y}=\xi,F_{x',y'}=\zeta|\boldsymbol{G}=\boldsymbol{g},a(t),b(t)\}$ を計算する.

Step 3: $b(t+1)$ を次の式で更新する.

$$b(t+1) \Leftarrow \frac{1}{(K-1)MN}\sum_{x=0}^{M-1}\sum_{y=0}^{N-1}\sum_{\zeta=0}^{K-1}(1-\delta_{\zeta,g_{x,y}})$$
$$\times \Pr\{F_{x,y}=\zeta|\boldsymbol{G}=\boldsymbol{g},a(t),b(t)\} \quad (9.34)$$

Step 4: A を次の式で計算する.

$$A \Leftarrow \sum_{x=0}^{M-1}\sum_{y=0}^{N-1}\sum_{\xi=0}^{K-1}\sum_{\zeta=0}^{K-1}\Psi(\xi,\zeta)$$
$$\times \Big(\Pr\{F_{x,y}=\xi, F_{x+1,y}=\zeta|\bm{G}=\bm{g}, a(t), b(t)\}$$
$$+ \Pr\{F_{x,y}=\xi, F_{x,y+1}=\zeta|\bm{G}=\bm{g}, a(t), b(t)\}\Big) \quad (9.35)$$

Step 5: 事前確率分布 (9.1) に対する確率伝搬法のアルゴリズムにより $\Pr\{F_{x,y}=\xi, F_{x',y'}=\zeta|\alpha\}$ を様々の α の値について計算し, 次の方程式を満たす正の実数値 α を探索して $a(t+1)$ に代入する.

$$\sum_{x=0}^{M-1}\sum_{y=0}^{N-1}\sum_{\xi=0}^{K-1}\sum_{\zeta=0}^{K-1}\Psi(\xi,\zeta)\Big(\Pr\{F_{x,y}=\xi, F_{x+1,y}=\zeta|\alpha\}$$
$$+ \Pr\{F_{x,y}=\xi, F_{x,y+1}=\zeta|\alpha\}\Big) = A \quad (9.36)$$

Step 6: $|a(t+1)-a(t)|+|b(t+1)-b(t)|<\varepsilon$ を満足すれば $\widehat{\alpha}\Leftarrow a(t), \widehat{p}\Leftarrow b(t)$ として

$$\widehat{f_i} \Leftarrow \arg\max_{\xi=0,1,\cdots,K-1}\Pr\{F_{x,y}=\xi|\bm{G}=\bm{g},\widehat{\alpha},\widehat{p}\} \quad (9.37)$$

を計算して終了し, 満足しなければ $t\Leftarrow t+1$ と更新して **Step 2** に戻る.

式 (9.7)-(9.8) により与えられた事前確率分布 $\Pr\{\bm{F}=\bm{f}|\alpha\}$, 事後確率分布 $\Pr\{\bm{F}=\bm{f}|\bm{G}=\bm{g},\alpha,p\}$ から確率伝搬法を用いてハイパパラメータの推定値 $(\widehat{\alpha},\widehat{p})$ を計算し, 得られた原画像の推定結果 $\widehat{\bm{f}}$ を図 9.6 および図 9.7 にそれぞれ与える.

図 9.6 および図 9.7 に与えられた原画像の推定値としての出力結果 $\widehat{\bm{f}}$ に対するハイパパラメータ $\widehat{\alpha}, \widehat{p}$ および平均二乗誤差 $\mathrm{MSE}(\bm{f},\widehat{\bm{f}})$, 式 (6.17) で定義された SN 比における改善率 Δ_{SNR} [dB] の値を表 9.2 と表 9.3 にそれぞれ与える.

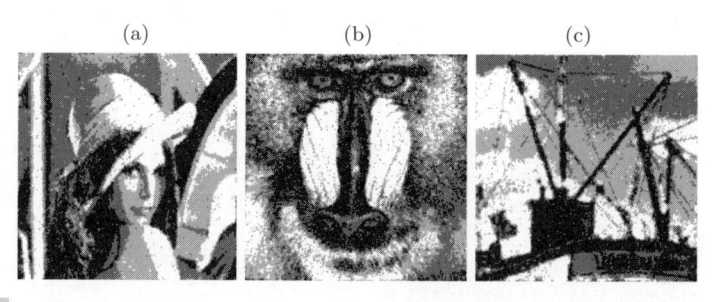

図 9.6 図 9.5 の劣化画像 $\bm{g}$ に対して式 (9.7) を事前確率分布としてハイパパラメータを周辺尤度最大化により推定する定式化に確率伝搬法を適用することにより得られた修復画像 $\widehat{\bm{f}}$.

(a) (b) (c)

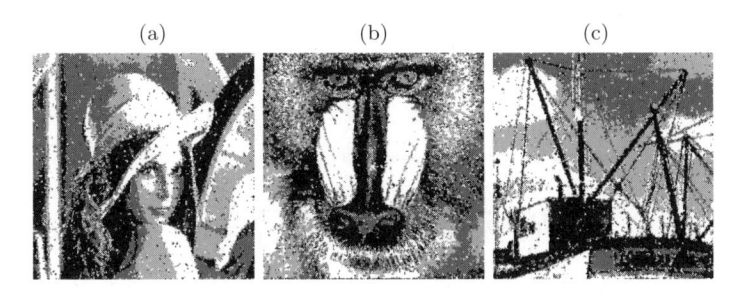

図 9.7 図 9.5 の劣化画像 g に対して式 (9.8) を事前確率分布としてハイパパラメータを周辺尤度最大化により推定する定式化に確率伝搬法を適用することにより得られた修復画像 $\widehat{f}$.

表 9.2 図 9.6 の最尤推定をもとに構成した確率伝搬法のアルゴリズムによる原画像の推定値 $\widehat{f}$ に対するハミング距離 $d(f, \widehat{f})$, 平均二乗誤差 $\mathrm{MSE}(f, \widehat{f})$ と SN 比における改善率 Δ_{SNR} [dB].

	$\widehat{\alpha}$	$\widehat{p}$	$d(f, \widehat{f})$	$\mathrm{MSE}(f, \widehat{f})$	Δ_{SNR} [dB]
図 9.6(a)	1.53664	0.09435	0.10721	0.15337	8.08026
図 9.6(b)	1.25198	0.11564	0.23734	0.36984	4.30747
図 9.6(c)	1.42204	0.10833	0.18665	0.37859	4.19230

表 9.3 図 9.7 の最尤推定をもとに構成した確率伝搬法のアルゴリズムによる原画像の推定値 $\widehat{f}$ に対するハミング距離 $d(f, \widehat{f})$, 平均二乗誤差 $\mathrm{MSE}(f, \widehat{f})$ と SN 比における改善率 Δ_{SNR} [dB].

	$\widehat{\alpha}$	$\widehat{p}$	$d(f, \widehat{f})$	$\mathrm{MSE}(f, \widehat{f})$	Δ_{SNR} [dB]
図 9.7(a)	2.02292	0.07422	0.12994	0.35255	4.46546
図 9.7(b)	2.01010	0.09442	0.22383	0.52025	2.82548
図 9.7(c)	2.01010	0.08053	0.15953	0.43066	3.63265

9.4 本章のまとめ

本章では画像の事前確率分布を与える基本的な確率モデルであるポッツモデルと Q-イジングモデルについて画像修復の確率伝搬法アルゴリズムを説明した. ポッツモデルは画像の空間的平坦さを反映する確率モデルであり, これに対して Q-イジングモデルは空間的滑らかさを反映する確率モデルということができる.

第10章

確率的領域分割

本章では，確率モデルと確率伝搬法による領域分割についての概要について簡単にふれる．確率モデルとして基本となるのは第3章で説明したガウス混合モデルであるが，これにポッツモデルを組み合わせることで良好な結果を得ることができる [34]．

10.1　画像と領域分割

領域分割(segmentation) は画像からの対象物の検出などの基礎となる重要な技術であり，パターン認識などとも密接な関係がある．その言葉の示すとおり，画像をいくつかの領域に分割する処理であるが，分割された情報をその後，どのような目的に用いるかによって画像のどのような特徴を通して分類するかが決まってくる．本章では，画像の階調値というもっとも基本的な特徴をもとに確率モデルを用いた領域分割について紹介する．

階調値を用いて領域の分割を行う際，重要なのがその階調値についての**ヒストグラム**(histgram) である．図 2.3 の標準画像に対する階調値のヒストグラムを図 10.1 に与える．このヒストグラムをみると，いくつかの山が存在することが見てとれる．そこで山と山の間の谷の部分にしきい値を設定し，しきい値処理を行うことで領域分割ができそうである．しかしながら，見てのとおり山と山の間の谷をどこに設定したらよいかの基準を明確に設定することは難しい．しかも領域分割のさらにやっかいな点は，たとえ試験的な数値実験であっても標準画像を取り扱っている以上，最初に与えられるのは濃淡画像であって領域分割された画像ではないため，ノイズ除去の場合とは異なり，正解がないのでその方法の性能の評価が難しい．そこで本章ではいきなり標準画像を取り扱うのではなく，正解を人工的に与えた上で，その正解に対してごく単純な方法により濃淡画像を生成し，その濃淡画像から領域分割画像を推定するという問題を設定し，その枠内でまずは説明をする．

(a)　　　　　　　　　　(b)　　　　　　　　　　(c)

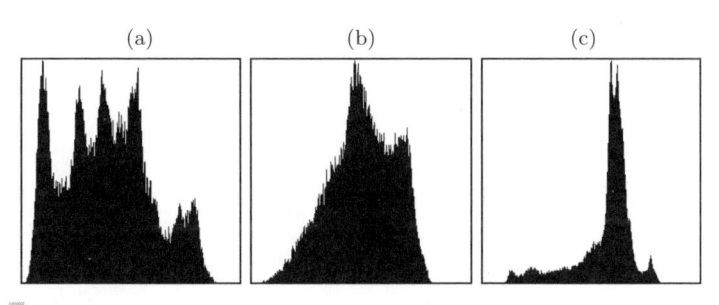

図 10.1　図 2.3 の標準画像に対する階調値のヒストグラム．横軸は階調値であり，左端が 0，右端が 255 に対応する．

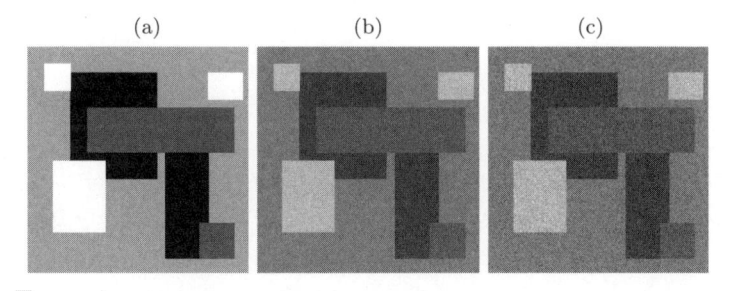

(a)　　　　　　　　　　(b)　　　　　　　　　　(c)

図 10.2　人工的に生成した濃淡画像とそのヒストグラム．
(a) 4 種類の領域に 0, 1, 2, 3 という階調値でラベル付けされた画像．(b) (a) で与えられた画像の 0, 1, 2, 3 の各領域に平均 64, 92 127, 192，分散はすべて 10^2 のガウスノイズをそれぞれ加えることにより生成された画像．(c) (a) で与えられた画像の 0, 1, 2, 3 の各領域に平均 64, 92 127, 192，分散はすべて 20^2 のガウスノイズをそれぞれ加えることにより生成された画像．

人工的な画像の 1 つとして図 10.2(a) のような単純な画像を考える．この画像は合計で 4 種類の領域に分割されている．この 4 種類の領域には 0, 1, 2, 3 というラベルを割り当てている．領域 0, 1, 2, 3 に対して平均 64, 92, 128, 192 の加法的ガウスノイズを加えることにより濃淡画像を生成する．その生成した濃淡画像が図 10.2(b)-(c) である．この加法的ガウスノイズの分散は各領域とも同じ値を設定し，図 10.2(a) では 10^2，図 10.2(b) では 20^2 とそれぞれ設定している．図 10.2(b)-(c) のヒストグラムを図 10.3 に与える．

分散が 10^2 程度であれば 4 つのガウス分布に対応する山が明確に現れているが，分散が 20^2 となると階調値 92 にピークを持つ山がその両脇の山によって隠されてしまっているのがわかる．つまり，このような単純な場合ですらしきい値をヒストグラムから設定するのは難しいことがわかる．

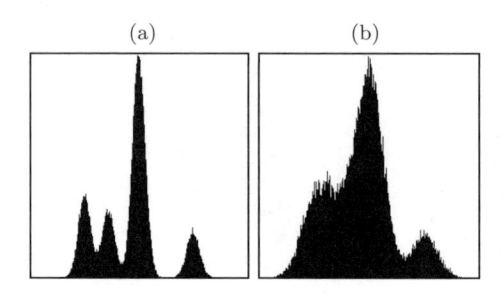

図 10.3 人工的に生成した濃淡画像の階調値のヒストグラム.横軸は階調値であり,左端が 0, 右端が 255 に対応する.
(a) 図 10.2(c) のヒストグラム.(b) 図 10.2(d) のヒストグラム.

10.2 混合ガウスモデルを用いたクラスタリングによる領域分割

本節では図 10.2(b)-(c) の人工的画像の生成される過程を確率モデルにより表し,事前確率分布を導入しながらベイズの公式 (3.23) のもとで領域分割の確率的定式化を与える.

各画素を K 個のクラスの $\{0, 1, 2, \cdots, K-1\}$ のいずれかに属するものとし,画素 (x, y) がクラス k に属するとき,これを確率変数 $A_{x,y}$ を用いて "$A_{x,y} = k$" と表すこととする.このクラスについての確率変数 $A_{x,y}$ から構成される確率場を

$$\boldsymbol{A} = (A_{0,0}, A_{1,0}, \cdots, A_{M-1,0}, A_{0,1}, A_{1,1}, \cdots, A_{M-1,1}, \cdots,$$
$$A_{0,N-1}, A_{1,N-1}, \cdots, A_{M-1,N-1})^{\mathrm{T}} \quad (10.1)$$

とし,その実現値を

$$\boldsymbol{a} = (a_{0,0}, a_{1,0}, \cdots, a_{M-1,0}, a_{0,1}, a_{1,1}, \cdots, a_{M-1,1}, \cdots,$$
$$a_{0,N-1}, a_{1,N-1}, \cdots, a_{M-1,N-1})^{\mathrm{T}} \quad (10.2)$$

により表すこととする.この確率場 $\boldsymbol{A}$ は領域分割の際の各画素がどの領域に割り当てられるかを表現するものであり,その意味で**領域場**(region field) と呼ばれる.また $\boldsymbol{a}$ は,各画素がどの領域に属するかをラベルにより分類され,それを画像という形で表現した領域分割画像を表していると見なすことができる.この領域分割画像 $\boldsymbol{a}$ を 1 つ固定したときに各画素 (x, y) ごとに生成される階調値についての確率場を

$$\boldsymbol{F} = (F_{0,0}, F_{1,0}, \cdots, F_{M-1,0}, F_{0,1}, F_{1,1}, \cdots, F_{M-1,1}, \cdots,$$
$$F_{0,N-1}, F_{1,N-1}, \cdots, F_{M-1,N-1})^{\mathrm{T}} \quad (10.3)$$

とし,その実現値を

$$\boldsymbol{a} = (f_{0,0}, f_{1,0}, \cdots, f_{M-1,0}, f_{0,1}, f_{1,1}, \cdots, f_{M-1,1}, \cdots,$$
$$f_{0,N-1}, f_{1,N-1}, \cdots, f_{M-1,N-1})^{\mathrm{T}} \quad (10.4)$$

により表すこととする．すなわち $\boldsymbol{f}$ はある 1 つの濃淡画像を表している．各画素の階調値はそれぞれ任意の実数値をとるものとする．モデルパラメータ $\boldsymbol{\gamma} = (\gamma(0), \gamma(1), \cdots, \gamma(K-1))^{\mathrm{T}}$ が与えられたときに，非観測データが $\boldsymbol{a}$ である事前確率分布 $\Pr\{\boldsymbol{A} = \boldsymbol{a} | \boldsymbol{\gamma}\}$ は次のように与えられるものと仮定する．

$$\Pr\{\boldsymbol{A} = \boldsymbol{a} | \boldsymbol{\gamma}\} = \prod_{x=0}^{M-1} \prod_{y=0}^{N-1} \gamma(a_{x,y}) \quad (10.5)$$

$$\sum_{k=0}^{K-1} \gamma(k) = 1 \quad (10.6)$$

与えられた濃淡画像 $\boldsymbol{f}$ は，領域画像 $\boldsymbol{a}$ から次の条件付き確率密度関数に従って生成されるものと仮定する．

$$\rho(\boldsymbol{F} = \boldsymbol{f} | \boldsymbol{A} = \boldsymbol{a}, \boldsymbol{\mu}, \boldsymbol{\sigma})$$
$$= \prod_{x=0}^{M-1} \prod_{y=0}^{N-1} \frac{1}{\sqrt{2\pi}\sigma(a_{x,y})} \exp\left(-\frac{1}{2\sigma(a_{x,y})^2} \Big(f_{x,y} - \mu(a_{x,y})\Big)^2\right) \quad (10.7)$$

このとき，事前確率分布とデータ生成過程から領域分割画像 $\boldsymbol{a}$ と濃淡画像 $\boldsymbol{f}$ に対する結合確率密度関数は，以下のように与えられる．

$$\rho(\boldsymbol{A} = \boldsymbol{a}, \boldsymbol{F} = \boldsymbol{f} | \boldsymbol{\gamma}, \boldsymbol{\mu}, \boldsymbol{\sigma}) = \rho(\boldsymbol{F} = \boldsymbol{f} | \boldsymbol{A} = \boldsymbol{a}, \boldsymbol{\mu}, \boldsymbol{\sigma}) \Pr\{\boldsymbol{A} = \boldsymbol{a} | \boldsymbol{\gamma}\} \quad (10.8)$$

統計学において，領域分割画像 $\boldsymbol{a}$ はパラメータ，濃淡画像 $\boldsymbol{f}$ はデータ，$\boldsymbol{\gamma}, \boldsymbol{\mu}, \boldsymbol{\sigma}$ はハイパパラメータとなる．最尤推定の立場にたてば，MN 個のデータの集合 $\boldsymbol{f}$ が与えられたときに，ハイパパラメータ $(\boldsymbol{\gamma}, \boldsymbol{\mu}, \boldsymbol{\sigma})$ の推定値 $(\widehat{\boldsymbol{\gamma}}, \widehat{\boldsymbol{\mu}}, \widehat{\boldsymbol{\sigma}})$ は周辺尤度

$$\rho(\boldsymbol{F} = \boldsymbol{f} | \boldsymbol{\gamma}, \boldsymbol{\mu}, \boldsymbol{\sigma}) = \sum_{\boldsymbol{a}} \rho(\boldsymbol{A} = \boldsymbol{a}, \boldsymbol{F} = \boldsymbol{f} | \boldsymbol{\gamma}, \boldsymbol{\mu}, \boldsymbol{\sigma}) \quad (10.9)$$

を最大化するように

$$(\widehat{\boldsymbol{\gamma}}, \widehat{\boldsymbol{\mu}}, \widehat{\boldsymbol{\sigma}}) = \arg \max_{(\boldsymbol{\gamma}, \boldsymbol{\mu}, \boldsymbol{\sigma})} \rho(\boldsymbol{F} = \boldsymbol{f} | \boldsymbol{\gamma}, \boldsymbol{\mu}, \boldsymbol{\sigma}) \quad (10.10)$$

により決定される．式 (10.9) に式 (10.5)-(10.8) を代入してみると，結合確率密度関数 $\rho(\boldsymbol{F} = \boldsymbol{f} | \boldsymbol{\gamma}, \boldsymbol{\mu}, \boldsymbol{\sigma})$ は第 3.4 節で説明した混合ガウスモデルになっていることは容易に確かめられる．得られた推定値 $(\widehat{\boldsymbol{\gamma}}, \widehat{\boldsymbol{\mu}}, \widehat{\boldsymbol{\sigma}})$ に対して周辺事後確率分布を次のように導入する．

$$\Pr\{A_{x,y} = a_{x,y} | \boldsymbol{F} = \boldsymbol{f}, \boldsymbol{\gamma}, \boldsymbol{\mu}, \boldsymbol{\sigma}\} = \sum_{\boldsymbol{a} \setminus \{a_{x,y}\}} \Pr\{\boldsymbol{A} = \boldsymbol{a} | \boldsymbol{F} = \boldsymbol{f}, \boldsymbol{\gamma}, \boldsymbol{\mu}, \boldsymbol{\sigma}\}$$
$$= \Psi_{x,y}(a_{x,y} | \boldsymbol{\mu}, \boldsymbol{\sigma}, \boldsymbol{\gamma}) \tag{10.11}$$

$$\Psi_{x,y}(k|\boldsymbol{\mu}, \boldsymbol{\sigma}, \boldsymbol{\gamma}) \equiv \frac{\dfrac{\gamma(k)}{\sqrt{2\pi}\sigma(k)} \exp\Big(-\dfrac{1}{2\sigma(k)^2}\big(f_{x,y} - \mu(k)\big)^2\Big)}{\displaystyle\sum_{k=0}^{K-1} \dfrac{\gamma(k)}{\sqrt{2\pi}\sigma(k)} \exp\Big(-\dfrac{1}{2\sigma(k)^2}\big(f_{x,y} - \mu(k)\big)^2\Big)} \tag{10.12}$$

この周辺事後確率分布から，領域分割画像 $\widehat{\boldsymbol{a}}$ は次の式で与えられる．

$$\widehat{a}_{x,y} = \arg\max_{k=0,1,\cdots,K-1} \Pr\{A_{x,y} = k | \boldsymbol{F} = \boldsymbol{f}, \boldsymbol{\gamma}, \boldsymbol{\mu}, \boldsymbol{\sigma}\} \tag{10.13}$$

式 (10.11) における $\Pr\{\boldsymbol{A} = \boldsymbol{a} | \boldsymbol{F} = \boldsymbol{f}, \boldsymbol{\gamma}, \boldsymbol{\mu}, \boldsymbol{\sigma}\}$ は，濃淡画像 $\boldsymbol{f}$ が与えられたという条件の下での領域分割画像 $\boldsymbol{f}$ に対する事後確率分布であり，式 (10.5) の事前確率分布および式 (10.7) のデータ生成過程からベイズの公式 (3.23) により与えられる．

式 (10.9) で与えられる周辺尤度 $\rho(\boldsymbol{f}|\boldsymbol{\gamma}, \boldsymbol{\mu}, \boldsymbol{\sigma})$ の $(\boldsymbol{\gamma}, \boldsymbol{\mu}, \boldsymbol{\sigma})$ についての極値条件は

$$\gamma(k) = \frac{1}{MN} \sum_{x=0}^{M-1} \sum_{y=0}^{N-1} \Psi_{x,y}(k|\boldsymbol{\mu}, \boldsymbol{\sigma}, \boldsymbol{\gamma}) \tag{10.14}$$

$$\mu(k) = \frac{\displaystyle\sum_{x=0}^{M-1} \sum_{y=0}^{N-1} f_{x,y} \Psi_{x,y}(k|\boldsymbol{\mu}, \boldsymbol{\sigma}, \boldsymbol{\gamma})}{\displaystyle\sum_{x=0}^{M-1} \sum_{y=0}^{N-1} \Psi_{x,y}(k|\boldsymbol{\mu}, \boldsymbol{\sigma}, \boldsymbol{\gamma})} \tag{10.15}$$

$$\sigma(k)^2 = \frac{\displaystyle\sum_{x=0}^{M-1} \sum_{y=0}^{N-1} \big(f_{x,y} - \mu(k)\big)^2 \Psi_{x,y}(k|\boldsymbol{\mu}, \boldsymbol{\sigma}, \boldsymbol{\gamma})}{\displaystyle\sum_{x=0}^{M-1} \sum_{y=0}^{N-1} \Psi_{x,y}(k|\boldsymbol{\mu}, \boldsymbol{\sigma}, \boldsymbol{\gamma})} \tag{10.16}$$

という $3K$ 個の連立非線形方程式としてまとめられる．この方程式を満たすことが周辺尤度を最大化に対する必要条件であり，ハイパパラメータの推定値 $(\widehat{\boldsymbol{\gamma}}, \widehat{\boldsymbol{\mu}}, \widehat{\boldsymbol{\sigma}})$ を求めるアルゴリズムは

$$\begin{aligned}
\boldsymbol{\mu}^{(t)} &= (\mu^{(t)}(0), \mu^{(t)}(1), \cdots, \mu^{(t)}(K-1))^{\mathrm{T}} \\
\boldsymbol{\sigma}^{(t)} &= (\sigma^{(t)}(0), \sigma^{(t)}(1), \cdots, \sigma^{(t)}(K-1))^{\mathrm{T}} \\
\boldsymbol{\gamma}^{(t)} &= (\gamma^{(t)}(0), \gamma^{(t)}(1), \cdots, \gamma^{(t)}(K-1))^{\mathrm{T}}
\end{aligned} \tag{10.17}$$

に対して次のように与えられる．

10.2 混合ガウスモデルを用いたクラスタリングによる領域分割

[混合ガウスモデルにおける周辺尤度最大化アルゴリズム]
Step 1: $t \Leftarrow 0$ とし $\boldsymbol{\mu}^{(0)}, \boldsymbol{\sigma}^{(0)}, \boldsymbol{\gamma}^{(0)}$ に初期値を設定する.
Step 2: t の値を $t \Leftarrow t+1$ と更新する.
Step 3: $\boldsymbol{\mu}^{(t)}, \boldsymbol{\sigma}^{(t)}, \boldsymbol{\gamma}^{(t)}$ を $\boldsymbol{\mu}^{(t-1)}, \boldsymbol{\sigma}^{(t-1)}, \boldsymbol{\gamma}^{(t-1)}$ から次の式により計算する.

$$\gamma^{(t)}(k) \Leftarrow \frac{1}{MN} \sum_{x=0}^{M-1} \sum_{y=0}^{N-1} \Psi_{x,y}(k|\boldsymbol{\mu}^{(t-1)}, \boldsymbol{\sigma}^{(t-1)}, \boldsymbol{\gamma}^{(t-1)}) \quad (10.18)$$

$$\mu^{(t)}(k) \Leftarrow \frac{\sum_{x=0}^{M-1} \sum_{y=0}^{N-1} f_{x,y} \Psi_{x,y}(k|\boldsymbol{\mu}^{(t-1)}, \boldsymbol{\sigma}^{(t-1)}, \boldsymbol{\gamma}^{(t-1)})}{\sum_{x=0}^{M-1} \sum_{y=0}^{N-1} \Psi_{x,y}(k|\boldsymbol{\mu}^{(t-1)}, \boldsymbol{\sigma}^{(t-1)}, \boldsymbol{\gamma}^{(t-1)})} \quad (10.19)$$

$$\sigma^{(t)}(k)^2 \Leftarrow \frac{\sum_{x=0}^{M-1} \sum_{y=0}^{N-1} \left(f_{x,y} - \mu^{(t-1)}(k)\right)^2 \Psi_{x,y}(k|\boldsymbol{\mu}^{(t-1)}, \boldsymbol{\sigma}^{(t-1)}, \boldsymbol{\gamma}^{(t-1)})}{\sum_{x=0}^{M-1} \sum_{y=0}^{N-1} \Psi_{x,y}(k|\boldsymbol{\mu}^{(t-1)}, \boldsymbol{\sigma}^{(t-1)}, \boldsymbol{\gamma}^{(t-1)})}$$
$$(10.20)$$

Step 4: $\boldsymbol{\mu}^{(t)}, \boldsymbol{\sigma}^{(t)}, \boldsymbol{\gamma}^{(t)}$ が収束すれば $\widehat{\boldsymbol{\mu}} \Leftarrow \boldsymbol{\mu}^{(t)}, \widehat{\boldsymbol{\sigma}} \Leftarrow \boldsymbol{\sigma}^{(t)}, \widehat{\boldsymbol{\gamma}} \Leftarrow \boldsymbol{\gamma}^{(t)}$ として終了し, 収束しなければ **Step 2** に戻る.

図 10.2 および図 2.3 の 256 階調の画像に対して, $K=4$ と設定した場合の混合ガウスモデルにおける周辺尤度最大化アルゴリズムを適用して得られた領域分割画像を, 図 10.4 および図 10.5 に与える. 数値実験の結果を見ると, 良好な 4 値化は

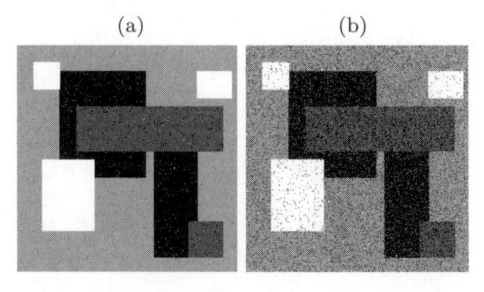

図 10.4　人工的に生成した濃淡画像 $\boldsymbol{f}$ に対する混合ガウスモデルによる周辺尤度最大化の方法から得られた領域分割画像 $\boldsymbol{a}$. (a) 図 10.2(b). (b) 図 10.2(c).

(a)　　　　　　　(b)　　　　　　　(c)

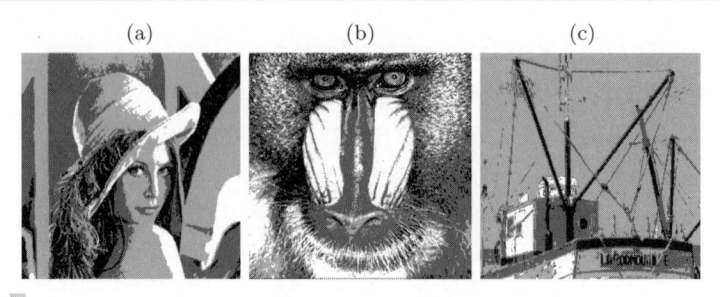

図 10.5 図 2.3 の濃淡画像 f に対する混合ガウスモデルによる周辺尤度最大化の方法から $K = 4$ と設定して得られた領域分割画像 a.

達成されているが，細かい空間的変化がまだ残っているため領域分割画像としてはまだ不十分である．

10.3　領域分割への確率伝搬法の導入

式 (10.5) の事前確率分布 $\Pr\{\boldsymbol{A} = \boldsymbol{a}|\boldsymbol{\gamma}\}$ を

$$\Pr\{\boldsymbol{A}=\boldsymbol{a}|\boldsymbol{\gamma},\alpha\} = \frac{1}{\mathcal{Z}_{\mathrm{Potts}}} \prod_{x=0}^{M-1} \prod_{y=0}^{N-1} \gamma(a_{x,y}) \exp\left(\frac{1}{2}\alpha\delta_{a_{x,y},a_{x+1,y}}\right) \times \exp\left(\frac{1}{2}\alpha\delta_{a_{x,y},a_{x,y+1}}\right) \quad (10.21)$$

で置き換えて考えてみる．式 (10.7) と式 (10.21) をベイズの公式 (3.23) に代入することにより，画像 f が与えられたという条件の下での領域分割画像 a に対する事後確率分布 $\Pr\{\boldsymbol{A} = \boldsymbol{a}|\boldsymbol{F} = \boldsymbol{f},\alpha,\boldsymbol{\gamma},\boldsymbol{\mu},\boldsymbol{\sigma}\}$ が得られる．各画素のラベル (x,y) を i に読みかえ，$f_{x,y}$ と $a_{x,y}$ を f_i と a_i とそれぞれ表し，B をすべての最近接画素対から構成される集合とすると

$$\Pr\{\boldsymbol{A}=\boldsymbol{a}|\boldsymbol{F}=\boldsymbol{f},\alpha,\boldsymbol{\gamma},\boldsymbol{\mu},\boldsymbol{\sigma}\} = \frac{\prod_{ij \in B} W_{i,j}(a_i,a_j)}{\sum_{\boldsymbol{z}} \prod_{ij \in B} W_{ij}(z_i,z_j)} \quad (10.22)$$

$$W_{ij}(k,k') \equiv \Psi_i(k|\boldsymbol{\mu},\boldsymbol{\sigma},\boldsymbol{\gamma})^{1/4} \exp\left(\frac{1}{2}\alpha\delta_{k,k'}\right) \Psi_j(k'|\boldsymbol{\mu},\boldsymbol{\sigma},\boldsymbol{\gamma})^{1/4} \quad (10.23)$$

により与えられる．事後確率分布 $\Pr\{\boldsymbol{A} = \boldsymbol{a}|\boldsymbol{F} = \boldsymbol{f},\alpha,\boldsymbol{\gamma},\boldsymbol{\mu},\boldsymbol{\sigma}\}$ に対して周辺事後確率分布 $\Pr\{A_i = a_i|\boldsymbol{F} = \boldsymbol{f},\alpha,\boldsymbol{\gamma},\boldsymbol{\mu},\boldsymbol{\sigma}\}$ を次のように導入する．

$$\Pr\{A_i=a_i|\boldsymbol{F}=\boldsymbol{f},\alpha,\boldsymbol{\gamma},\boldsymbol{\mu},\boldsymbol{\sigma}\} = \sum_{\boldsymbol{z}} \delta_{z_i,a_i} \Pr\{\boldsymbol{A}=\boldsymbol{z}|\boldsymbol{F}=\boldsymbol{f},\alpha,\boldsymbol{\gamma},\boldsymbol{\mu},\boldsymbol{\sigma}\} \quad (10.24)$$

この周辺事後確率分布から領域分割画像 $\widehat{\boldsymbol{a}}$ は次の式で与えられる.

$$\widehat{\boldsymbol{a}} = \arg \max_{k=0,1,\cdots,K-1} \Pr\{A_i = k | \boldsymbol{F} = \boldsymbol{f}, \alpha, \boldsymbol{\gamma}, \boldsymbol{\mu}, \boldsymbol{\sigma}\} \tag{10.25}$$

事後確率分布 (10.22) を式 (8.28) の表現に対応させ, 確率伝搬法のアルゴリズムを用いることで周辺確率分布 $\Pr\{A_{x,y} = a_{x,y} | \boldsymbol{F} = \boldsymbol{f}, \alpha, \boldsymbol{\gamma}, \boldsymbol{\mu}, \boldsymbol{\sigma}\}$ が計算され, 領域分割画像 $\widehat{\boldsymbol{a}}$ が求められる. $\boldsymbol{\gamma}, \boldsymbol{\mu}, \boldsymbol{\sigma}$ の値は式 (10.10) により得られた $\widehat{\boldsymbol{\gamma}}, \widehat{\boldsymbol{\mu}}, \widehat{\boldsymbol{\sigma}}$ の値に設定し, $\alpha(>0)$ は手動で設定する.[*1] 図 10.2 および図 2.3 の 256 階調の画像に対して $K=4$ と設定して得られた領域分割画像を, 図 10.6 および図 10.7 に与える.

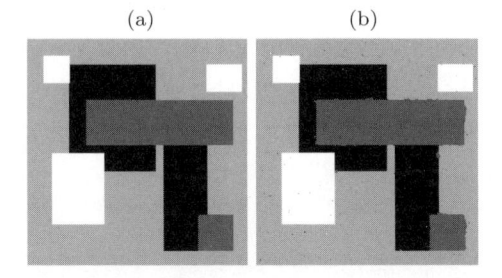

図 **10.6** 人工的に生成した濃淡画像 $\boldsymbol{f}$ に対する混合ガウスモデルとポッツモデル $K=4, \alpha=3$ と設定して得られた領域分割画像 $\boldsymbol{a}$. (a) 図 10.2(c). (b) 図 10.2(d).

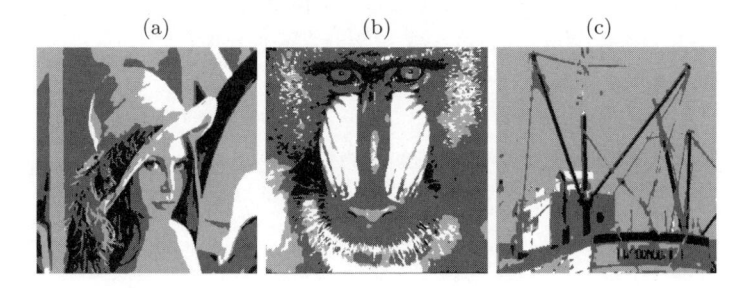

図 **10.7** 図 2.3 の濃淡画像 $\boldsymbol{f}$ に対する混合ガウスモデルとポッツモデルから $K=4, \alpha=2$ と設定して得られた領域分割画像 $\boldsymbol{a}$.

10.4　本章のまとめ

本章では, ガウス混合モデルとポッツモデルを用いた確率的領域分割の定式化について説明した. EM アルゴリズムと確率伝搬法を用いたいくつかの数値実験例について示した.

[*1] 文献 [34] では α も自動的に決定できる定式化とアルゴリズムを確率伝搬法 (文献 [34] ではベーテ近似と呼んでいる) を用いて提案している.

第11章

確率的エッジ検出

エッジ検出(edge detection) は画像からの輪郭線の抽出を目的とする重要な要素技術である．その用途は，前章の領域分割と合わせての画像からの対象物の抽出，エッジを保存してのノイズ除去フィルターの設計など，様々である．本章では，従来の画像処理における基本的なエッジ検出フィルターについて簡単に説明した後，確率モデルを用いたエッジ検出について紹介する [3]．

11.1 画像とエッジ検出

エッジは画素間の階調値の微分をもとにして検出される．例えば画素 (x,y) における x-軸方向の微分 $\frac{d}{dx}f_{x,y}$ であるが，これは差分を利用して

$$\frac{d}{dx}f_{x,y} \simeq f_{x+1,y} - f_{x,y}, \qquad \frac{d}{dy}f_{x,y} \simeq f_{x,y+1} - f_{x,y} \tag{11.1}$$

と表すことができる．この微分値が大きければ大きいほど，その画素の付近にエッジが存在すると考えることで，x-軸 (水平方向) および y-軸 (垂直方向) のエッジの強さは

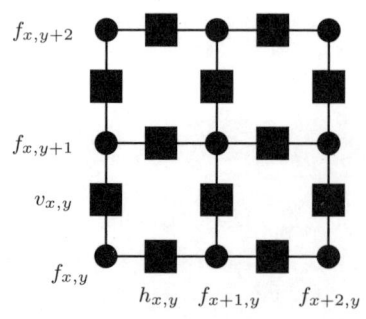

図 11.1 各画素の階調値 $f_{x,y}$ と最近接画素対間に割り当てられたエッジ強度 $h_{x,y}$, $v_{x,y}$．

$$h_{x,y} = \left|\frac{d}{dx}f_{x,y}\right| \simeq |f_{x+1,y} - f_{x,y}| \qquad (11.2)$$

$$v_{x,y} = \left|\frac{d}{dy}f_{x,y}\right| \simeq |f_{x,y+1} - f_{x,y}| \qquad (11.3)$$

により定量化される．これが最も基本的なエッジ検出フィルターである．式 (11.2) および式 (11.3) から与えられるエッジ強度

$$\boldsymbol{h} = (h_{0,0}, h_{1,0}, \cdots, h_{M-1,0}, h_{0,1}, h_{1,1}, \cdots, h_{M-1,1}, \cdots, \qquad (11.4)$$
$$h_{0,N-1}, h_{1,N-1}, \cdots, h_{M-1,N-1})^{\mathrm{T}}$$

$$\boldsymbol{v} = (v_{0,0}, v_{1,0}, \cdots, v_{M-1,0}, v_{0,1}, v_{1,1}, \cdots, v_{M-1,1}, \cdots, \qquad (11.5)$$
$$v_{0,N-1}, v_{1,N-1}, \cdots, v_{M-1,N-1})^{\mathrm{T}}$$

をその隣接画素対の位置に対応しながら，1 つの画像の中に配置した画像を図 11.2 に与える．

検出した微分強度から 2 値化したエッジ画像を確定することを考えてみよう．これは例えば輪郭線の抽出につながってゆく．図 11.2 にしきい値処理を施した結果を図 11.3 に与える．

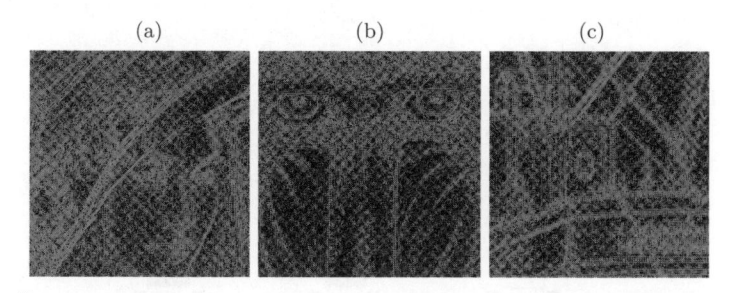

図 11.2 図 2.3 の濃淡画像 $\boldsymbol{f}$ に対して，式 (11.2)-(11.3) から得られる水平方向および垂直方向のエッジ強度 $\boldsymbol{h}, \boldsymbol{v}$ を 1 つの画像の中に配置した画像．

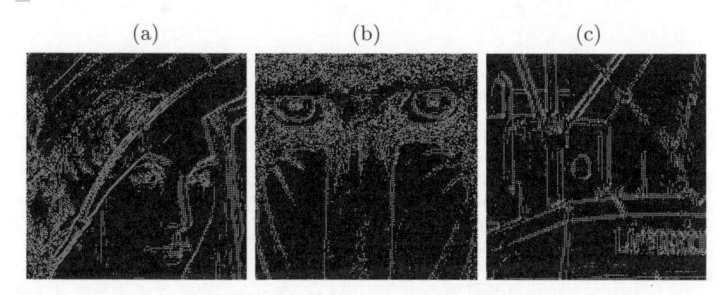

図 11.3 式 (11.2)-(11.3) のエッジ強度 $\boldsymbol{h}, \boldsymbol{v}$ をしきい値処理により 2 値化した上で 1 つの画像の中に配置した画像．しきい値の値は 20 と設定している．

11.2 確率モデルとエッジ

本節では,確率モデルを用いたエッジ検出とその反復計算アルゴリズムの簡単な例について解説する.エッジ検出のために用いるデータは前節の 1 次微分フィルター (11.2)-(11.3) が用いられる.

最近接画素対 (x,y)-$(x+1,y)$ および (x,y)-$(x,y+1)$ に x-軸 (水平方向) および y-軸 (垂直方向) のエッジの強さ $h_{x,y}$ および $v_{x,y}$ を考え,それらに対応する確率変数を $H_{x,y}$ および $V_{x,y}$ によりそれぞれ表す.いずれも 0 (エッジがない) と 1 の 2 状態のみをとる.これらの確率変数により構成される確率場を

$$\boldsymbol{H} = (H_{0,0}, H_{1,0}, \cdots, H_{M-1,0}, H_{0,1}, H_{1,1},$$
$$\cdots, H_{M-1,1}, \cdots, H_{0,N}-1, H_{1,N-1}, \cdots, H_{M-1,N-1})^{\mathrm{T}}$$

$$\boldsymbol{V} = (V_{0,0}, V_{1,0}, \cdots, V_{M-1,0}, V_{0,1}, V_{1,1},$$
$$\cdots, V_{M-1,1}, \cdots, V_{0,N}-1, V_{1,N-1}, \cdots, V_{M-1,N-1})^{\mathrm{T}}$$

により表すこととする.このエッジに対する確率変数の集合を確率場のなかでも特に **ライン場**(line field) と呼ぶ [3–5].

図 11.4 のエッジパターンはエッジ画像においては比較的出現する確率が低いことから,ライン場 $\boldsymbol{H}$ および $\boldsymbol{V}$ に対する事前確率分布を

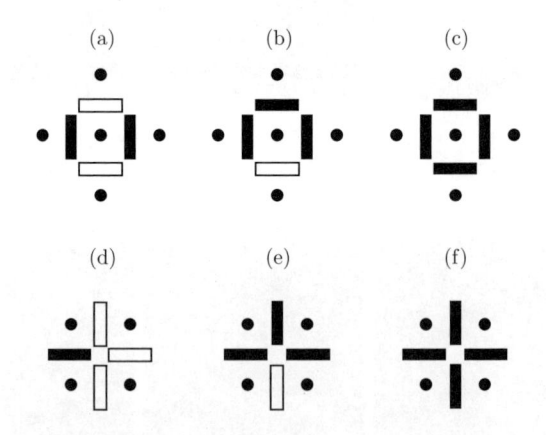

図 11.4 エッジ画像において出現する確率の低いパターン.黒丸は画素を表す.黒の長方形はエッジのある状態,白の長方形はエッジのない状態をそれぞれ表す.

$$\Pr\{\boldsymbol{H}=\boldsymbol{h},\boldsymbol{V}=\boldsymbol{v}|\beta\}$$
$$\equiv \frac{1}{\mathcal{Z}_{\text{prior}}(\beta)}\exp\bigg(-\beta\sum_{x=0}^{N-1}\sum_{y=0}^{N-1}(\delta_{h_{x,y}+h_{x,y+1},2}+\delta_{v_{x,y}+v_{x+1,y},2}$$
$$+1-\delta_{v_{x,y}+h_{x,y}+v_{x+1,y}+h_{x,y+1},2})\bigg) \tag{11.6}$$

により仮定する．β は常に正の値をとるものとし，その値が大きいほど図 11.4 のエッジパターンの出現する確率が低くなり，特に $\beta \to +\infty$ においては図 11.4 のエッジパターンはいずれも禁止されることになる．

従来の画像処理では，与えられた 256 階調の画像からエッジは輪郭線抽出を目的として検出される．しかし我々が風景画などの絵を描くときには，まず輪郭線を鉛筆などで描き，そこに濃淡を考えながら色などをのせてゆく．このプロセスを反映した確率モデルを考えてみよう．エッジが最初に与えられるということは，水平方向と垂直方向のライン場 $\boldsymbol{H}$ および $\boldsymbol{V}$ がある実現値 $\boldsymbol{h}$ および $\boldsymbol{v}$ に固定されるということを意味する．そのような状況の下での，各画素の階調値についての確率場 $\boldsymbol{F}$ に対する確率分布を

$$\Pr\{\boldsymbol{F}=\boldsymbol{f}|\boldsymbol{H}=\boldsymbol{h},\boldsymbol{V}=\boldsymbol{v},\alpha,\gamma\}$$
$$\equiv \frac{1}{\mathcal{Z}_{\text{data}}(\alpha,\gamma)}\exp\bigg(-\frac{1}{2}\alpha(1-h_{x,y})\big((f_{x,y}-f_{x+1,y})^2-\gamma^2\big)$$
$$-\frac{1}{2}\alpha(1-v_{x,y})\big((f_{x,y}-f_{x,y+1})^2-\gamma^2\big)\bigg) \tag{11.7}$$

により仮定する．すべての最近接画素対にエッジがなく，$h_{x,y}=v_{x,y}=0\ ((x,y)\in\Omega)$ であるとし，さらに各画素の実数値 $f_{x,y}$ がそれぞれ任意の実数値をとるものとすると，式 (11.7) は実は式 (7.34) に等価となる．式 (11.6) と式 (11.7) をベイズの公式

$$\Pr\{\boldsymbol{H}=\boldsymbol{h},\boldsymbol{V}=\boldsymbol{v}|\boldsymbol{F}=\boldsymbol{f},\alpha,\beta,\gamma\}$$
$$=\frac{\Pr\{\boldsymbol{F}=\boldsymbol{f}|\boldsymbol{H}=\boldsymbol{h},\boldsymbol{V}=\boldsymbol{v},\alpha,\gamma\}\Pr\{\boldsymbol{H}=\boldsymbol{h},\boldsymbol{V}=\boldsymbol{v}|\beta\}}{\Pr\{\boldsymbol{F}=\boldsymbol{f}|\alpha,\beta,\gamma\}} \tag{11.8}$$

に代入することにより，データとしての画像 $\boldsymbol{f}$ が与えられたという条件の下での，ライン場 $\boldsymbol{H}$ および $\boldsymbol{V}$ に対する事後確率分布 $\Pr\{\boldsymbol{H}=\boldsymbol{h},\boldsymbol{V}=\boldsymbol{v}|\boldsymbol{F}=\boldsymbol{f},\alpha,\beta,\gamma\}=P(\boldsymbol{h},\boldsymbol{v})$ が与えられる．この事後確率分布からエッジ画像 $(\widehat{\boldsymbol{h}},\widehat{\boldsymbol{v}})$ を

$$(\widehat{\boldsymbol{h}},\widehat{\boldsymbol{v}})=\arg\max_{(\boldsymbol{h},\boldsymbol{v})}P(\boldsymbol{h},\boldsymbol{v}) \tag{11.9}$$

により決定することにする．このとき，$\Omega=\{(x,y)|x=0,1,\cdots,M-1,\ y=0,1,\cdots,N-1\}$ として**反復条件付き最大化** (Iterated Conditional Modes; ICM)

のアルゴリズムを以下のように構成する.

[反復条件付き最大化アルゴリズム]

Step 1: $\{\widehat{h}_{x,y}\}$ および $\{\widehat{v}_{x,y}\}$ の初期値を設定する.

Step 2: $\tilde{h}_{x,y} \Leftarrow \widehat{h}_{x,y}, \tilde{v}_{x,y} \Leftarrow \widehat{v}_{x,y} \ ((x,y) \in \Omega)$ と設定する.

Step 3: (x,y) を1つ固定し, $(h_{x,y}, v_{x,y}, h_{x-1,y}, v_{x,y-1})$ 以外のすべてのライン場に対して

$$h_{x',y'} \Leftarrow \widehat{h}_{x',y'} \ ((x',y') \in \Omega \setminus \{(x,y),(x-1,y)\}) \quad (11.10)$$

$$v_{x',y'} \Leftarrow \widehat{v}_{x',y'} \ ((x',y') \in \Omega \setminus \{(x,y),(x,y-1)\}) \quad (11.11)$$

と設定した上で, $(\widehat{h}_{x,y}, \widehat{v}_{x,y}, \widehat{h}_{x-1,y}, \widehat{v}_{x,y-1})$ を次のように更新する.

$$(\widehat{h}_{x,y}, \widehat{v}_{x,y}, \widehat{h}_{x-1,y}, \widehat{v}_{x,y-1}) \Leftarrow \arg \max_{(h_{x,y}, v_{x,y}, h_{x-1,y}, v_{x,y-1})} P(\boldsymbol{h}, \boldsymbol{v}) \quad (11.12)$$

この操作を Ω のすべての (x,y) に対して行う.

Step 4: (x,y) を1つ固定し, $(h_{x,y}, v_{x,y}, h_{x,y+1}, v_{x+1,y})$ 以外のすべてのライン場に対して

$$h_{x',y'} \Leftarrow \widehat{h}_{x',y'} \ ((x',y') \in \Omega \setminus \{(x,y),(x,y+1)\}) \quad (11.13)$$

$$v_{x',y'} \Leftarrow \widehat{v}_{x',y'} \ ((x',y') \in \Omega \setminus \{(x,y),(x+1,y)\}) \quad (11.14)$$

と設定した上で, $(\widehat{h}_{x,y}, \widehat{v}_{x,y}, \widehat{h}_{x,y+1}, \widehat{v}_{x+1,y})$ を次のように更新する.

$$(\widehat{h}_{x,y}, \widehat{v}_{x,y}, \widehat{h}_{x,y+1}, \widehat{v}_{x+1,y}) \Leftarrow \arg \max_{(h_{x,y}, v_{x,y}, h_{x,y+1}, v_{x+1,y})} P(\boldsymbol{h}, \boldsymbol{v}) \quad (11.15)$$

この操作を Ω のすべての (x,y) に対して行う.

Step 6: 収束判定条件

$$\sum_{(x,y) \in \Omega} |\tilde{h}_{x,y} - \widehat{h}_{x,y}| + \sum_{(x,y) \in \Omega} |\tilde{v}_{x,y} - \widehat{v}_{x,y}| = 0$$

を満足しなければ $r \Leftarrow r+1$ と更新して **Step 2** に戻り, 満足すれば終了する.

図2.3の濃淡画像 $\boldsymbol{f}$ に対して, 上記の反復条件付き最大化アルゴリズムを用いることによって得られたエッジ画像 $(\boldsymbol{h}, \boldsymbol{v})$ を図11.5に与える.

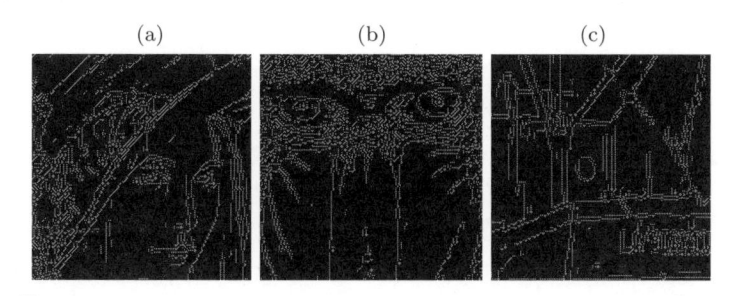

図 11.5　反復条件付き最大化アルゴリズムを用いて得られた図 6.2 の劣化画像 g に対して適用することにより得られたエッジ画像 $(\boldsymbol{h}, \boldsymbol{v})$ の一部．モデルパラメータの値は $\gamma = 20, \alpha = 0.0005, \beta = 100$ と設定している．

11.3　本章のまとめ

　本章では，確率モデルのエッジ検出への応用について説明した．エッジに対する確率モデルを事前確率モデルとして仮定し，ガウシアングラフィカルモデルと組み合わせることで定式化を行っている．アルゴリズムは反復条件付き最大化法をもとに構成した．

第12章

おわりに

　数理科学の伝統的手法でありながら，計算量的な問題からこれまで情報工学の分野で実用面でそれほど注目されてはこなかった確率的情報処理が，統計力学と組み合わされることで次世代の計算理論の1つとして注目を浴びつつある．本書は確率的情報処理としての画像処理技術についての理論的基礎を述べてきた．統計科学と統計力学が画像処理という土俵においてどのような役割を果たしているかについて説明し，新規参入を考える学生，若手研究者諸氏のよりどころとなり得るべくアルゴリズムを具体的に与えた．本書の内容を要約すると以下のようになる．

1. ディジタル信号処理としての画像の基本操作
2. 確率・統計の基本事項とデータの統計的学習理論
3. 統計力学と平均場理論の基礎事項
4. 画像修復における線形フィルターと確率モデル
5. 確率伝搬法による画像修復アルゴリズム
6. 基本的確率モデルによる画像修復のメカニズム
7. 確率的領域分割
8. 確率的エッジ検出

確率モデルを画像処理に用いるという戦略は，この20年ほどの間に研究者レベルで進められてはきているが，具体的な製品への実装という段階は最近始まったばかりなのが現状である．既存のディジタル信号処理技術にこの確率的情報処理をいかに効率よく組み合わせてゆくかが，今後のさらなる発展の鍵となると考えられる．

　確率的画像処理手法の研究は，ディジタル信号処理に代わる技術の開発を目的とするというよりは，次世代の知的情報処理システムへの基礎研究として行われている場合が多い．例えば，動画像からの特定の対象の検出などはその一例である．これは侵入者の検出，自動車運転中における前方の危険物の検知からロボットビジョンに至るまで，様々な拡張が考えられる．動画像からの特定の対象として人間の一部

あるいは全体を検出し，どのように動いたかを解析することで，例えばリハビリテーションの訓練やスポーツにおけるフォームの解析に用いられることも期待される．

　確率的情報処理の理論体系は，統計力学という物理学の数理的手法を組み合わせることでさらにパワーアップする．ランダム性を伴って生成されたデータに依存する確率モデルの研究は，統計力学ではスピングラス理論という形で過去 50 年近い歴史の蓄積がある [22,29]．また，第 8 章の確率伝搬法は，統計力学においては平均場理論という形で 100 年近い歴史を持っている．近年，この長い歴史による蓄積を確率的情報処理に積極的に応用しようという試みが進められ，この 15 年ほどの間に急速な進展を見せつつある [1,30,31,35,36]．

付録A
多次元ガウス積分と多次元ガウス分布

本付録では**多次元ガウス積分**(multi-dimensional Gaussian integral formula) の公式と**多次元ガウス分布**(multi-dimensional Gaussian distribution) のいくつかの期待値に対する公式を導出する.

L 次元ガウス分布

$$\rho(\boldsymbol{a}) \equiv \sqrt{\frac{\det(\boldsymbol{C})}{(2\pi)^L}} \exp\left(-\frac{1}{2}(\boldsymbol{a}-\boldsymbol{\mu})^{\mathrm{T}} \boldsymbol{C}(\boldsymbol{a}-\boldsymbol{\mu})\right) \tag{A.1}$$

を考える. $\boldsymbol{C}$ は L 行 L 列の行列であり, $\boldsymbol{a}, \boldsymbol{\mu}$ は L 次元縦ベクトルである.

$$\boldsymbol{a} = \begin{pmatrix} a_1 \\ a_2 \\ \vdots \\ a_L \end{pmatrix}, \quad \boldsymbol{\mu} = \begin{pmatrix} \mu_1 \\ \mu_2 \\ \vdots \\ \mu_L \end{pmatrix}, \quad \boldsymbol{C} = \begin{pmatrix} C_{11} & C_{12} & \cdots & C_{1L} \\ C_{21} & C_{22} & \cdots & C_{2L} \\ \vdots & \vdots & & \vdots \\ C_{L1} & C_{L2} & \cdots & C_{LL} \end{pmatrix} \tag{A.2}$$

$\boldsymbol{C}$ は実対称行列であり[*1], すべての固有値は互いに縮退しないものとする. また, $\boldsymbol{C}$ は正定値であるとする. 正定値とはすべての固有値が正値であるということである. 本付録では行列についての以下の基本的性質を用いて説明を進める.

1. 実対称行列の固有値はすべて実数である.
2. 固有値がすべて実数である実行列のすべての固有ベクトルを実ベクトル (すべての成分が実数であるベクトル) に選ぶことができる.

つまり行列 $\boldsymbol{C}$ のすべての固有値は実数であり, そのすべての固有ベクトルは実ベクトルに選ぶことができることになる. $\boldsymbol{C}$ の固有値を $\lambda(i)$ $(i = 1, 2, \cdots, L)$, 各固有値に対応する右固有ベクトルを $\boldsymbol{u}(i) = (u_1(i), u_2(i), \cdots, u_L(i))^{\mathrm{T}}$ とすると, その定義および $\boldsymbol{C}$ が正定値であるという性質は次の式としてまとめられる.

$$\det(\lambda(i)\boldsymbol{I} - \boldsymbol{C}) = 0, \tag{A.3}$$

$$\boldsymbol{C}\boldsymbol{u}(i) = \lambda(i)\boldsymbol{u}(i), \quad |\boldsymbol{u}(i)| = 1 \tag{A.4}$$

$$\lambda(i) > 0, \quad \lambda(i) \neq \lambda(j) \quad (i \neq j) \tag{A.5}$$

対称行列 $\boldsymbol{C} = \boldsymbol{C}^{\mathrm{T}}$ であることを使うと

$$\lambda(i)\boldsymbol{u}(i)^{\mathrm{T}}\boldsymbol{u}(j) = (\boldsymbol{C}\boldsymbol{u}(i))^{\mathrm{T}}\boldsymbol{u}(j) = \boldsymbol{u}(i)^{\mathrm{T}}\boldsymbol{C}^{\mathrm{T}}\boldsymbol{u}(j)$$

$$= \boldsymbol{u}(i)^{\mathrm{T}}\boldsymbol{C}\boldsymbol{u}(j) = \lambda(j)\boldsymbol{u}(i)^{\mathrm{T}}\boldsymbol{u}(j) \tag{A.6}$$

[*1] 「行列 $\boldsymbol{C}$ が実対称行列である」とはすべての C_{ij} が実数, かつ $C_{ij} = C_{ji}$ が常に成り立つことである.

が成り立つことから,$\lambda(i) \neq \lambda(j)$ であれば $\boldsymbol{u}(i)^{\mathrm{T}}\boldsymbol{u}(j) = 0$ が成り立つことがわかる. 今, すべての固有値が互いに縮退しない場合のみを考えており, 右固有ベクトル $\boldsymbol{u}(i)$ は常に $|\boldsymbol{u}(i)| = 1$ が成り立つように選ばれているので

$$\boldsymbol{u}(i)^{\mathrm{T}}\boldsymbol{u}(j) = \delta_{ij} \tag{A.7}$$

が成り立つ.

固有値 $\lambda(i)$ および右固有ベクトル $\boldsymbol{u}(i)$ から行列 $\boldsymbol{\Lambda}$ および $\boldsymbol{U}$ を

$$\boldsymbol{\Lambda} = \begin{pmatrix} \lambda(1) & 0 & 0 & \cdots & 0 \\ 0 & \lambda(2) & 0 & \cdots & 0 \\ 0 & 0 & \lambda(3) & \cdots & 0 \\ \vdots & \vdots & \vdots & & \vdots \\ 0 & 0 & 0 & \cdots & \lambda(L) \end{pmatrix}, \tag{A.8}$$

$$\boldsymbol{U} = \begin{pmatrix} u_1(1) & u_1(2) & \cdots & u_1(L) \\ u_2(1) & u_2(2) & \cdots & u_2(L) \\ \vdots & \vdots & & \vdots \\ u_L(1) & u_L(2) & \cdots & u_L(L) \end{pmatrix} \tag{A.9}$$

により定義する. このとき式 (A.4) および式 (A.7) は

$$\boldsymbol{U}\boldsymbol{U}^{\mathrm{T}} = \boldsymbol{U}^{\mathrm{T}}\boldsymbol{U} = \boldsymbol{I}, \ \det\boldsymbol{U} = 1 \tag{A.10}$$

$$\boldsymbol{C} = \boldsymbol{U}\boldsymbol{\Lambda}\boldsymbol{U}^{\mathrm{T}} \tag{A.11}$$

と書き換えられる. さらに

$$\det(\boldsymbol{C}) = \det(\boldsymbol{\Lambda}) = \prod_{i=1}^{L} \lambda(i) \tag{A.12}$$

が成り立つことも容易に確かめられる. また, L 行 L 列の単位行列を $\boldsymbol{I}$, β_1 と β_2 を定数として行列 $\beta_1\boldsymbol{I} + \beta_2\boldsymbol{C}$ を考えると, その固有値は $\beta_1 + \beta_2\lambda(i)$ ($i = 1, 2, \cdots, L$), 対応する右固有ベクトルは $\boldsymbol{u}(i)$ により与えられ, 次の等式が成り立つ.

$$\beta_1\boldsymbol{I} + \beta_2\boldsymbol{C} = \boldsymbol{U}(\beta_1\boldsymbol{I} + \beta_2\boldsymbol{\Lambda})\boldsymbol{U}^{\mathrm{T}} \tag{A.13}$$

$$\det(\beta_1\boldsymbol{I} + \beta_2\boldsymbol{C}) = \det(\beta_1\boldsymbol{I} + \beta_2\boldsymbol{\Lambda}) = \prod_{i=1}^{L}(\beta_1 + \beta_2\lambda(i)) \tag{A.14}$$

式 (A.13) および式 (A.14) を用い, 途中で $\boldsymbol{b} = \boldsymbol{U}^{\mathrm{T}}(\boldsymbol{a} - \boldsymbol{\mu})$ という変数変換を行った上で, ガウス積分の公式 (3.57) および (3.58) を用いることにより次の等式が得られる.

$$\int \exp\Bigl(-\frac{1}{2}(\boldsymbol{a} - \boldsymbol{\mu})^{\mathrm{T}}\boldsymbol{C}(\boldsymbol{a} - \boldsymbol{\mu})\Bigr)d\boldsymbol{a} = \sqrt{\frac{(2\pi)^L}{\det(\boldsymbol{C})}} \tag{A.15}$$

これが**多次元ガウス積分の公式**である. 具体的な計算の詳細は次の通りである.

$$\int \exp\Bigl(-\frac{1}{2}(\boldsymbol{a} - \boldsymbol{\mu})^{\mathrm{T}}\boldsymbol{C}(\boldsymbol{a} - \boldsymbol{\mu})\Bigr)d\boldsymbol{a}$$
$$= \int \exp\Bigl(-\frac{1}{2}\bigl(\boldsymbol{U}^{\mathrm{T}}(\boldsymbol{a} - \boldsymbol{\mu})\bigr)^{\mathrm{T}}\boldsymbol{\Lambda}\bigl(\boldsymbol{U}^{\mathrm{T}}(\boldsymbol{a} - \boldsymbol{\mu})\bigr)\Bigr)d\boldsymbol{a}$$

$$= \int \exp\left(-\frac{1}{2}\boldsymbol{b}^{\mathrm{T}}\boldsymbol{\Lambda}\boldsymbol{b}\right)d\boldsymbol{b}$$

$$= \prod_{i=1}^{L}\left(\int_{-\infty}^{+\infty}\exp\left(-\frac{1}{2}\lambda(i)b_i{}^2\right)db_i\right)$$

$$= \prod_{i=1}^{L}\sqrt{\frac{2\pi}{\lambda(i)}} = \sqrt{\frac{(2\pi)^L}{\det(\boldsymbol{C})}} \tag{A.16}$$

式 (A.15) から

$$\int \rho(\boldsymbol{a})d\boldsymbol{a} = 1 \tag{A.17}$$

は容易に確かめられる.

また, 式 (A.15) の導出と同様の考え方により

$$\int \boldsymbol{a}\rho(\boldsymbol{a})d\boldsymbol{a} = \boldsymbol{\mu} \tag{A.18}$$

$$\int (\boldsymbol{a}-\boldsymbol{\mu})^{\mathrm{T}}(\beta_1\boldsymbol{I}+\beta_2\boldsymbol{C})(\boldsymbol{a}-\boldsymbol{\mu})\rho(\boldsymbol{a})d\boldsymbol{a} = \mathrm{Tr}\left((\beta_1\boldsymbol{I}+\beta_2\boldsymbol{C})\boldsymbol{C}^{-1}\right) \tag{A.19}$$

も導かれる. 式 (A.18) は変数変換 $\boldsymbol{a}' = \boldsymbol{a} - \boldsymbol{\mu}$ により

$$\int (\boldsymbol{a}-\boldsymbol{\mu})\rho(\boldsymbol{a})d\boldsymbol{a} = \int \boldsymbol{a}'\rho(\boldsymbol{a}'+\boldsymbol{\mu})d\boldsymbol{a}' \tag{A.20}$$

と変形した上で $\rho(\boldsymbol{a}'+\boldsymbol{\mu})$ が偶関数であることを考えると導出できる.

式 (A.19) の導出は以下の通りである.

$$\int (\boldsymbol{a}-\boldsymbol{\mu})^{\mathrm{T}}(\beta_1\boldsymbol{I}+\beta_2\boldsymbol{C})(\boldsymbol{a}-\boldsymbol{\mu})\rho(\boldsymbol{a})d\boldsymbol{a}$$

$$= \sqrt{\frac{\det(\boldsymbol{\Lambda})}{(2\pi)^L}}\int \left(\boldsymbol{U}^{\mathrm{T}}(\boldsymbol{a}-\boldsymbol{\mu})\right)^{\mathrm{T}}(\beta_1\boldsymbol{I}+\beta_2\boldsymbol{\Lambda})\left(\boldsymbol{U}^{\mathrm{T}}(\boldsymbol{a}-\boldsymbol{\mu})\right)$$

$$\times \exp\left(-\frac{1}{2}\left(\boldsymbol{U}^{\mathrm{T}}(\boldsymbol{a}-\boldsymbol{\mu})\right)^{\mathrm{T}}\boldsymbol{\Lambda}\left(\boldsymbol{U}^{\mathrm{T}}(\boldsymbol{a}-\boldsymbol{\mu})\right)\right)d\boldsymbol{a}$$

$$= \sqrt{\frac{\det(\beta_1\boldsymbol{I}+\beta_2\boldsymbol{\Lambda})}{(2\pi)^L}}\int \left(\boldsymbol{b}^{\mathrm{T}}(\beta_1\boldsymbol{I}+\beta_2\boldsymbol{\Lambda})\boldsymbol{b}\exp\left(-\frac{1}{2}\boldsymbol{b}^{\mathrm{T}}\boldsymbol{\Lambda}\boldsymbol{b}\right)\right)d\boldsymbol{b}$$

$$= \sum_{i=1}^{L}\sqrt{\frac{\lambda(i)}{2\pi}}(\beta_1+\beta_2\lambda(i))\int_{-\infty}^{+\infty}b_i{}^2\exp\left(-\frac{1}{2}\lambda(i)b_i{}^2\right)db_i$$

$$= \sum_{i=1}^{L}\frac{\lambda(i)}{\beta_1+\beta_2\lambda(i)} = \mathrm{Tr}\left((\beta_1\boldsymbol{I}+\beta_2\boldsymbol{C})\boldsymbol{C}^{-1}\right) \tag{A.21}$$

付 録 B
固定点方程式と反復法

第 4.1 節, 第 7.2 節および第 7.3 節の周辺尤度最大化によるハイパパラメータ推定, 第 8 章の確率伝搬法におけるメッセージに対する固定点方程式など, 本書の至る所で固定点方程式が顔を出している. 固定点方程式を数値的に解く方法として最も簡単かつよく用いられる方法の 1 つに**反復法**(iteration method) である. ここではその反復法について簡単に説明する.

関数 $g(x)$ が与えられたとき,

$$x = g(x)$$

の形の非線形方程式を反復法で解くことを考える. この方程式 $\bar{x} = g(\bar{x})$ を満たす $\bar{x}$ は関数 $g(x)$ の固定点または不動点 (fixed point) と呼ばれている.

反復法アルゴリズム 適当な初期値 (initial value) x_0 を選び, 次の反復計算を行う.

$$x_{n+1} = g(x_n), \qquad (n = 0, 1, 2, \cdots)$$

この反復計算ができるためには, $g(x)$ はある有界閉区間 $[a, b]$ で定義されており, $x_n \in [a, b]$ ならば $x_{n+1} \in [a, b]$ でなければならない.

反復公式 $x_{n+1} = g(x_n)$ を用いて, 解 $\bar{x}$ の近似値 x_n を逐次的に求めて行く場合,

$$\lim_{n \to +\infty} x_n = \bar{x}$$

となるための $g(x)$ に対する条件は次の通りである.

定理: 関数 $g(x)$ が 区間 $[a, b]$ 上で少なくとも 1 階微分可能で, $|g'(x)| \leq L < 1, \quad (x \in [a, b])$ ならば, $g(x)$ は 区間 $[a, b]$ 内にただ 1 つの解 $\bar{x}$ を持ち, しかも任意の初期値 $x_0 \in [a, b]$ から始めた反復は常に $\bar{x}$ に収束する.

証明: $\bar{x} = g(\bar{x})$ を満たす点 $\bar{x}$ を含む x の区間 $[a, b]$ で $g(x)$ は少なくとも 1 階微分可能なので, 平均値の定理から

$$g(x) = g(\bar{x}) + g'(\eta)(x - \bar{x}) \qquad (x \in [a, b], \ \bar{x} < \eta < x)$$

が成立する. $\bar{x} = g(\bar{x})$ を代入することにより,

$$g(x) - \bar{x} = g'(\eta)(x - \bar{x})$$

また, $x = x_0$ (初期値) と置くと, $x_1 = g(x_0)$ であるから,

$$|x_1 - \bar{x}| = |g'(\eta)||x_0 - \bar{x}|$$

となる. ここで,

$$g'(\eta) \leq L \qquad (\eta \in [a, b])$$

が成り立つので,

$$|x_1 - \bar{x}| = L|x_0 - \bar{x}|$$

同様にして

$$|x_2 - \bar{x}| = L|x_1 - \bar{x}|, \quad |x_3 - \bar{x}| = L|x_2 - \bar{x}|, \quad \cdots, \quad |x_n - \bar{x}| = L|x_{n-1} - \bar{x}|$$

が得られる. 各式を次々に代入すると,

$$|x_n - \bar{x}| = L^n|x_0 - \bar{x}|$$

$L < 1$ により,

$$\lim_{n \to +\infty} |x_n - \bar{x}| = 0 \quad \text{i.e.} \quad \lim_{n \to +\infty} x_n = \bar{x}$$

が成り立つ. (証終)

例として, $C > 1$ である場合に $x = \tanh(Cx)$ の $x > 0$ における解を求めることを考えてみる. 具体的な操作は以下の通りである.

$$x_1 \Leftarrow \tanh(Cx_0), \ x_2 \Leftarrow \tanh(Cx_1), \ x_3 \Leftarrow \tanh(Cx_2), \ \cdots$$

この操作により, どのような経路を通って $x = \tanh(Cx)$ に近づいて行くかを図 B.1 に与える.

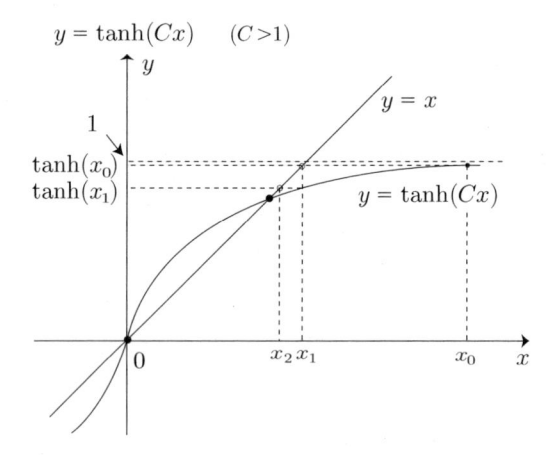

図 B.1 $C > 1$ である場合に $x = \tanh(Cx)$ の $x > 0$ における解を反復法で求める際の更新の軌跡.

付録C
離散フーリエ変換

本付録では式 (6.56) および式 (4.23) の実対称行列 C が離散フーリエ変換 (Descrite Fourier Transformation; DFT) の基底を用いることで対角化されることを示す.

周期境界条件 $f_x = f_{x \pm N}$ ($x = 0, 1, \cdots, N-1$) を満たす信号列 $\boldsymbol{f} = (f_0, f_1, \cdots, f_{N-1})^{\mathrm{T}}$ に対して

$$F_p = \frac{1}{\sqrt{N}} \sum_{x=0}^{N-1} f_x \exp\left(-\mathrm{i}\frac{2\pi p x}{N}\right) \tag{C.1}$$

から定義される変換を考える. これは信号列 $\boldsymbol{f}$ の離散フーリエ変換となっていることがわかる. ここで

$$\boldsymbol{u}(p) = \frac{1}{\sqrt{N}}\left(1, \exp\left(-\mathrm{i}\frac{2\pi p}{N}\right), \cdots, \exp\left(-\mathrm{i}\frac{2\pi(N-1)p}{N}\right)\right)^{\mathrm{T}}$$
$$(p = 0, 1, \cdots, N-1) \tag{C.2}$$

という N 個の N 次元縦ベクトルを導入すると

$$F_p = \boldsymbol{f}^{\mathrm{T}} \boldsymbol{u}(p) \tag{C.3}$$

また $\boldsymbol{u}(p) = (u_0(p), u_1(p), \cdots, u_{N-1}(p))^{\mathrm{T}}$ に対して, 各成分に対して共役複素数 $\bar{u}_i(p)$ ($i = 1, 2, \cdots, N$) [*1] を考え, $\boldsymbol{u}(p)$ の共役複素ベクトル $\boldsymbol{u}^\dagger(p)$ を

$$\boldsymbol{u}^\dagger(p) \equiv \left(\bar{u}_0(p), \bar{u}_1(p), \cdots, \bar{u}_{N-1}(p)\right) \quad (p = 0, 1, \cdots, N-1) \tag{C.4}$$

と定義する. 任意の実数に対して $\exp(\mathrm{i}a)$ の共役複素数は $\exp(-\mathrm{i}a)$ であることから式 (C.2) の $\boldsymbol{u}(p)$ に対して $\boldsymbol{u}^\dagger(p)$ は次のように与えられる.

$$\boldsymbol{u}^\dagger(p) = \frac{1}{\sqrt{N}}\left(1, \exp\left(\mathrm{i}\frac{2\pi p}{N}\right), \cdots, \exp\left(\mathrm{i}\frac{2(N-1)\pi p}{N}\right)\right)$$
$$(p = 0, 1, \cdots, N-1) \tag{C.5}$$

このときベクトル $\boldsymbol{u}(p')$ と $\boldsymbol{u}^\dagger(p)$ の内積は次のように与えられる.

$$\boldsymbol{u}^\dagger(p)\boldsymbol{u}(p') = \frac{1}{N}\sum_{x=0}^{N-1}\exp\left(\mathrm{i}\frac{2\pi p x}{N}\right)\exp\left(-\mathrm{i}\frac{2\pi p' x}{N}\right)$$
$$= \frac{1}{N}\sum_{x=0}^{N-1}\exp\left(\mathrm{i}\frac{2\pi(p-p')x}{N}\right) = \delta_{p,p'} \tag{C.6}$$

式 (C.6) は $p = p'$ の場合は $\exp\left(\mathrm{i}\frac{2\pi(p-p')x}{N}\right) = 1$ であることから導かれ, $p \neq p'$ の場合は

$$\sum_{x=0}^{N-1}\exp\left(\mathrm{i}\frac{2\pi(p-p')x}{N}\right) = \frac{1 - \exp\left(\mathrm{i}2\pi(p-p')\right)}{1 - \exp\left(\mathrm{i}\frac{2\pi(p-p')}{N}\right)} = 0 \tag{C.7}$$

[*1] 一般に, 複素数 $c = a + \mathrm{i}b$ (a と b を実数) から定義される $\bar{c} \equiv a - \mathrm{i}b$ を c の **共役複素数** (complex conjugate) と呼ぶ.

であることを用いている. 式 (C.6) はベクトル $\boldsymbol{u}(p)$ および $\boldsymbol{u}^\dagger(p)$ から

$$\boldsymbol{U} = \begin{pmatrix} \boldsymbol{u}(0), \boldsymbol{u}(1), \cdots, \boldsymbol{u}(N-1) \end{pmatrix}, \quad \boldsymbol{U}^\dagger = \begin{pmatrix} \boldsymbol{u}^\dagger(0) \\ \boldsymbol{u}^\dagger(1) \\ \vdots \\ \boldsymbol{u}^\dagger(N-1) \end{pmatrix} \tag{C.8}$$

により定義される行列 $\boldsymbol{U}$ と $\boldsymbol{U}^\dagger$ の間には

$$\boldsymbol{U}\boldsymbol{U}^\dagger = \boldsymbol{U}^\dagger\boldsymbol{U} = \boldsymbol{I} \tag{C.9}$$

という関係が成り立つことを意味している.

式 (C.9) が成り立つとき, $\boldsymbol{U}$ をユニタリ行列(unitary matrix) と呼ぶ.

信号列 $\boldsymbol{f}$ の離散フーリエ変換 $A(p)$ から $\boldsymbol{F} = \begin{pmatrix} F_0, F_1, \cdots, F_{N-1} \end{pmatrix}^\mathrm{T}$ というベクトルを新たに導入すると式 (C.3) は

$$\boldsymbol{F} = \boldsymbol{U}^\dagger \boldsymbol{f} \tag{C.10}$$

により与えられ, さらにこの両辺に $\boldsymbol{U}$ を左から掛けることにより

$$\boldsymbol{f} = \boldsymbol{U}\boldsymbol{F} \tag{C.11}$$

すなわち

$$f_x = \frac{1}{\sqrt{N}} \sum_{p=0}^{N-1} F_p \exp\left(\mathrm{i}\frac{2\pi px}{M}\right) \tag{C.12}$$

という形で逆変換が導出される.

式 (4.23) の実対称行列

$$\boldsymbol{C} \equiv \begin{pmatrix} 2 & -1 & 0 & 0 & \cdots & -1 \\ -1 & 2 & -1 & 0 & \cdots & 0 \\ 0 & -1 & 2 & -1 & \cdots & 0 \\ 0 & 0 & -1 & 2 & \cdots & 0 \\ \vdots & \vdots & \vdots & \vdots & & \vdots \\ -1 & 0 & 0 & 0 & \cdots & 2 \end{pmatrix} \tag{C.13}$$

は右固有ベクトルが

$$\boldsymbol{u}(p) = \frac{1}{\sqrt{N}} \left(1, \exp\left(-\mathrm{i}\frac{2\pi p}{N}\right), \cdots, \exp\left(-\mathrm{i}\frac{2\pi (N-1)p}{N}\right)\right)^\mathrm{T}$$
$$(p = 0, 1, \cdots, N-1) \tag{C.14}$$

対応する固有値は

$$\lambda(p) = 2 - 2\cos\left(\frac{2\pi p}{N}\right) \quad (p = 0, 1, \cdots, N-1) \tag{C.15}$$

により与えられる. この行列 $\boldsymbol{C}$ の $(x|x')$-成分 $C_{xx'} = \langle x|\boldsymbol{C}|x'\rangle$ は

$$C_{xx'} = \langle x|\boldsymbol{C}|x'\rangle$$
$$= 2\delta_{x,x'} - \delta_{x+1,x'} - \delta_{x-1,x'} \quad (x, x' = 0, 1, \cdots, N-1) \tag{C.16}$$

により与えられる. この表現を用いると行列 $\boldsymbol{C}$ の固有値 $\lambda(p)$ の対応する右固有ベクトルが $\boldsymbol{u}(p)$ であることは以下のようにして示すことができる.

$$
\begin{aligned}
\langle x|\boldsymbol{C}\boldsymbol{u}(p)\rangle &= \sum_{x'=0}^{N-1} \langle x|C|x'\rangle \langle x'|\boldsymbol{u}(p)\rangle \\
&= \frac{1}{\sqrt{N}} \sum_{x'=0}^{N-1} (2\delta_{x,x'} - \delta_{x+1,x'} - \delta_{x-1,x'}) \exp\left(\mathrm{i}\frac{2\pi p(x'-1)}{N}\right) \\
&= \frac{1}{\sqrt{N}} \lambda(p) \exp\left(\mathrm{i}\frac{2\pi p(x-1)}{N}\right) = \lambda(p) \langle x|\boldsymbol{u}(p)\rangle
\end{aligned} \tag{C.17}
$$

すなわち
$$
\boldsymbol{C}\boldsymbol{u}(p) = \lambda(p)\boldsymbol{u}(p) \quad (p=0,1,\cdots,N-1) \tag{C.18}
$$

固有ベクトル $\lambda(p)$ から行列 $\boldsymbol{\Lambda}$ を
$$
\langle p|\boldsymbol{\Lambda}|p'\rangle \equiv \delta_{p,p'}\left(2 - 2\cos\left(\frac{2\pi p}{N}\right)\right) \tag{C.19}
$$

で定義すると式 (C.18) は
$$
\boldsymbol{C} = \boldsymbol{U}\boldsymbol{\Lambda}\boldsymbol{U}^\dagger \tag{C.20}
$$

という形にまとめられる．このことは，式 (4.23) すなわち式 (C.13) の実対称行列 $\boldsymbol{C}$ が離散フーリエ変換によって対角化されていることを意味している．

以上の議論を 2 次元正方格子上で与えられた信号列に拡張する．周期境界条件 $f_{x,y} = f_{x\pm M,y}$, $f_{x,y} = f_{x,y\pm N}$ ($x=0,1,\cdots,M-1;\ y=0,1,\cdots,N-1$) を満たす信号列
$$
\boldsymbol{f} = (f_{0,0}, f_{1,0}, \cdots, f_{M-1,0}, f_{0,1}, f_{1,1}, \cdots, f_{M-1,1}, \\
\cdots, f_{0,N-1}, f_{1,N-1}, \cdots, f_{M-1,N-1})^{\mathrm{T}} \tag{C.21}
$$

に対して
$$
F(p,q) = \frac{1}{\sqrt{MN}} \sum_{x=0}^{M-1} \sum_{y=0}^{N-1} f_{x,y} \exp\left(-\mathrm{i}\frac{2\pi px}{M} - \mathrm{i}\frac{2\pi qy}{M}\right) \tag{C.22}
$$

から定義される変換を考える．これは信号列 $\boldsymbol{f}$ の離散フーリエ変換となっていることがわかる．ここで
$$
\langle x,y|\boldsymbol{u}(p,q)\rangle = \frac{1}{\sqrt{MN}} \exp\left(-\mathrm{i}\frac{2\pi px}{N} - \mathrm{i}\frac{2\pi qy}{N}\right) \\
(p=0,1,\cdots,M-1,\ q=0,1,\cdots,N-1) \tag{C.23}
$$

を (x,y)-成分に持つ MN 次元の縦ベクトルを導入すると式 (C.22) は
$$
F(p,q) = \boldsymbol{f}^{\mathrm{T}} \boldsymbol{u}(p,q) \tag{C.24}
$$

と書き直される．
$$
\boldsymbol{U} = \bigl(\boldsymbol{u}(0,0), \boldsymbol{u}(0,1), \boldsymbol{u}(0,2), \cdots, \boldsymbol{u}(M-1,N-1)\bigr) \tag{C.25}
$$

$$
\boldsymbol{U}^\dagger = \begin{pmatrix} \boldsymbol{u}^\dagger(0,0) \\ \boldsymbol{u}^\dagger(0,1) \\ \boldsymbol{u}^\dagger(0,2) \\ \vdots \\ \boldsymbol{u}^\dagger(M-1,N-1) \end{pmatrix} \tag{C.26}
$$

により行列 $\boldsymbol{U}$ と $\boldsymbol{U}^\dagger$ を定義すると、それらの $(x,y|x',y')$-成分は

$$\langle x,y|\boldsymbol{U}|p,q\rangle \equiv \frac{1}{\sqrt{MN}}\exp\left(-\mathrm{i}\frac{2\pi px}{M}-\mathrm{i}\frac{2\pi qy}{N}\right) \tag{C.27}$$

$$\langle p,q|\boldsymbol{U}^\dagger|x,y\rangle \equiv \frac{1}{\sqrt{MN}}\exp\left(\mathrm{i}\frac{2\pi px}{M}+\mathrm{i}\frac{2\pi qy}{N}\right) \tag{C.28}$$

と与えられる。ここで、

$$\begin{aligned}
&\langle x,y|\boldsymbol{U}\boldsymbol{U}^\dagger|x',y'\rangle \\
&= \sum_{p=0}^{M-1}\sum_{q=0}^{N-1} \langle x,y|\boldsymbol{U}|p,q\rangle\langle p,q|\boldsymbol{U}^\dagger|x',y'\rangle \\
&= \frac{1}{MN}\sum_{p=0}^{M-1}\sum_{q=0}^{N-1}\exp\left(-\mathrm{i}\frac{2\pi px'}{M}-\mathrm{i}\frac{2\pi qy'}{N}\right)\exp\left(\mathrm{i}\frac{2\pi px'}{M}+\mathrm{i}\frac{2\pi qy'}{N}\right) \\
&= \left(\frac{1}{M}\sum_{p=0}^{M-1}\exp\left(-\mathrm{i}\frac{2\pi p(x-x')}{M}\right)\right)\left(\frac{1}{N}\sum_{q=0}^{N-1}\exp\left(-\mathrm{i}\frac{2\pi q(y-y')}{N}\right)\right) \\
&= \delta_{x,x'}\delta_{y,y'}
\end{aligned} \tag{C.29}$$

$$\begin{aligned}
&\langle p,q|\boldsymbol{U}^\dagger\boldsymbol{U}|p',q'\rangle \\
&\sum_{x=0}^{M-1}\sum_{y=0}^{N-1} \langle p,q|\boldsymbol{U}^\dagger|x,y\rangle\langle x,y|\boldsymbol{U}|p',q'\rangle \\
&= \frac{1}{MN}\sum_{x=0}^{M-1}\sum_{y=0}^{N-1}\exp\left(\mathrm{i}\frac{2\pi px}{M}+\mathrm{i}\frac{2\pi qy}{N}\right)\exp\left(-\mathrm{i}\frac{2\pi p'x}{M}-\mathrm{i}\frac{2\pi q'y}{N}\right) \\
&= \left(\frac{1}{M}\sum_{x=0}^{M-1}\exp\left(-\mathrm{i}\frac{2\pi (p-p')x}{M}\right)\right)\left(\frac{1}{N}\sum_{y=0}^{N-1}\exp\left(-\mathrm{i}\frac{2\pi (q-q')y}{N}\right)\right) \\
&= \delta_{p,p'}\delta_{q,q'}
\end{aligned} \tag{C.30}$$

つまり

$$\boldsymbol{U}\boldsymbol{U}^\dagger = \boldsymbol{U}^\dagger\boldsymbol{U} = \boldsymbol{I} \tag{C.31}$$

が成り立つことになる。

信号列 $\boldsymbol{f}$ の離散フーリエ変換 $F(p,q)$ から

$$\boldsymbol{F} = \left(F_{0,0}, F_{0,1}, F_{0,2}, \cdots, F_{M-1,N-1}\right)^\mathrm{T}$$

というベクトルを新たに導入すると、式 (C.24) は

$$\boldsymbol{F} = \boldsymbol{U}^\dagger \boldsymbol{f} \tag{C.32}$$

により与えられ、さらにこの両辺に $\boldsymbol{U}$ を左から掛けることにより

$$\boldsymbol{f} = \boldsymbol{U}\boldsymbol{F} \tag{C.33}$$

すなわち

$$f_{x,y} = \frac{1}{\sqrt{MN}}\sum_{p=0}^{M-1}\sum_{p=0}^{N-1} F(p,q)\exp\left(\mathrm{i}\frac{2\pi px}{M}+\mathrm{i}\frac{2\pi qy}{N}\right) \tag{C.34}$$

という形で逆変換が導出される。

式 (6.56) の実対称行列 $\boldsymbol{C}$ すなわち

$\langle x, y | \boldsymbol{C} | x', y' \rangle$
$= 4\delta_{x',x}\delta_{y',y} - \delta_{x',x}\delta_{y',y-1} - \delta_{x',x-1}\delta_{y',y} - \delta_{x',x+1}\delta_{y',y} - \delta_{x',x}\delta_{y',y+1}$
$$(x, x' = 0, 1, \cdots, M-1;\ y, y' = 0, 1, \cdots, N-1) \tag{C.35}$$

を考えると，この行列 $\boldsymbol{C}$ は式 (C.27) のユニタリ行列 $\boldsymbol{U}$ を用いて

$$\boldsymbol{U}^{-1}\boldsymbol{C}\boldsymbol{U} = \boldsymbol{\Lambda} \tag{C.36}$$

$$\langle p, q | \boldsymbol{\Lambda} | p', q' \rangle \equiv \delta_{p,p'}\delta_{q,q'}\left(4 - 2\cos\left(\frac{2\pi p}{M}\right) - 2\cos\left(\frac{2\pi q}{N}\right)\right) \tag{C.37}$$

という形に対角化される．計算の詳細は以下の通りである．

$\langle p, q | \boldsymbol{U}^{-1}\boldsymbol{C}\boldsymbol{U} | p', q' \rangle$
$= \displaystyle\sum_{x=0}^{M-1}\sum_{y=0}^{N-1}\sum_{x'=0}^{M-1}\sum_{y'=0}^{N-1} \langle p, q | \boldsymbol{U}^\dagger | x, y \rangle \langle x, y | \boldsymbol{C} | x', y' \rangle \langle x', y' | \boldsymbol{U} | p', q' \rangle$
$= \dfrac{1}{MN}\displaystyle\sum_{x=0}^{M-1}\sum_{y=0}^{N-1}\sum_{x'=0}^{M-1}\sum_{y'=0}^{N-1} \exp\left(\mathrm{i}\frac{2\pi p x}{M} + \mathrm{i}\frac{2\pi q y}{N}\right)$
$\quad\times \left(4\delta_{x',x}\delta_{y',y} - \delta_{x',x}\delta_{y',y-1} - \delta_{x',x-1}\delta_{y',y} - \delta_{x',x+1}\delta_{y',y} - \delta_{x',x}\delta_{y',y+1}\right)$
$\quad\times \exp\left(-\mathrm{i}\frac{2\pi p' x'}{M} - \mathrm{i}\frac{2\pi q' y'}{N}\right)$
$= \dfrac{1}{MN}\displaystyle\sum_{x'=1}^{M-1}\sum_{y'=1}^{N-1} \exp\left(\mathrm{i}\frac{2\pi(p-p')x'}{M} + \mathrm{i}\frac{2\pi(q-q')y'}{N}\right)$
$\quad\times \left(4 - \exp\left(\mathrm{i}\frac{2\pi p}{M}\right) - \exp\left(-\mathrm{i}\frac{2\pi p}{M}\right) - \exp\left(\mathrm{i}\frac{2\pi q}{M}\right) - \exp\left(-\mathrm{i}\frac{2\pi q}{M}\right)\right)$
$= \delta_{p,p'}\delta_{q,q'}\left(4 - \exp\left(\mathrm{i}\frac{2\pi p}{M}\right) - \exp\left(-\mathrm{i}\frac{2\pi p}{M}\right)\right.$
$\quad\quad\quad\quad\quad\quad \left. - \exp\left(\mathrm{i}\frac{2\pi q}{M}\right) - \exp\left(-\mathrm{i}\frac{2\pi q}{M}\right)\right)$
$= \langle p, q | \boldsymbol{\Lambda} | p', q' \rangle \tag{C.38}$

付録 D
変分法

 第 5.1 節での自由エネルギー最小原理からのギブス分布の導出, 第 5.4 節での平均場理論の自由エネルギー最小原理による解釈, 第 8.4 節における確率伝搬法の情報論的解釈など様々の箇所で, **変分法**(variational method) という数学の方法が登場している. ここでは本書で必要となる変分法の知識についてまとめておく.

 まず, ここでは以下の 3 つの定理が用いられる.

定理 D1: $f(x)$ が $a, a + \varepsilon$ を含む区間で 2 階微分可能な関数であるとき,

$$f(a+\varepsilon) = f(a) + \left[\frac{d}{dx}f(x)\right]_{x=a}\varepsilon + \frac{1}{2!}\left[\frac{d^2}{dx^2}f(x)\right]_{x=a+\theta\varepsilon}\varepsilon^2 \qquad (D.1)$$

を満たす $\theta \in (a, a+\varepsilon)$ が少なくとも 1 つ存在する.

定理 D2: C^1 級関数 $F(x,y)$ が点 (a,b) において,

$$F(a,b) = 0, \quad \left[\frac{\partial}{\partial y}F(x,y)\right]_{x=a, y=b} \neq 0 \qquad (D.2)$$

であるとする. このとき, a のある近傍 $\mathcal{U}(a)$ で定義され, $b = \psi(a)$, $F(x, \psi(x)) = 0$ ($x \in \mathcal{U}(a)$) を満たす関数 $y = \psi(x)$ がただ 1 つ存在し, さらに

$$\left[\frac{\partial}{\partial x}F(x,y)\right]_{y=\psi(x)} + \left[\frac{\partial}{\partial y}F(x,y)\right]_{y=\psi(x)}\left(\frac{d}{dx}\psi(x)\right) = 0 \ (x \in \mathcal{U}(a)) \qquad (D.3)$$

が成り立つ.

定理 D3: 閉区間 $[a,b]$ 上の連続関数 $f(x)$ が $\{h(x)|h(x) \in C^2[a,b]\}$ に属するすべての関数 $h(x)$ に対して

$$\int_a^b f(x)h(x)dx = 0 \qquad (D.4)$$

を満たすならば, $f(x)$ は閉区間 $[a,b]$ 上で恒等的に

$$f(x) = 0 \ (x \in [a,b]) \qquad (D.5)$$

である. ここで $C^2[a,b]$ は, $a \leq x \leq b$ において 2 階の導関数が連続である関数の集合を表す.

(定理 D3 の証明) 任意の点 $\xi \in [a,b]$ で $f(\xi) \neq 0$ であるとする. 仮に $f(\xi) > 0$ とすれば, $f(x)$ の連続性によって $[c,d] \subseteq [a,b]$ かつ $\xi \in [c,d]$ を満たす区間 $[c,d]$ が存在し, その区間 $[c,d]$ において常に $f(x) > 0$ となる. $h(x)$ は任意の C^2 級関数なので, 特に $h(x) \equiv (x-c)^2(x-d)^2$ ($x \in [c,d]$), $h(x) \equiv 0$ ($x \in [a,c] \cup [d,b]$) によって定義すると, この $h(x)$ は定理 D3 の条件を満たしている. このとき

$$\int_a^b f(x)h(x)dx = \int_c^d f(x)(x-c)^2(x-d)^2 dx > 0 \qquad (D.6)$$

となり, 仮定の式 (D.4) に反する. 仮に $f(\xi) < 0$ とした場合も同様である. したがって, $f(\xi) = 0$ でなければならない. ゆえに, 区間 $[a,b]$ の任意の x に対して常に $f(x) = 0$ でなければならない. (証終)

定理 D1 はテイラーの定理の特別な場合, 定理 D2 は陰関数の定理であり, いずれも標準的な解析学の教科書で取り上げられているので本書では証明は省略する. 定理 D3 は変分学における基本補助定理である.

実数 x の関数 $u(x)$ の集合 Ω を考える. 集合 Ω に属する各関数 $u(x)$ に対して, 実数 $\mathcal{J}[u]$ を定める対応を**汎関数** (functional) という. 関数 $u(x)$ の変数は x であるが, 汎関数 $\mathcal{J}[u]$ の変数は関数 $u(x)$ であり, この関数 $u(x)$ を**変関数**という. $F(x,y)$ を x,y についての 2 階の偏導関数が連続, すなわち C^2 級関数とする.

$$\mathcal{J}[u] \equiv \int_a^b F(x, u(x))dx \tag{D.7}$$

という汎関数を考える. 関数 $u(x)$ は $\Omega \equiv \{u(x)|u(x) \in C^2[a,b]\}$ に属するものとする. さらに集合 $\{h(x)|h(x) \in C^2[a,b]\}$ に属する任意の関数 $h(x)$ を導入し, 十分小さい実数 ε をとり, $|\varepsilon h(x)| < 1$ を満たすものとする. $F(x,y)$ が x,y について C^2 級関数であることからテイラーの定理により

$$\begin{aligned}\mathcal{J}[u + \varepsilon h] &\equiv \int_a^b F(x, u(x) + \varepsilon h(x))dx \\ &= \mathcal{J}[u] + \left[\frac{\partial}{\partial \varepsilon}\mathcal{J}[u + \varepsilon h]\right]_{\varepsilon=0}\varepsilon + \frac{1}{2}\left(\frac{\partial^2}{\partial \varepsilon^2}\mathcal{J}[u + \varepsilon \theta h]\right)\varepsilon^2 \\ &\qquad (\theta \in (0,1))\end{aligned} \tag{D.8}$$

が成り立つ. そこで, 次のように定義される $\Delta \mathcal{J}$ を導入する.

$$\Delta \mathcal{J} \equiv J[u + \varepsilon h] - J[u] = \int_a^b \{F(x, u(x) + \varepsilon h(x)) - F(x, u(x))\}dx \tag{D.9}$$

$\Delta \mathcal{J}$ は $J[u]$ の**全変分**という. $F(x,y)$ が x,y についての少なくとも C^2 級関数であると保証されている場合には, 全変分は以下のように書き直される.

$$\Delta \mathcal{J} = \varepsilon \delta \mathcal{J}[u] + \varepsilon^2 R_2[u + \varepsilon \theta h] \tag{D.10}$$

$$\delta \mathcal{J}[u] \equiv \left[\frac{\partial}{\partial \varepsilon}\mathcal{J}[u + \varepsilon h]\right]_{\varepsilon=0} = \int_a^b \left[\frac{\partial}{\partial y}F(x,y)\right]_{y=u(x)} h(x)dx \tag{D.11}$$

$$R_2[u + \varepsilon \theta h] \equiv \frac{1}{2}\left(\frac{\partial^2}{\partial \varepsilon^2}\mathcal{J}[u + \varepsilon \theta h]\right) = \frac{1}{2}\int_a^b \left[\frac{\partial^2}{\partial y^2}F(x,y)\right]_{y=u(x)+\varepsilon \theta h(x)} h(x)^2 dx \tag{D.12}$$

ここで, $\delta \mathcal{J}[u]$ は**第一変分**と呼ばれている. $\mathcal{J}[u]$ が極値を持つ条件は

$$\lim_{\varepsilon \to 0} \frac{\mathcal{J}[u + \varepsilon h] - \mathcal{J}[u]}{\varepsilon} = 0 \tag{D.13}$$

により与えられるが, $R_2[u + \varepsilon \theta h]$ は ε の関数として有界なので

$$\lim_{\varepsilon \to 0} \frac{\mathcal{J}[u + \varepsilon h] - \mathcal{J}[u]}{\varepsilon} = \delta \mathcal{J}[u] + \lim_{\varepsilon \to 0} \varepsilon R_2[u + \varepsilon \theta h] = \delta \mathcal{J}[u] \tag{D.14}$$

という等式が成り立つ. したがって, 汎関数 $\mathcal{J}[u]$ が $u(x)$ で極値をとるならば以下の等式が成り立つ.

$$\delta \mathcal{J}[u] = 0 \tag{D.15}$$

ここで

$$f(x) \equiv \left[\frac{\partial}{\partial y} F(x, y)\right]_{y=u(x)} \tag{D.16}$$

とした定理 D3 の前提を満足することに注意すると, 閉区間 $[a, b]$ 上で恒等的に

$$\left[\frac{\partial}{\partial y} F(x, y)\right]_{y=u(x)} = 0 \quad (a \leq x \leq b) \tag{D.17}$$

が成り立つことがわかる. すなわち, 式 (D.17) は関数 $u(x)$ が式 (D.7) の汎関数 $\mathcal{J}[u]$ の極値を与えるための必要条件となることが示されたことになる.

同様の議論により

$$\mathcal{J}[u_1, u_2] \equiv \int_{a_1}^{b_1} \int_{a_2}^{b_2} F(x_1, x_2, u_1(x_1, x_2), u_2(x_1, x_2)) dx_1 dx_2 \tag{D.18}$$

に対して考えることができる. すなわち,

$$\left[\frac{\partial}{\partial y_1} F(x_1, x_2, y_1, y_2)\right]_{y_1=u_1(x_1, x_2), y_2=u_2(x_1, x_2)}$$
$$= \left[\frac{\partial}{\partial y_1} F(x_1, x_2, y_1, y_2)\right]_{y_1=u_1(x_1, x_2), y_2=u_2(x_1, x_2)} = 0$$
$$(a_1 \leq x_1 \leq b_1, \ a_2 \leq x_2 \leq b_2) \tag{D.19}$$

は関数 $u(x, y), v(x, y)$ が汎関数 $\mathcal{J}[u_1, u_2]$ の極値を与えるための必要条件であることを示すことができる. さらに多変数の複数の関数から構成される汎関数についても同様の拡張が可能である.

次に, 条件付き変分について説明する. $F(x, y)$ および $G(x, y)$ を x, y についての C^2 級関数とし, 関数 $u(x)$ の集合

$$\left\{ u(x) \middle| u(x) \in C^2[a, b], \ \mathcal{K}[u] \equiv \int_a^b G(x, u(x)) dx = 0 \right\} \tag{D.20}$$

において汎関数

$$\mathcal{J}[u] \equiv \int_a^b F\bigl(x, u(x)\bigr) dx \tag{D.21}$$

の関数 $u(x)$ に対する第一変分を考える. $\mathcal{K}[u] = 0$ は**拘束条件** (constraint condition) と呼ばれる. 新しい汎関数として,

$$\mathcal{L}[u] \equiv \mathcal{J}[u] + \lambda \mathcal{K}[u] = \int_a^b \left\{ F\bigl(x, u(x)\bigr) + \lambda G\bigl(x, u(x)\bigr) \right\} dx \tag{D.22}$$

を導入すると, $\mathcal{K}[u] = 0$ であれば $\mathcal{L}[u] = \mathcal{J}[u]$ ということになる. いま, 関数の集合 $\{u(x)|u(x) \in C^2[a, b]\}$ に範囲をいったん拡げた上で $\mathcal{L}[u]$ についての第一変分をとり, 極値に対する必要条件を導出する. この場合, 式 (D.17) から

$$\left[\frac{\partial}{\partial y} \bigl(F(x, y) + \lambda G(x, y)\bigr)\right]_{y=u(x)} = 0 \quad (a \leq x \leq b) \tag{D.23}$$

が $\mathcal{L}[u]$ の極値を与えるための必要条件であることが導かれる. 式 (D.23) を関数 $u(x)$ について解くと, $u(x)$ は x と λ に依存する. そこでこの x と λ に依存した関数 $u(x)$ を

$$\mathcal{K}[u] \equiv \int_a^b G(x, u(x)) dx = 0 \tag{D.24}$$

に代入して, λ を決定することができる.「拘束条件を満たす関数に限定してその中で汎関数 $\mathcal{J}[u]$ の停留関数を求める問題」を, パラメータ λ を導入して新しい汎関数 $\mathcal{L}[u]$ を定義し, この汎関数 $\mathcal{L}[u]$ の第一変分から得られる極値についての必要条件を満たす関数 $u(x)$ を x と λ の関数として求めた上で, 拘束条件 $\mathcal{K}[u]=0$ を満足するように λ を決定するという手順に置き換えて解く方法をラグランジュの未定乗数法といい, λ はラグランジュの未定乗数 (Lagrange multiplier) と呼ばれている.

最後に $F(x,y,z)$ および $G(x,y,z)$ を x, y, z についての C^2 級および C^1 級関数とし, 関数 $u(x)$ の集合

$$\left\{u(x), v(x) \Big| u(x) \in C^2[a,b], \ v(x) \in C^2[a,b], \right.$$
$$\left. G(x, u(x), v(x))dx = 0, \ \left[\frac{\partial}{\partial z}G(x,y,z)\right]_{y=u(x), z=v(x)} = 0\right\} \tag{D.25}$$

において汎関数

$$\mathcal{J}[u,v] \equiv \int_a^b F\big(x, u(x), v(x)\big)dx \tag{D.26}$$

についての第一変分を考える. この問題は, 変分法においてはラグランジュの問題と呼ばれるものの特殊な場合に相当する. $G(x,y,z)$ は C^1 級関数で

$$\left[\frac{\partial}{\partial z}G(x,y,z)\right]_{y=u(x), z=v(x)} \neq 0$$

であることから, 定理 D2(陰関数の定理) により $G(x, u(x), v(x))dx = 0$ を満たす関数

$$v(x) = \psi(x, u(x)) \tag{D.27}$$

が存在する. 汎関数 $\mathcal{J}[u,v]$ は

$$\mathcal{J}[u,v] \equiv \int_a^b F\big(x, u(x), \psi(x, u(x))\big)dx \tag{D.28}$$

となる. したがって, 式 (D.17) により

$$\left[\frac{\partial}{\partial y}F(x,y,\psi(x,y))\right]_{y=u(x)} = 0 \qquad (a \leq x \leq b) \tag{D.29}$$

すなわち

$$\left[\frac{\partial}{\partial y}F(x,y,z)\right]_{y=u(x), z=v(x)}$$
$$+ \left[\frac{\partial}{\partial z}F(x,y,z)\right]_{y=u(x), z=v(x)} \left[\frac{\partial \psi(x,y)}{\partial y}\right]_{y=u(x)} = 0$$
$$(a \leq x \leq b) \tag{D.30}$$

$G(x, u(x), \psi(x, u(x)))dx = 0$ を $u(x)$ で微分すると

$$\left[\frac{\partial}{\partial y}G(x,y,\psi(x,y))\right]_{y=u(x)} = \left[\frac{\partial}{\partial y}G(x,y,z)\right]_{y=u(x), z=v(x)}$$
$$+ \left[\frac{\partial}{\partial z}G(x,y,z)\right]_{y=u(x), z=v(x)} \left[\frac{\partial \psi(x,y)}{\partial y}\right]_{y=u(x)} = 0 \tag{D.31}$$

式 (D.30) と式 (D.31) から

$$\left[\frac{\partial}{\partial y}F(x,y,z)\right]_{y=u(x), z=v(x)} \left[\frac{\partial}{\partial z}G(x,y,z)\right]_{y=u(x), z=v(x)}$$

$$= \Big[\frac{\partial}{\partial z}F(x,y,z)\Big]_{y=u(x),z=v(x)} \Big[\frac{\partial}{\partial y}G(x,y,z)\Big]_{y=u(x),z=v(x)} \tag{D.32}$$

という等式が得られる．ここで

$$\lambda(x) \equiv -\frac{\Big[\frac{\partial}{\partial z}F(x,y,z)\Big]_{y=u(x),z=v(x)}}{\Big[\frac{\partial}{\partial z}G(x,y,z)\Big]_{y=u(x),z=v(x)}} \tag{D.33}$$

とおくことにより

$$\Big[\frac{\partial}{\partial y}F(x,y,z)\Big]_{y=u(x),z=v(x)} + \lambda(x)\Big[\frac{\partial}{\partial y}G(x,y,z)\Big]_{y=u(x),z=v(x)} = 0 \tag{D.34}$$

$$\Big[\frac{\partial}{\partial z}F(x,y,z)\Big]_{y=u(x),z=v(x)} + \lambda(x)\Big[\frac{\partial}{\partial z}G(x,y,z)\Big]_{y=u(x),z=v(x)} = 0 \tag{D.35}$$

が得られる．式 (D.34)-(D.35) は汎関数

$$\mathcal{L}[u,v] \equiv \int_a^b \Big(F\big(x,u(x),v(x)\big) + \lambda(x)G\big(x,u(x),v(x)\big)\Big)dx \tag{D.36}$$

に対する第一変分を考えたときに得られる極値に対する必要条件と等価である．

さて，ここまで変数 x が実数値をとる場合に対して変分法の説明を行ってきたが，仮に離散値をとる場合はどうであろうか？ すなわち $[a,b]$ の任意の実数 x に対して値の定義されている関数 $u(x)$ に対する変分ではなく，例えば $x=1,2,\cdots,M$ に対して値の定義されている数列 $\{u(1),u(2),\cdots,u(M)\}$ とした場合である．もちろん $u(x)$ 自体は任意の実数値のみをとる場合に限定する．$F(x,y)$ はやはり C^2 級関数であるとする．汎関数としては式 (D.7) の代わりに

$$\mathcal{J}[u] \equiv \sum_{x=1}^{M} F\big(x,u(x)\big) \tag{D.37}$$

を考えることとなる．要は $\mathcal{J}[u]$ の極値をとる場合に数列 $\{u(x)|x=1,2,\cdots,M\}$ の満たすべき必要条件を見つける問題ということである．この場合は，式 (D.37) を

$$\mathcal{J}[u] = F\big(1,u(1)\big) + F\big(2,u(2)\big) + \cdots + F\big(M,u(M)\big) \tag{D.38}$$

と見直せば，その右辺は $u(1),u(2),\cdots,u(M)$ の関数になってしまっている．したがって，極値の条件が

$$\Big[\frac{\partial}{\partial y}F(x,y)\Big]_{y=u(x)} = 0 \quad (x=1,2,\cdots,M) \tag{D.39}$$

によって与えられることがわかる．同様にして，上述の連続変数 x に対して与えられた拘束条件付き変分におけるラグランジュの未定乗数法，ラグランジュの問題も離散値の場合に置き換えて考えることができる．

付 録 E
加法的白色ガウス雑音により画像を劣化させるプログラム

第 6 章で説明した加法的白色ガウス雑音による劣化画像を試行的に生成するプログラムは次のようになる．pgm ファイルとしての画像データの入出力部分は文献 [37] の付録 B を参考に作成している．

```
#include <math.h>
#include <stdio.h>
#include <stdlib.h>
#define RAND_MAX 32767
#define ns 300
#define max_buffersize 256
#define max_filename 256
double mu=0.0,sigma,a;
int i,j,r,msize,nsize,l,l2,R;
int xx[ns][ns],yy[ns][ns],ch,maxgrade;
FILE *fp;
char file_name_origin[max_filename];
char file_name_degrad[max_filename];
char buffer[max_buffersize];
main(){
 void randomize();
 printf("File Name of Original Image ");
 printf("(*.pgm, Data has to be ASCII): \n");
 scanf("%s",file_name_origin);
 printf("File Name of Degraded Image ");
 printf("(*.pgm, Data has to be ASCII): \n");
 scanf("%s",file_name_degrad);
 fp=fopen(file_name_origin,"rt");
 fgets(buffer,max_buffersize,fp);
 if(buffer[0]!='P'||buffer[1]!='2'){
  printf("The file format have to be P2 in PGM (ASCII). \n");
  exit(1);
 }
 while(msize == 0 || nsize == 0){
  fgets(buffer,max_buffersize,fp);
  if(buffer[0]!='#'){
   sscanf(buffer,"%d %d",&msize,&nsize);
  }
 }
 maxgrade = 0;
 while(maxgrade == 0){
  fgets(buffer,max_buffersize,fp);
  if(buffer[0]!='#'){
```

```
   sscanf(buffer,"%d",&maxgrade);
  }
 }
 for(j=0; j<=nsize-1; j++){
  for(i=0; i<=msize-1; i++){
   fscanf(fp,"%d",&ch);
   xx[i][j]=ch;
  }
 }
 fclose(fp);
 printf("Set values of sigma:");
 scanf("%lf",&sigma);
 R = 100;
 l = msize*nsize;
 l2 = 2*msize*nsize;
 for(r=1; r<=R; r++){
  a=(double)(rand())/(double)(RAND_MAX);
 }
 for(i=0; i<=msize-1; i++){
  for(j=0; j<=nsize-1; j++){
   a=0.0;
   for(r=1; r<=l2; r++){
    a=a+(double)(rand())/(double)(RAND_MAX);
   }
   a=sigma*(a-6.0)+mu;
   yy[i][j]=xx[i][j]+(int)(a+0.50);
   if(yy[i][j]>=maxgrade){yy[i][j]=maxgrade;}
   if(yy[i][j]<=0){yy[i][j]=0;}
  }
 }
 fp=fopen(file_name_degrad,"wt");
 fprintf(fp,"P2 \n");
 fprintf(fp,"%d %d \n",msize,nsize);
 fprintf(fp,"%d \n",maxgrade);
 for(j=0;j<=nsize-1;j++){
  for(i=0;i<=msize-1;i++){
   fprintf(fp," %d",yy[i][j]);
  }
  fprintf(fp," \n");
 }
 fprintf(fp," \n");
 fclose(fp);
}
```

付 録 F
ガウシアングラフィカルモデルに対する厳密解のプログラム

第 7 章で与えた周辺尤度最大化によるノイズ除去のアルゴリズムに対する具体的なプログラムを以下に与える．pgm ファイルとしての画像データの入出力部分は文献 [37] の付録 B を参考に作成している．

```
#include <math.h>
#include <stdio.h>
#define ns 300
#define max_buffersize 256
#define max_filename 256
int i,j,n,m,k,p,q,l,l2,msize,nsize;
double lambda[ns][ns];
double sigmainit,alphainit;
double alphahat,betahat,alphahatz,betahatz,sigmahat,sigmahatz;
double wlmpq,wk,dse_em,eps;
int yy[ns][ns],zz[ns][ns];
double fy_real[ns][ns],fy_imaginary[ns][ns],fy_abs[ns][ns];
int t,iwk,nt;
double pi;
int ch,maxgrade;
FILE *fp;
char file_name_degrad[max_filename];
char file_name_restored[max_filename];
char buffer[max_buffersize];
main(){
 printf("File Name of Degraded Image \n");
 printf("(*.pgm, File format have to be P2 in PGM (ASCII)): \n");
 scanf("%s",file_name_degrad);
 printf("File Name of Restored Image \n");
 printf("(*.pgm, File format will be P2 in PGM (ASCII)): \n");
 scanf("%s",file_name_restored);
 fp=fopen(file_name_degrad,"rt");
 fgets(buffer,max_buffersize,fp);
 fgets(buffer,max_buffersize,fp);
 if(buffer[0]!='#'){
  sscanf(buffer,"%d %d",&msize,&nsize);
 }
 fgets(buffer,max_buffersize,fp);
 if(buffer[0]!='#'){
  sscanf(buffer,"%d",&maxgrade);
 }
 for(j=0; j<=nsize-1; j++){
```

```c
   for(i=0; i<=msize-1; i++){
    fscanf(fp,"%d",&ch);
    yy[i][j]=ch;
   }
  }
  fclose(fp);
  printf("Set values of sigma:");
  scanf("%lf",&sigmainit);
  printf("Set values of alpha:");
  scanf("%lf",&alphainit);
  pi = 3.14159265358979323846;
  l = msize*nsize;
  l2 = 2*msize*nsize;
  eps = 0.0000000010;
  printf("\n");
  printf("\n");
  printf(" Exact Calculation for Gaussian Graphical Model \n");
  printf(" (Hyperparameters are estimated by means of EM algorithm.) \n");
  printf("\n");
  printf(" M = %d   N = %d  \n",msize,nsize);
  printf("\n");
  for(p=0; p<=msize-1; p++){
   for(q=0; q<=nsize-1; q++){
    fy_real[p][q] = 0.0;
    fy_imaginary[p][q] = 0.0;
    for(i=0; i<=msize-1; i++){
     for(j=0; j<=nsize-1; j++){
      fy_real[p][q] = fy_real[p][q]
              + (double)(yy[i][j])
                *cos(2.0*pi*(double)(i)*(double)(p)/(double)(msize)
                 +2.0*pi*(double)(j)*(double)(q)/(double)(nsize));
      fy_imaginary[p][q] = fy_imaginary[p][q]
              + (double)(yy[i][j])
                *sin(2.0*pi*(double)(i)*(double)(p)/(double)(msize)
                 +2.0*pi*(double)(j)*(double)(q)/(double)(nsize));
     }
    }
    fy_real[p][q] = fy_real[p][q]/sqrt((double)(l));
    fy_imaginary[p][q] = fy_imaginary[p][q]/sqrt((double)(l));
    fy_abs[p][q] = fy_real[p][q]*fy_real[p][q]
              + fy_imaginary[p][q]*fy_imaginary[p][q];
    lambda[p][q] = 4.0 - 2.0*cos(2.0*pi*(double)(p)/(double)(msize))
                 - 2.0*cos(2.0*pi*(double)(q)/(double)(nsize));
   }
  }
  alphahat = alphainit;
  betahat = 1.0/(sigmainit*sigmainit);
  sigmahat = sigmainit;
  dse_em = 256.0;
  nt = 1000;
  for(t=1; t<=nt; t++){
```

```
 if(dse_em>eps){
  wk = 0.0;
  for(p=0; p<=msize-1; p++){
   for(q=0; q<=nsize-1; q++){
    wlmpq=lambda[p][q];
    wk = wk
       +(1.0/(double)(l))*wlmpq/(betahat+alphahat*wlmpq)
       +(1.0/(double)(l))*betahat*betahat*fy_abs[p][q]*wlmpq
          /((betahat+alphahat*wlmpq)*(betahat+alphahat*wlmpq));
   }
  }
  alphahatz = 1.0/wk;
  wk = 0.0;
  for(p=0; p<=msize-1; p++){
   for(q=0; q<=nsize-1; q++){
    wlmpq=lambda[p][q];
    wk = wk
       +(1.0/(double)(l))*1.0/(betahat+alphahat*wlmpq)
       +(1.0/(double)(l))*alphahat*alphahat*fy_abs[p][q]*wlmpq*wlmpq
          /((betahat+alphahat*wlmpq)*(betahat+alphahat*wlmpq));
   }
  }
  betahatz = 1.0/wk;
  sigmahatz = sqrt(1.0/betahatz);
  dse_em = fabs(alphahat-alphahatz)
         + fabs((1.0/(sigmahat*sigmahat))-(1.0/(sigmahatz*sigmahatz)));
  alphahat = alphahatz;
  betahat = betahatz;
  sigmahat = sqrt(1.0/betahat);
  printf(" EM Step t: %3d    alpha=a(t): %13.7f   sigma=sqrt{b(t)}: %11.5f \n",
         t,alphahat,sigmahat);
 }
}
for(i=0; i<=msize-1; i++){
 for(j=0; j<=nsize-1; j++){
  wk = 0.0;
  for(p=0; p<=msize-1; p++){
   for(q=0; q<=nsize-1; q++){
    wlmpq=lambda[p][q];
    wk = wk
       +(1.0/sqrt((double)(l)))
         *(betahat
            /(betahat+alphahat*wlmpq))
           *(fy_real[p][q]
                *cos(2.0*pi*(double)(i)*(double)(p)/(double)(msize)
                    +2.0*pi*(double)(j)*(double)(q)/(double)(nsize))
             +fy_imaginary[p][q]
                *sin(2.0*pi*(double)(i)*(double)(p)/(double)(msize)
                    +2.0*pi*(double)(j)*(double)(q)/(double)(nsize)));
   }
  }
```

```
   iwk=(int)(wk+0.50);
   if(iwk<0){iwk=0;}
   if(iwk>255){iwk=255;}
   zz[i][j] = iwk;
  }
 }
 fp=fopen(file_name_restored,"wt");
 fprintf(fp,"P2 \n");
 fprintf(fp,"%d %d \n",msize,nsize);
 fprintf(fp,"255 \n");
 for(j=0; j<=nsize-1;j++){
  for(i=0; i<=msize-1;i++){
   fprintf(fp," %d",zz[i][j]);
  }
  fprintf(fp," \n");
 }
 fprintf(fp,"\n");
 fclose(fp);
 printf("\n");
 printf("\n");
 printf(" M = %3d   N = %3d \n",msize,nsize);
 printf(" alphahat = %9.6f sigmahat = %9.6f \n",alphahat,sigmahat);
 printf("\n");
}
```

付 録 G
ガウシアングラフィカルモデルに対する確率伝搬法のプログラム

第 8 章で与えられた確率伝搬法を用いた周辺尤度最大化のための **EM** アルゴリズムの具体的なプログラムを以下に与える．pgm ファイルとしての画像データの入出力部分は文献 [37] の付録 B を参考に作成している．

```
#include <math.h>
#include <stdio.h>
#define ns 300
#define max_buffersize 256
#define max_filename 256
double mu_hp[ns][ns],lambda_hp[ns][ns],mu_hn[ns][ns],lambda_hn[ns][ns];
double mu_vp[ns][ns],lambda_vp[ns][ns],mu_vn[ns][ns],lambda_vn[ns][ns];
double mu_hpz[ns][ns],lambda_hpz[ns][ns],mu_hnz[ns][ns],lambda_hnz[ns][ns];
double mu_vpz[ns][ns],lambda_vpz[ns][ns],mu_vnz[ns][ns],lambda_vnz[ns][ns];
double average_y1[ns][ns],average_y2[ns][ns];
double variance_y1[ns][ns],variance_y2[ns][ns];
double average_x1[ns][ns],average_x2[ns][ns];
double variance_x1[ns][ns],variance_x2[ns][ns];
double covariance_x12[ns][ns],covariance_y12[ns][ns];
double correlation_posterior,correlation_x12[ns][ns],correlation_y12[ns][ns];
double alphahat,sigmahat,alphahatz,sigmahatz,sigmainit,alphainit;
double sigma,alpha,wk,eps,fdse,dse,dse_em;
double rr_inverse[3][3],rr[3][3],dd;
int yy[ns][ns],zz[ns][ns];
int i,j,t,c,l,l2,msize,nsize,fnit,nit,nr,maxem,ch,maxgrade;
int iwk,iwkz,jwkz,iiwkz,jjwkz;
FILE *fp;
char file_name_degrad[max_filename];
char file_name_restored[max_filename];
char buffer[max_buffersize];
main(){
 printf("File Name of Degraded Image \n");
 printf("(*.pgm, File format have to be P2 in PGM (ASCII)): \n");
 scanf("%s",file_name_degrad);
 printf("File Name of Restored Image \n");
 printf("(*.pgm, File format will be P2 in PGM (ASCII)): \n");
 scanf("%s",file_name_restored);
 fp=fopen(file_name_degrad,"rt");
 fgets(buffer,max_buffersize,fp);
 fgets(buffer,max_buffersize,fp);
 if(buffer[0]!='#'){
  sscanf(buffer,"%d %d",&msize,&nsize);
 }
```

```c
fgets(buffer,max_buffersize,fp);
if(buffer[0]!='#'){
 sscanf(buffer,"%d",&maxgrade);
}
for(j=0; j<=nsize-1; j++){
 for(i=0; i<=msize-1; i++){
  fscanf(fp,"%d",&ch);
  yy[i][j]=ch;
 }
}
fclose(fp);
printf("Set values of sigma:");
scanf("%lf",&sigmainit);
printf("Set values of alpha:");
scanf("%lf",&alphainit);
l = msize*nsize;
l2 = 2*msize*nsize;
eps = 0.0000000010;
printf("\n");
printf(" Belief Propagation for Gaussian Graphical Model \n");
printf(" (Hyperparameters are estimated by means of EM algorithm.) \n");
printf("\n");
printf(" M = %d   N = %d  \n",msize,nsize);
printf("\n");
alphahatz = alphainit;
sigmahatz = sigmainit;
maxem = 100;
dse_em = 10000.0;
for(t=1; t<=maxem; t++){
 if(dse_em>0.0000010){
  alphahat = alphahatz;
  sigmahat = sigmahatz;
  alpha = alphahat;
  sigma = sigmahat;
  for(i=0; i<=msize-1; i++){
   for(j=0; j<=nsize-1; j++){
    mu_hp[i][j] = 128.0;
    mu_hn[i][j] = 128.0;
    mu_vp[i][j] = 128.0;
    mu_vn[i][j] = 128.0;
    lambda_hp[i][j] = 0.0010;
    lambda_hn[i][j] = 0.0010;
    lambda_vp[i][j] = 0.0010;
    lambda_vn[i][j] = 0.0010;
    mu_hpz[i][j] = mu_hp[i][j];
    mu_hnz[i][j] = mu_hn[i][j];
    mu_vpz[i][j] = mu_vp[i][j];
    mu_vnz[i][j] = mu_vn[i][j];
    lambda_hpz[i][j] = lambda_hp[i][j];
    lambda_hnz[i][j] = lambda_hn[i][j];
    lambda_vpz[i][j] = lambda_vp[i][j];
```

```
      lambda_vnz[i][j] = lambda_vn[i][j];
     }
    }
    nit = 0;
    nr = 500;
    dse = 1000000.0;
    for(c=1; c<=nr; c++){
     if(dse>eps){
      nit = nit + 1;
      for(i=0; i<=msize-1; i++){
       for(j=0; j<=nsize-1; j++){
        average_x1[i][j] = 0.0;
        average_x2[i][j] = 0.0;
        variance_x1[i][j] = 0.0;
        variance_x2[i][j] = 0.0;
        iwkz = i+1;
        iiwkz = iwkz;
        jwkz = j+1;
        jjwkz = jwkz;
        if(iwkz<=-1){iiwkz=iwkz+msize;}
        if(iwkz>=msize){iiwkz=iwkz-msize;}
        if(jwkz<=-1){jjwkz=jwkz+nsize;}
        if(jwkz>=nsize){jjwkz=jwkz-nsize;}
        rr_inverse[1][1] = 1.0/(sigma*sigma)
              + alpha + lambda_hpz[i][j]
              + lambda_vpz[i][j] + lambda_vnz[i][j];
        rr_inverse[2][2] = 1.0/(sigma*sigma)
              + alpha + lambda_hnz[iiwkz][j]
              + lambda_vpz[iiwkz][j] + lambda_vnz[iiwkz][j];
        rr_inverse[1][2] = - alpha;
        rr_inverse[2][1] = - alpha;
        dd = rr_inverse[1][1]*rr_inverse[2][2]
           - rr_inverse[1][2]*rr_inverse[2][1];
        rr[1][1] = rr_inverse[2][2]/dd;
        rr[2][2] = rr_inverse[1][1]/dd;
        rr[1][2] = - rr_inverse[1][2]/dd;
        rr[2][1] = - rr_inverse[2][1]/dd;
        average_x1[i][j]  = ((double)(yy[i][j])/(sigma*sigma)
                        + mu_hnz[i][j]*lambda_hnz[i][j]
                        + mu_hpz[i][j]*lambda_hpz[i][j]
                        + mu_vnz[i][j]*lambda_vnz[i][j]
                        + mu_vpz[i][j]*lambda_vpz[i][j])
                   /(1.0/(sigma*sigma)
                        + lambda_hnz[i][j]
                        + lambda_hpz[i][j]
                        + lambda_vnz[i][j]
                        + lambda_vpz[i][j]);
        average_x2[i][j] = ((double)(yy[iiwkz][j])/(sigma*sigma)
                        + mu_hnz[iiwkz][j]*lambda_hnz[iiwkz][j]
                        + mu_hpz[iiwkz][j]*lambda_hpz[iiwkz][j]
                        + mu_vnz[iiwkz][j]*lambda_vnz[iiwkz][j]
```

```
                            + mu_vpz[iiwkz][j]*lambda_vpz[iiwkz][j])
            /(1.0/(sigma*sigma)
                    + lambda_hnz[iiwkz][j]
                    + lambda_hpz[iiwkz][j]
                    + lambda_vnz[iiwkz][j]
                    + lambda_vpz[iiwkz][j]);
variance_x1[i][j] = rr[1][1] + average_x1[i][j]*average_x1[i][j];
variance_x2[i][j] = rr[2][2] + average_x2[i][j]*average_x2[i][j];
covariance_x12[i][j] = rr[1][2] + average_x1[i][j]*average_x2[i][j];
correlation_x12[i][j] = variance_x1[i][j] + variance_x2[i][j]
            - 2.0*covariance_x12[i][j];
lambda_hp[iiwkz][j] = 1.0/(1.0/alpha
            + 1.00/(1.0/(sigma*sigma) + lambda_hpz[i][j]
                    + lambda_vpz[i][j] + lambda_vnz[i][j]));
lambda_hn[i][j] = 1.0/(1.0/alpha
            + 1.00/(1.0/(sigma*sigma) + lambda_hnz[iiwkz][j]
                    + lambda_vnz[iiwkz][j] + lambda_vpz[iiwkz][j]));
mu_hp[iiwkz][j] = ((double)(yy[i][j])/(sigma*sigma)
                    + mu_hpz[i][j]*lambda_hpz[i][j]
                    + mu_vnz[i][j]*lambda_vnz[i][j]
                    + mu_vpz[i][j]*lambda_vpz[i][j])
            /(1.0/(sigma*sigma)
                    + lambda_hpz[i][j]
                    + lambda_vnz[i][j]
                    + lambda_vpz[i][j]);
mu_hn[i][j] = ((double)(yy[iiwkz][j])/(sigma*sigma)
                    + mu_hnz[iiwkz][j]*lambda_hnz[iiwkz][j]
                    + mu_vnz[iiwkz][j]*lambda_vnz[iiwkz][j]
                    + mu_vpz[iiwkz][j]*lambda_vpz[iiwkz][j])
            /(1.0/(sigma*sigma)
                    + lambda_hnz[iiwkz][j]
                    + lambda_vnz[iiwkz][j]
                    + lambda_vpz[iiwkz][j]);
average_y1[i][j] = 0.0;
average_y2[i][j] = 0.0;
variance_y1[i][j] = 0.0;
variance_y2[i][j] = 0.0;
iwkz = i+1;
iiwkz = iwkz;
jwkz = j+1;
jjwkz = jwkz;
if(iwkz<=-1){iiwkz=iwkz+msize;}
if(iwkz>=msize){iiwkz=iwkz-msize;}
if(jwkz<=-1){jjwkz=jwkz+nsize;}
if(jwkz>=nsize){jjwkz=jwkz-nsize;}
rr_inverse[1][1] = 1.0/(sigma*sigma)
        + alpha + lambda_hpz[i][j]
        + lambda_hnz[i][j] + lambda_vpz[i][j];
rr_inverse[2][2] = 1.0/(sigma*sigma)
        + alpha + lambda_hpz[i][jjwkz]
        + lambda_hnz[i][jjwkz] + lambda_vnz[i][jjwkz];
```

```
rr_inverse[1][2] = - alpha;
rr_inverse[2][1] = - alpha;
dd = rr_inverse[1][1]*rr_inverse[2][2]
    - rr_inverse[1][2]*rr_inverse[2][1];
rr[1][1] = rr_inverse[2][2]/dd;
rr[2][2] = rr_inverse[1][1]/dd;
rr[1][2] = - rr_inverse[1][2]/dd;
rr[2][1] = - rr_inverse[2][1]/dd;
average_y1[i][j] = ((double)(yy[i][j])/(sigma*sigma)
                + mu_hnz[i][j]*lambda_hnz[i][j]
                + mu_hpz[i][j]*lambda_hpz[i][j]
                + mu_vnz[i][j]*lambda_vnz[i][j]
                + mu_vpz[i][j]*lambda_vpz[i][j])
           /(1.0/(sigma*sigma)
                + lambda_hnz[i][j]
                + lambda_hpz[i][j]
                + lambda_vnz[i][j]
                + lambda_vpz[i][j]);
average_y2[i][j] = ((double)(yy[i][jjwkz])/(sigma*sigma)
                + mu_hpz[i][jjwkz]*lambda_hpz[i][jjwkz]
                + mu_hnz[i][jjwkz]*lambda_hnz[i][jjwkz]
                + mu_vpz[i][jjwkz]*lambda_vpz[i][jjwkz]
                + mu_vnz[i][jjwkz]*lambda_vnz[i][jjwkz])
           /(1.0/(sigma*sigma)
                + lambda_hpz[i][jjwkz]
                + lambda_hnz[i][jjwkz]
                + lambda_vpz[i][jjwkz]
                + lambda_vnz[i][jjwkz]);
variance_y1[i][j] = rr[1][1] + average_y1[i][j]*average_y1[i][j];
variance_y2[i][j] = rr[2][2] + average_y2[i][j]*average_y2[i][j];
covariance_y12[i][j] = rr[1][2] + average_y1[i][j]*average_y2[i][j];
correlation_y12[i][j] = variance_y1[i][j] + variance_y2[i][j]
             - 2.0*covariance_y12[i][j];
lambda_vp[i][jjwkz] = 1.0/(1.0/alpha
        + 1.0/(1.0/(sigma*sigma) + lambda_hpz[i][j]
             + lambda_hnz[i][j] + lambda_vpz[i][j]));
lambda_vn[i][j] = 1.0/(1.0/alpha
        + 1.0/(1.0/(sigma*sigma) + lambda_hpz[i][jjwkz]
             + lambda_hnz[i][jjwkz] + lambda_vnz[i][jjwkz]));
mu_vp[i][jjwkz] = ((double)(yy[i][j])/(sigma*sigma)
                + mu_hpz[i][j]*lambda_hpz[i][j]
                + mu_hnz[i][j]*lambda_hnz[i][j]
                + mu_vpz[i][j]*lambda_vpz[i][j])
             /(1.0/(sigma*sigma)
                + lambda_hpz[i][j]
                + lambda_hnz[i][j]
                + lambda_vpz[i][j]);
mu_vn[i][j] = ((double)(yy[i][jjwkz])/(sigma*sigma)
                + mu_hpz[i][jjwkz]*lambda_hpz[i][jjwkz]
                + mu_hnz[i][jjwkz]*lambda_hnz[i][jjwkz]
                + mu_vnz[i][jjwkz]*lambda_vnz[i][jjwkz])
```

```
                    /(1.0/(sigma*sigma)
                        + lambda_hpz[i][jjwkz]
                        + lambda_hnz[i][jjwkz]
                        + lambda_vnz[i][jjwkz]);
   }
  }
  dse = 0.0;
  for(i=0; i<=msize-1; i++){
   for(j=0; j<=nsize-1; j++){
    dse = dse + fabs(mu_hpz[i][j] - mu_hp[i][j])/(double)(256);
    dse = dse + fabs(mu_hnz[i][j] - mu_hn[i][j])/(double)(256);
    dse = dse + fabs(mu_vpz[i][j] - mu_vp[i][j])/(double)(256);
    dse = dse + fabs(mu_vnz[i][j] - mu_vn[i][j])/(double)(256);
    dse = dse + fabs(lambda_hpz[i][j] - lambda_hp[i][j])/(double)(256*256);
    dse = dse + fabs(lambda_hnz[i][j] - lambda_hn[i][j])/(double)(256*256);
    dse = dse + fabs(lambda_vpz[i][j] - lambda_vp[i][j])/(double)(256*256);
    dse = dse + fabs(lambda_vnz[i][j] - lambda_vn[i][j])/(double)(256*256);
   }
  }
  dse = dse/(double)(1);
  for(i=0; i<=msize-1; i++){
   for(j=0; j<=nsize-1; j++){
    mu_hpz[i][j] = mu_hp[i][j];
    mu_hnz[i][j] = mu_hn[i][j];
    mu_vpz[i][j] = mu_vp[i][j];
    mu_vnz[i][j] = mu_vn[i][j];
    lambda_hpz[i][j] = lambda_hp[i][j];
    lambda_hnz[i][j] = lambda_hn[i][j];
    lambda_vpz[i][j] = lambda_vp[i][j];
    lambda_vnz[i][j] = lambda_vn[i][j];
   }
  }
  correlation_posterior = 0.0;
  for(i=0; i<=msize-1; i++){
   for(j=0; j<=nsize-1; j++){
    correlation_posterior = correlation_posterior
                + correlation_x12[i][j] + correlation_y12[i][j];
   }
  }
  correlation_posterior = correlation_posterior/(double)(12);
  for(i=0; i<=msize-1; i++){
   for(j=0; j<=nsize-1; j++){
    zz[i][j] = (int)(average_x1[i][j]+0.50);
   }
  }
  fnit = nit;
  fdse = dse;
 }
}
wk = 0.0;
for(i=0; i<=msize-1; i++){
```

```
      for(j=0; j<=nsize-1; j++){
        wk = wk + variance_x1[i][j]
             - 2.0*(double)(yy[i][j])*average_x1[i][j]
             + (double)(yy[i][j])*(double)(yy[i][j]);
      }
    }
    sigmahatz = sqrt(wk/(double)(l));
    alphahatz = 1.0/(2.0*correlation_posterior);
    dse_em = fabs(alphahat-alphahatz)
           + fabs((1.0/(sigmahat*sigmahat))-(1.0/(sigmahatz*sigmahatz)));
    printf(" EM Step t: %3d   alpha=a(t): %13.7f  sigma=sqrt{b(t)}: %11.5f \n",
           t,alphahatz,sigmahatz);
  }
}
fp=fopen(file_name_restored,"wt");
fprintf(fp,"P2 \n");
fprintf(fp,"%d %d \n",msize,nsize);
fprintf(fp,"255 \n");
for(j=0; j<=nsize-1; j++){
 for(i=0; i<=msize-1; i++){
  fprintf(fp," %d",zz[i][j]);
 }
 fprintf(fp," \n");
}
fprintf(fp,"\n");
fclose(fp);
printf("\n");
printf("\n");
printf(" M = %3d   N = %3d \n",msize,nsize);
printf(" alphahat = %9.6f  sigmahat = %9.6f \n",alphahatz,sigmahatz);
printf("\n");
}
```

参考文献

[1] 田中和之編著: 確率的情報処理と統計力学—様々のアプローチとそのチュートリアル— (SGC ライブラリー 50), サイエンス社, 2006.

[2] L. S. Lim: *Two-Dimensional Signal and Image Processing*, Englewood Cliffs, NJ: Prentice Hall, 1990.

[3] D. Geman, *Random Fields and Inverse Problems in Imaging*, Lecture Notes in Mathematics, no.1427, pp.113-193, Springer-Verlag, 1990.

[4] R. Chellappa and A. Jain (eds), *Markov Random Fields: Theory and Applications*, Academic Press, New York, 1993.

[5] S. Z. Li, *Markov Random Field Modeling in Computer Vision*, Springer-Verlag, Tokyo, 1995.

[6] K. Tanaka, "Statistical-mechanical approach to image processing," Journal of Physics A: Mathematical and General, vol.35, no.37, pp.R81-R150, 2002.

[7] A. S. Willsky, "Multiresolution Markov Models for Signal and Image Processing," Proceedings of IEEE, vol.90, no.8, pp.1396-1458, 2002.

[8] J. Pearl: *Probabilistic Reasoning in Intelligent Systems: Networks of Plausible Inference*, Morgan Kaufmann, 1988.

[9] M. Opper and D. Saad (eds), *Advanced Mean Field Methods — Theory and Practice —*, MIT Press, 2001.

[10] 汪金芳, 田栗正章, 手塚集, 樺島祥介, 上田修功: 統計科学のフロンティア/計算統計 I —確率計算の新しい手法—, 岩波書店, 2003.

[11] 小倉久直: 確率過程入門, 森北出版, 1998.

[12] 樋口龍雄, 川又政征: ディジタル信号処理 —MATLAB 対応—, 昭晃堂, 2000.

[13] 森正武: 数値解析, 共立出版, 1973.

[14] 堀口剛, 海老澤丕道, 福井芳彦: 応用数学講義, 培風館, 2000.

[15] 坂和正敏, 田中雅博: ニューロコンピューティング入門, 森北出版, 1997.

[16] B. Frey: *Graphical Models for Machine Learning and Digital Communication*, MIT Press, 1998.

[17] M. I. Jordan (eds): *Learning in Graphical Models*, MIT Press, Cambridge, 1999.

[18] R. Cowell, A. P. Dawid, S. L. Lauritzen, D. J. Spiegelhalter: *Probabilistic Networks and Expert Systems*, Springer-Verlag, 1999.

[19] 佐藤泰介, 櫻井彰人編: 特集「ベイジアンネット」, 人工知能学会誌, vol.17, no.5, pp.539-565, 2002.

[20] 本村陽一, 岩崎弘利: ベイジアンネットワーク技術: 顧客・ユーザのモデル化と不確実性理論, 東京電機大学出版, 2006.

[21] 繁桝算男, 植野真臣, 本村陽一: ベイジアンネットワーク概説, 培風館, 2006.

[22] G. Parisi: *Statistical Field Theory*, Addison-Wesley, 1988 (青木薫, 青山秀明訳: 場の理論—統計論的アプローチ, 吉岡書店).

[23] 竹村彰通, 谷口正信: 統計科学のフロンティア/統計学の基礎 I —線形モデルからの出発—, 岩波書店, 2003.

[24] 竹内啓, 広津千尋, 公文雅之, 甘利俊一: 統計科学のフロンティア/統計学の基礎 II —統計学の基礎概念を見直す—, 岩波書店, 2003.

[25] 渡辺澄夫, 萩原克幸, 赤穂昭太郎, 本村陽一, 福水健次, 岡田真人, 青柳美輝: 学習システムの理論と実現, 森北出版, 2005.

[26] 甘利俊一: 情報理論, ダイヤモンド社, 1970.

[27] 伊庭幸人, 種村正美, 大森裕浩, 和合肇, 佐藤整尚, 高橋明彦: 統計科学のフロンティア/計算統計 II —マルコフ連鎖モンテカルロ法とその周辺—, 岩波書店, 2005.

[28] 宮下精二: 熱・統計力学, 培風館, 1993.

[29] 西森秀稔: 相転移・臨界現象の統計物理学, 培風館, 2005.

[30] 西森秀稔, スピングラス理論と情報統計力学, 新物理学選書, 岩波書店, 1999.

[31] H. Nishimori, *Statistical Physics of Spin Glasses and Information Processing: An Introduction*, Oxford University Press, Oxford, 2001.

[32] K. Tanaka, H. Shouno, M. Okada and D. M. Titterington, "Accuracy of the Bethe Approximation for Hyperparameter estimation in probabilistic image processing," Journal of Physics A: Mathematical and General, vol.37, no.36, pp.8675-8696, 2004.

[33] K. Tanaka, J. Inoue and D. M. Titterington, "Probabilistic image processing by means of Bethe approximation for Q-Ising model," Journal of Physics A: Mathematical and General, vol.36, no.43, pp.11023-11036, 2003.

[34] F. Chen, K. Tanaka and T. Horiguchi, "Image segmentation based on Bethe approximation for Gaussian mixture model," Interdisciplinary Information Sciences, vol.11, no.1, pp.17-29, 2005.

[35] 田中和之, 樺島祥介編著: ミニ特集「ベイズ統計・統計力学と情報処理」, 計測と制御, vol.42, no.8, 2003.

[36] 樺島祥介編: 小特集「確率を手なづける秘伝の計算技法—古くて新しい確率・統計モデルのパラダイム—」, 電子情報通信学会誌, vol.88, no.9, 2005.

[37] 安居院猛, 長尾智晴: C言語による画像処理入門, 昭晃堂, 2000.

索　引

[英文索引]

ASCII 形式　5
Binary 形式　5
CAR モデル　91
EM アルゴリズム　41, 42
FIR フィルター　14
IIR フィルター　14
PGM 形式　6
Q-イジングモデル　121
Q-関数　42
SN 比　70
SN 比における改善率　71
TAP 自由エネルギー　66
TAP 方程式　66

[和文索引]

■あ 行■

イジングモデル　54
1 次元鎖　101
一様分布　27
一様乱数　29
因果独立　33
ウィーナーフィルター　74, 77
エッジ強調フィルター　12
エッジ検出　4, 140
エネルギー　48
エネルギー関数　48
エントロピー　47
オンサガーの反跳項　66

■か 行■

階調値　5
ガウシアングラフィカルモデル　35, 109
ガウス過程　41

ガウス分布　28
確率　17
確率的情報処理　2
確率伝搬法　3, 95, 123, 128
確率伝搬法アルゴリズム　105, 112
　　　　周辺尤度最大化のための EM アルゴリズム　114, 129
確率場　68
確率分布　17
確率ベクトル変数　18, 24
確率変数　17, 22
確率密度関数　23
確率モデル　4
画素　5
画像圧縮　1
画像処理　1
加法的白色ガウスノイズ　67
カルバック・ライブラー情報量　31, 106
完全グラフ　34
規格化条件　17, 23
規格化定数　18, 23
木構造　102
期待値　25
期待値最大化　41
ギブス　47
ギブスサンプラー　56
ギブス分布　50
逆フィルター　78
キューリー温度　53
強磁性状態　55
共分散　26
共分散行列　26
共役複素数　153
空間フィルター　4
クラウジウス　47
グラフ　32

グラフィカルモデル　34
クロネッカーのデルタ　9
結合確率　18
結合確率分布　19
結合確率密度関数　24
結合分布関数　24
高解像度画像生成　1
固定点方程式　4, 60, 61, 89, 104
混合ガウスモデル　29, 135
　　周辺尤度最大化アルゴリズム　137

■さ　行■
最近接頂点対　32, 101
最小二乗フィルター　74
　　拘束条件付きアルゴリズム　81
最尤推定　37
最尤推定値　37
試行　16
事後確率　21
　　確率伝搬法のアルゴリズム　128
事象　16
事前確率　21
　　確率伝搬法のアルゴリズム　123
実現値　17
自発磁化　55
シャノン　47
自由エネルギー　51
周期境界条件　7
周辺確率　19
周辺確率分布　20
周辺確率密度関数　25
周辺尤度　39, 87, 127
周辺尤度最大化　87
　　ノイズ除去のアルゴリズム　92
条件付き自己回帰　91
常磁性状態　55
状態　17
情報量　48
信号対雑音比　70
信念伝搬法　95
スピン　53

スムージング　70
正規分布　28
正規乱数　30
線形フィルター　4, 9
相互作用　54

■た　行■
大規模確率モデル　3
対称通信路　124
　　ノイズ生成アルゴリズム　125
多次元ガウス積分　4, 148
多次元ガウス分布　4, 148
単連結グラフ　101
中央値　13
中心極限定理　30
転送行列法　97
動画における移動体の検出　1
統計科学　4
統計的学習　3
統計的学習理論　46
統計的モデル選択　4
統計力学　4
独立 (確率変数の)　20, 25

■な　行■
内部エネルギー　48
2 元対称通信路　124
2 次元ガウス分布　28
2 次元正規分布　29
熱力学第 2 法則　48
熱平衡状態　49
熱溶法　56
熱力学的極限　51
ノイズ除去　1, 4

■は　行■
ハイパパラメータ　39, 86
パターン認識　1
ハミルトニアン　48
パラメータ　36

反復条件付き最大化　115, 143
　　　アルゴリズム　116, 144
反復法　4, 60, 61, 89, 104, 156
ピクセル　5
ヒストグラム　132
標準画像　8
標準偏差　26
標本空間　16
標本点　16
標本分散　37
標本平均　37
フィルター　2, 14
不動点　156
分散　26
分布関数　23
平滑化フィルター　9, 70
平均　25
平均情報量　48
平均二乗誤差　70
平均場近似　59
　　　自発磁化計算アルゴリズム　60
平均場理論　4, 59
ベイジアンネットワーク　33
ベイズ規則　22
ベイズ統計　21
ベイズの公式　21
ベーテ近似　60
　　　自発磁化計算アルゴリズム　61
変分法　4, 158
変分自由エネルギー　51
母数　36
ポッツモデル　121
ボルツマン　47
ボルツマン定数　48

■ま　行■
マスク　10
窓　9
マルコフ確率場　120
　　　画像生成アルゴリズム　121
マルコフネットワーク　34

マルコフ連鎖モンテカルロ法　56
無向グラフ　33
メジアン　13
メジアンフィルター　13, 70, 71
メッセージ　97
モデル　91
モデル選択　36

■や　行■
有向グラフ　32
有向線分　32
尤度　36
ユニタリ行列　85, 154

■ら　行■
ライン場　142
ラグランジュの未定乗数　49
ラプラシアン　11
ラプラシアンフィルター　12
乱数　29
離散確率変数　23
離散フーリエ変換　4, 81, 151
領域場　134
領域分割　1, 4, 132
輪郭線抽出　1, 143
連続確率ベクトル変数　24
連続確率変数　23

著者略歴

田中 和之（たなか　かずゆき）

- 1984 年　東北大学工学部電子工学科卒
- 1986 年　東北大学大学院工学研究科電子工学専攻修士課程修了
- 1989 年　東北大学大学院工学研究科電子工学専攻博士課程修了
  （工学博士号取得）
- 1989 年　東北大学工学部助手
- 1993 年　東北大学大学院情報科学研究科助手
- 1994 年　室蘭工業大学情報工学科助教授
- 1997〜1998 年　英国グラスゴー大学統計学科客員研究員
  （文部省在外研究員）
- 1999 年　東北大学大学院情報科学研究科助教授
- 2002〜2005 年度　文部科学省科学研究費補助金特定領域研究
  「確率的情報処理への統計力学的アプローチ」領域代表
- 2007 年　東北大学大学院情報科学研究科教授 (現職)

現在に至る．工学博士．

URL:　http://www.smapip.is.tohoku.ac.jp/~kazu/

確率モデルによる画像処理技術入門　　　　© 田中和之 2006

2006 年 9 月 25 日　第 1 版第 1 刷発行　　【本書の無断転載を禁ず】
2011 年 8 月 10 日　第 1 版第 4 刷発行

著　者　田中和之
発行者　森北博巳
発行所　森北出版株式会社
　　　　東京都千代田区富士見 1-4-11(〒 102-0071)
　　　　電話 03-3265-8341 ／ FAX 03-3264-8709
　　　　http://www.morikita.co.jp/
　　　　日本書籍出版協会・自然科学書協会・工学書協会　会員
　　　　JCOPY ＜(社)出版者著作権管理機構 委託出版物＞

落丁・乱丁本はお取替えいたします　　印刷/モリモト印刷・製本/ブックアート

Printed in Japan /ISBN978-4-627-84661-6

図書案内　森北出版

新 Excelコンピュータシミュレーション
―数学モデルを作って楽しく学ぼう

三井和男／著

菊判　・　226頁　　定価 2730円　（税込）　　ISBN978-4-627-84871-9

Excelの機能だけで誰にも簡単に楽々シミュレーションできる．数学モデルを作ることで，微分方程式やセルオートマトンが直観的に理解できる．掲載されているExcelファイルは森北出版ホームページからダウンロード可能．また，Excel2010での設定方法も掲載．

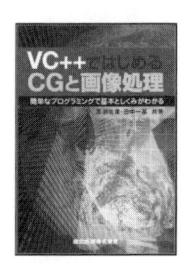

ＶＣ＋＋ではじめる　ＣＧと画像処理
―簡単なプログラミングで基本としくみがわかる

黒瀬能聿・田中一基／著

菊判　・　168頁　　定価 2520円　（税込）　　ISBN978-4-627-84891-7

10年先にも使える「基礎力」を身につけることを目的とし，簡単なプログラミングを通じてCGと画像処理のしくみ，原理，考え方について学ぶ．無償で使える開発環境VisualC++2010 Express Editionを利用．独習にも最適．

フリーソフトで学ぶ
セマンティックＷｅｂとインタラクション

荒木雅弘／著

菊判　・　208頁　　定価 2940円　（税込）　　ISBN978-4-627-84901-3

セマンティックWebの技術と，それに伴って高度化するインタラクション技術を，フリーソフトを使って実際に例題を解きながら学ぶ入門書．仕様書の背景にある「必然性」に注目して解説することで，なぜそのような決まりになっているのか，初学者にもわかりやすく，体系的に理解できる．

定価は2011年1月現在のものです．現在の定価等は弊社HPをご覧下さい．

http://www.morikita.co.jp

出版案内

画像処理と
パターン認識入門

基礎から VC#/VC++.NET による
プロジェクト作成まで

酒井幸市／著
B5 判・256 頁
ISBN978-4-627-84591-6

入力された画像の処理から始まるパターン認識のアルゴリズムと，認識に関連するプロジェクト作成方法を初学者が独学でも理解できるように記述．

パターン認識の基礎／画像の前処理／パターン認識の簡単な例／フーリエ記述子による数字認識／ニューラルネットによる数字認識／離散コサイン変換による顔認識／KL 変換による顔認識／2 次元フーリエ変換によるテクスチャーマッチング／ウェーブレット変換によるテクスチャーマッチング／遺伝的アルゴリズムによる図形認識／ラスタベクトル変換による図形認識／付録（VC#.NET と VC++.NET によるアプリケーション作成）

ホームページからもご注文できます
http://www.morikita.co.jp/